できるビジネス

AIとワークシートを連携させるテクニック

ChatGPT API × Excel VBA 自動化仕事術

mation work technique

著 植木悠二

監修 株式会社デジタルレシピ 取締役・最高技術責任者 古川渉一

インプレス

はじめに

皆さんにとって、デジタルトランスフォーメーション（DX）とはどのようなものでしょうか？

私はビジネス部門で10年以上に渡ってデジタルトランスフォーメーションに携わっており、担当してきた案件のいくつかは金融業界で話題になったり、メディアに取り上げて頂いたりしてきました。しかしながらそのうちの多くは業務効率化の域に留まり、トランスフォーメーションの意味するところである変革にまで辿り着くものはそう多くありません。

そんな私にとってDXの原体験となったプロジェクトがあります。2010年頃、当時はまだRPAという言葉が一般的ではなかった時代に、Excel VBAでWebブラウザーを操作して業務を自動化しようというものです。私は発案者に続く2番目のプログラマーとしてプロジェクトにアサインされ、拡張性や保守性を高めるためにプログラムの構造を整備する傍ら、営業担当者と取引先に売り込みに行ったり社内で新たな自動化の領域を開拓したりしていました。この取り組みでは、特に営業部門や商品部門の「たくらみ」をどう実現するか、つまり従来の主戦場である価格や商品そのもの以外のところで勝ち抜くための戦略とそれを実現するための仕組みを一緒に考え、ツールとして開発・展開することで、ビジネスを文字通り変革してきました。

DXの文脈で次々に登場する技術のほとんどは、基本的に誰か（本部のDX部門やIT部門）がシステムに組み込んだ上で現場に与えられるものでしょう。AIもその一つで、AIを組み込んだ人事チャットボット、コールセンター支援、営業ネクストベストアクション提案……私たちはそれらを「これがAIの使い方です」と与えられてきました。

しかしながら2022年11月、AIは現場にとって与えられるものから使いこなすものに変わりました。ChatGPTの登場です。

ChatGPTはそれ自体の能力もさることながら、Webブラウザーさえあれば技術者も事務従事者も関係なく、誰もが直接触って業務に活かすことができるというDXの文脈においては珍しい技術です。さらに2023年3月にAPIが公開されたことで、あらゆるプログラムに組み込むことができるようになりました。Excel VBAも例外ではありません。

現場で使えるAIとしてのChatGPTと、現場で開発できるプラットフォームとしてのExcel VBA。この2つを組み合わせることで、AI活用は今、現場のターンです。

本書ではExcel VBAからのChatGPT APIの利用方法や業務への活用アイディアの列挙に留まらず、企業システムへの組み込みで実際に使われているテクニックやAIエージェント開発の中で見出したテクニックもふんだんに盛り込むようにしました。

事務担当者からエンジニアまで、本書を通じて身につけた内容を業務改善やその先にあるトランスフォーメーションにお役立ていただけたら幸いです。

2023年8月　植木悠二

ChatGPT APIとは？

「API」とは、あるプログラムが提供する機能を別のプログラムから利用するための仕様を指し、「ChatGPT API」はOpenAI社が提供するAPIの一つです。「ChatGPT API」を利用すると自身が開発したアプリやサービスにChatGPTを組み込むことができます。

例えば、Webブラウザーで ChatGPTを使う場合、テキストボックスに質問を入力後、それに対する回答が画面上にテキストで表示されるため、生成結果のコピー&ペーストなどに手間を要します。しかし、ChatGPT APIを利用すれば、ChatGPTの回答をExcelに出力することも可能です。

目的や用途に合わせてChatGPTの挙動をカスタマイズしたり、大量の物事や調べものを一括で処理したりできるのはAPIならではの利点です。このようなをAPIを使うからこそ、その強みを生かし、本書ではChatGPT APIとExcelを連携させ業務を効率化・自動化する手法を解説しています。

本書で解説しているテクニックの一例

▼対話型のChatGPTアシスタントツールの作成

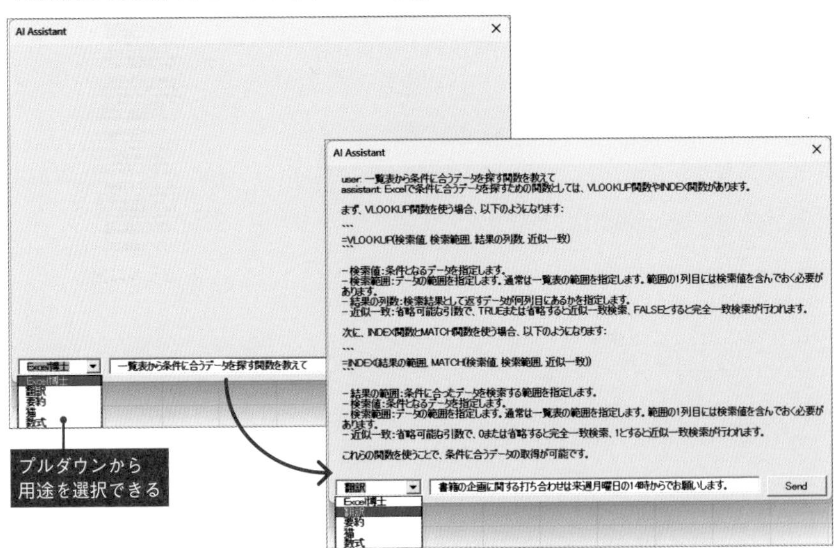

ChatGPTへの質問をテキストボックスに入力し、[Send] ボタンをクリックすると回答が表示されるユーザーフォームを作成。プロンプトは別のシートに定義しており、プルダウンから手軽にプロンプトを切り替えられる

▼ChatGPTをワークシートから関数として使用

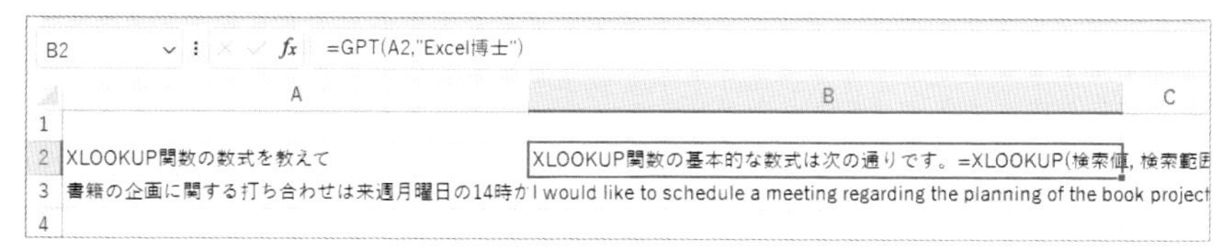

ワークシートからChatGPTを呼び出すユーザー定義ワークシート関数を作成。セルに数式を入力すると回答が表示される

▼製品比較表の自動作成

評価項目	Adobe Premiere Pro	Final Cut Pro	DaVinci Resolve	Sony Vegas Pro	Avid Media Composer
使いやすさ	Adobe Premiere Proは使いやすく、初心者にも扱いやすいです。豊富な編集機能と視覚効果でクリエイティビティを広げることができます。	Final Cut ProはMacユーザー向けの優れた編集ソフトウェアです。直感的なインターフェースと高品質な動画編集機能はプロフェッショナルな仕上がりを提供します。	DaVinci Resolveは映像製作に特化した高性能な編集ソフトウェアです。カラーグレーディングやオーディオ編集に強みがあり、ビジュアルエフェクトにも優れています。	Sony Vegas Proは直感的なインターフェースと多彩な編集機能を備えた編集ソフトウェアです。プロフェッショナルな動画制作に適しています。	Avid Media Composerは映画やテレビ業界で広く使用されている編集ソフトウェアです。高度な編集機能と信頼性が求められるプロジェクトに適しています。
機能性	Adobe Premiere Proは、豊富な機能と使いやすさが特徴です。効果的な色補正やエフェクト、オーディオ編集が可能で、多くのフォーマットに対応しています。	Final Cut Proは、Macユーザー向けのプロフェッショナルなビデオ編集ソフトです。高速な処理能力と直感的なインターフェースが優れており、Apple製品との連携も強力です。	DaVinci Resolveは、強力なカラーグレーディング機能で知られています。また、編集、オーディオミキシング、VFXなど、幅広い機能を提供しています。	Sony Vegas Proは、ユーザーフレンドリーなインターフェースと高速な編集機能が魅力です。ビデオエフェクトやオーディオ編集にも対応しています。	Avid Media Composerは、映画やテレビ業界で広く使用されているプロフェッショナルな編集ソフトウェアです。多くの高度な機能を備えており、大規模なプロジェクトにも対応しています。
安定性	Adobe Premiere Proは安定性が高く、クラッシュやフリーズがほとんどない。豊富なプラグインやエフェクトが使える。	Final Cut Proも非常に安定しており、パフォーマンスも優れている。Appleのハードウェアとの親和性が高い。	DaVinci Resolveは安定性においては他の製品に比べやや劣る。しかし、カラーグレーディングや特殊効果の機能が強力。	Sony Vegas Proは安定性に若干の課題があり、大規模なプロジェクトでの使用には注意が必要。	Avid Media Composerは非常に安定しており、大規模なプロジェクトにも対応可能。ただし、学習コストが高い。
パフォーマンス	Adobe Premiere Proのパフォーマンスは非常に優れており、大規模なプロジェクトでもスムーズに動作します。	Final Cut ProはMacユーザーにとって最適な選択肢であり、高速なレンダリングと安定した動作が特徴です。	DaVinci Resolveは色補正の能力において非常に強力であり、映像編集とカラーグレーディングを一つのソフトウェアで行えます。	Sony Vegas Proは直感的なインターフェースと高速な編集機能が魅力であり、初心者から上級者まで使いやすいです。	Avid Media Composerは多くのプロフェッショナル編集者に支持されており、大規模なプロジェクトの管理に優れています。

1つの製品を入力すると、その競合製品と評価項目を列挙し、コメントがセルに出力される

▼複数のWebページの内容を一気に要約

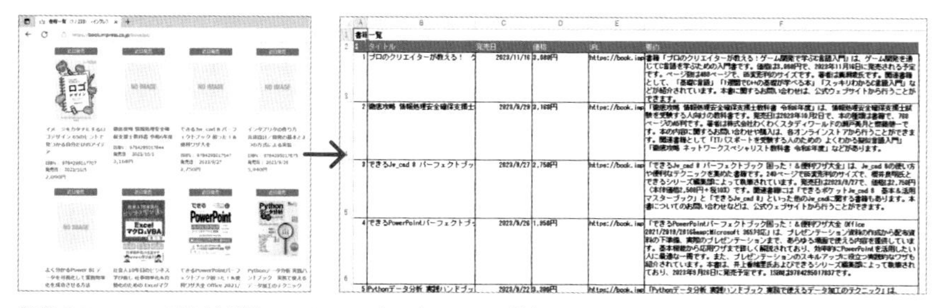

複数のWebページを連続的にスクレイピングし、その情報を元に要約した結果をセルに出力

▼事実に基づく文章を生成する「グラウンディング」を活用

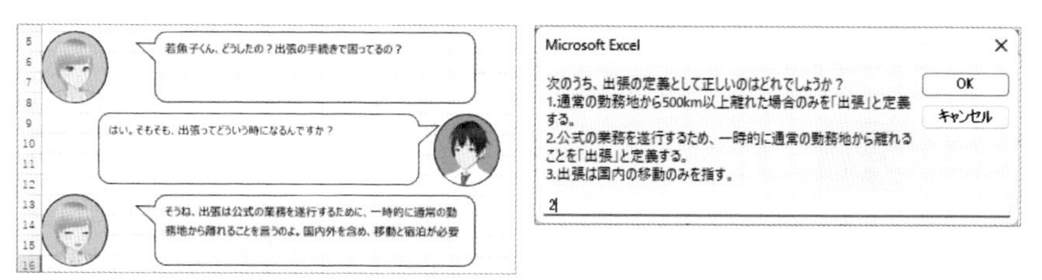

事実に基づく正しい文章を生成する「グラウンディング」という手法を用いて、Q&A機能を実装したり、研修コンテンツ、理解度テストを作成する

サンプルファイルの使い方

Chapter2以降で使用するサンプルファイル（xlsm 形式）は、以下のURLからダウンロードできます。ダウンロードにはCLUB Impressの会員登録が必要です(無料)。会員ではない方は登録をお願いいたします。

● 本書の商品情報ページ

https://book.impress.co.jp/books/1123101023

※画面の指示に従って操作してください。
※練習用ファイルは、本書籍の範囲を超えての使用を想定していません。

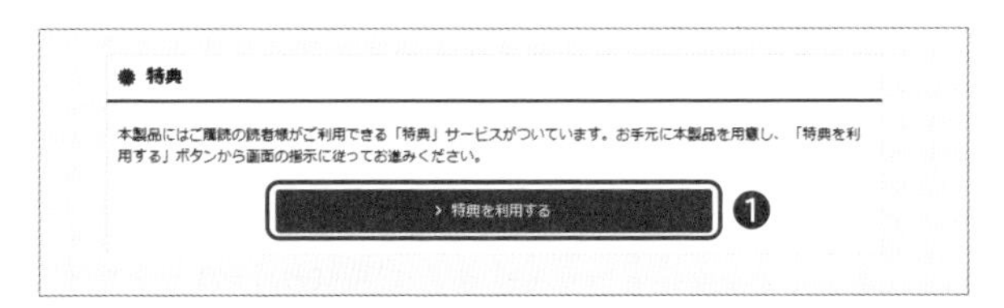

上記URLのページにアクセスし、商品情報ページを表示したら、❶［特典を利用する］をクリック

CLUB Impress の会員ではない場合は、❷［会員登録する（無料）］をクリックして登録を進める

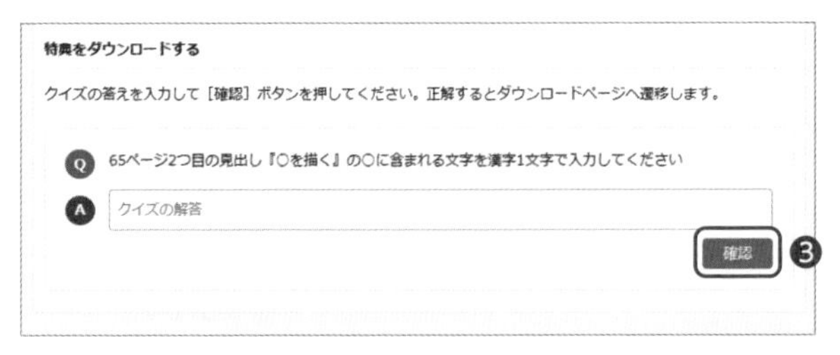

再度ログインして、質問の回答を入力し、❸［確認］をクリック

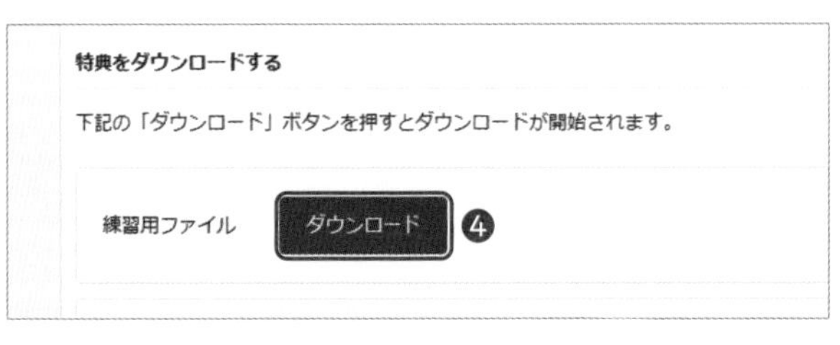

ダウンロード画面が表示されるので、ダウンロードするファイルを選んで❹［ダウンロード］をクリック

ダウンロードしたサンプルファイルをエクスプローラーで表示しておく。❺サンプルファイルを選択し❻［すべて展開］をクリック

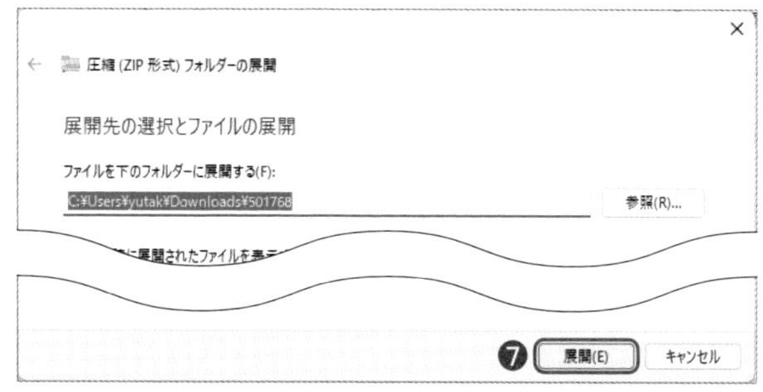

❼［展開］をクリック

マクロのブロックを解除するには

マクロを含んだファイルを開いたときに、［セキュリティリスク］のメッセージが表示され、マクロの実行がブロックされます。これを解除するには、次の手順のようにファイルのプロパティを変更します。また、マクロのブロックを解除後にブックを開くと［セキュリティの警告］のメッセージが表示されることがあります。その場合は［コンテンツの有効化］をクリックして、ファイルへのアクセスを許可しましょう。なお、これらのメッセージは安全性の観点から表示されるもののため、ファイルの入手時に配布元をよく確認して、安全と判断できた場合のみ解除操作を行ってください。

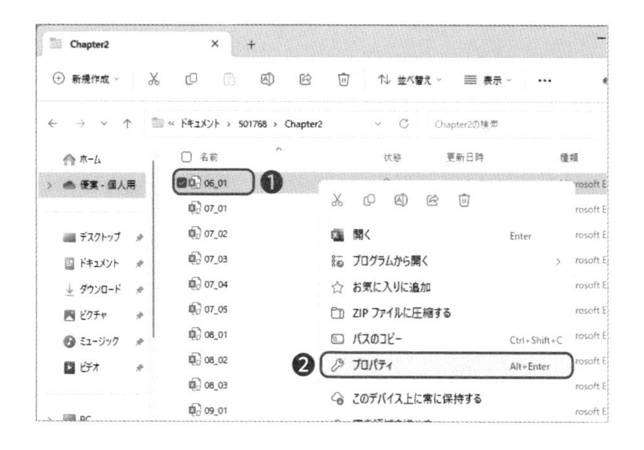

ダウンロードしたサンプルファイルを展開して表示しておく。マクロを有効化したいサンプルを❶選択して右クリックし、❷［プロパティ］をクリック

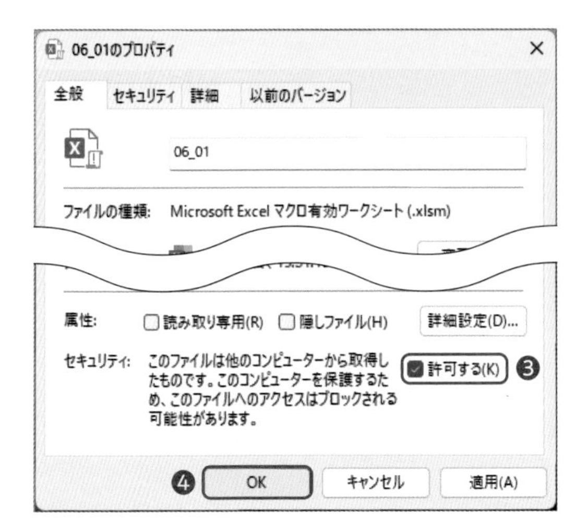

❸［許可する］をクリックしてオンにし、❹［OK］をクリック

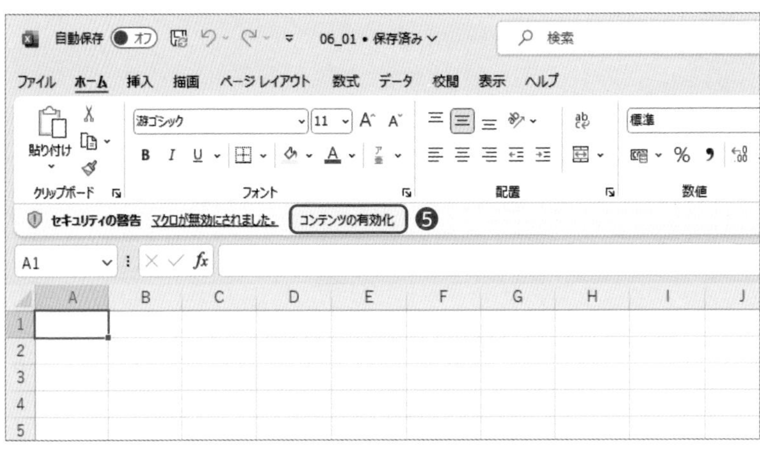

マクロのブロックを解除したブックを開き、❺［コンテンツの有効化］をクリック

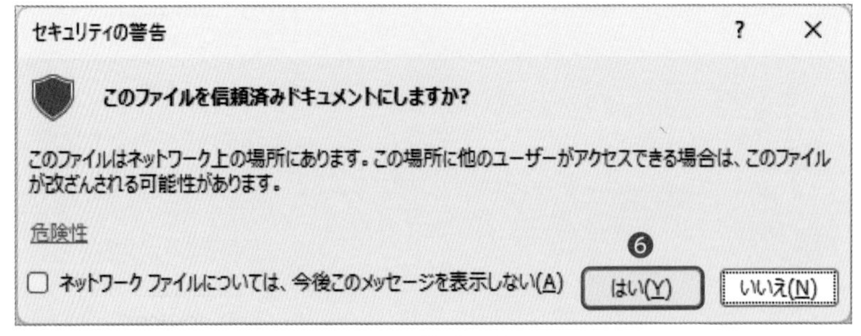

「セキュリティの警告」の画面が表示されたら❻［はい］をクリックする

サンプルにAPIキーを設定するには

本書で提供しているサンプルファイルを使ってChatGPTと連携するには、APIキーをコード内に入力する必要があります。APIキーの発行方法はSection04で詳しく解説しています。注意点もあわせてお読みいただき、取得したAPIキーを以下の手順で「YOUR_API_KEY」の部分に入力しましょう。

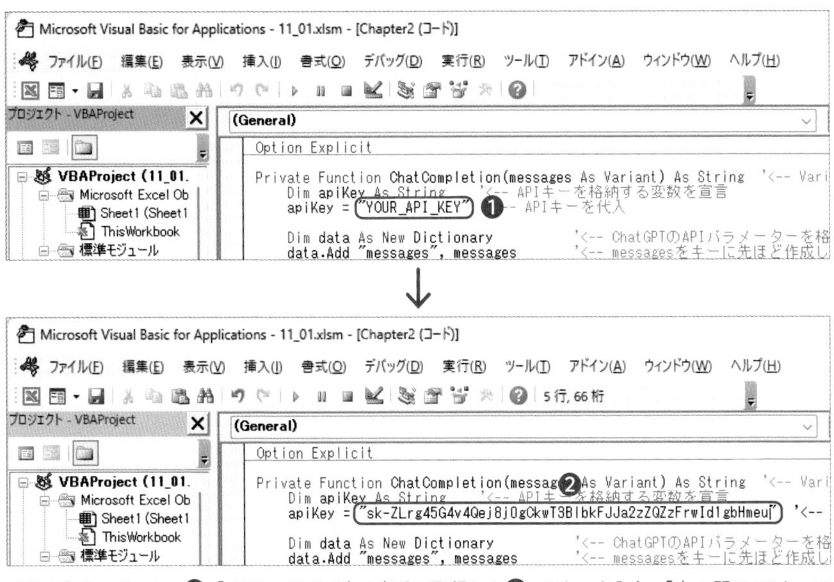

VBEを表示しておく。❶「YOUR_API_KEY」の部分に取得した❷APIキーを入力。「"」の間にAPIキーの文字列が入るようにする

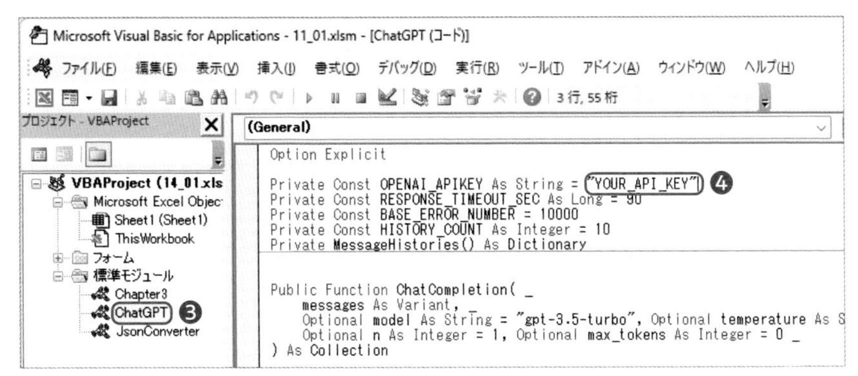

Section13以降のサンプルはプロジェクトエクスプローラーで❸標準モジュール［ChatGPT］をダブルクリックしてコードを表示し、❹「YOUR_API_KEY」の部分にAPIキーを入力する

Chapter 1 ChatGPTの基礎と事前準備

Chapter 2 Excel VBAとChatGPT APIの連携

Chapter 4 ChatGPT業務適用の実践的テクニック

ご購入・ご利用の前に必ずお読みください

本書の内容は、2023年7月時点の情報をもとに構成しています。本書の発行後に各種サービスやソフトウェアの機能、画面などが変更される場合があります。

本書発行後の情報については、弊社のWebページ（https://book.impress.co.jp/）などで可能な限りお知らせいたしますが、すべての情報の即時掲載ならびに、確実な解決をお約束することはできかねます。また本書の運用により生じる、直接的、または間接的な損害について、著者ならびに弊社では一切の責任を負いかねます。あらかじめご理解、ご了承ください。本書で紹介している内容のご質問につきましては、巻末をご参照のうえ、メールまたは封書にてお問い合わせください。ただし、本書の発行後に発生した利用手順やサービスの変更に関しては、お答えしかねる場合があります。また、本書の奥付に記載されている初版発行日から1年が経過した場合、もしくは解説する製品やサービスの提供会社がサポートを終了した場合にも、ご質問にお答えしかねる場合があります。あらかじめご了承ください。

また、以下のご質問にはお答えできませんのでご了承ください。
- 書籍に掲載している内容以外のご質問
- 書籍に掲載している以外のプログラムの作成方法
- お手元の環境や業務に合わせたプロンプトの設定方法

本書の内容

本書のChatGPTによる回答テキストはOpenAIの大規模言語生成モデルであるGPT-3.5、GPT-4を使用して生成しました。

本書の一部には、OpenAIの大規模言語生成モデルであるGPT-3.5、GPT-4を使用してテキストを生成し、著者がそのテキストを検証・編集・改訂した箇所が含まれます。本書に記載されているサンプル通りのプロンプトや質問を入力したとしても、ChatGPTは異なる回答を出力することが多数あります。これはChatGPTの特性によるものですので、ご理解の上、本書をご活用ください。

本書の前提

本書では、「Windows 11」に「Microsoft Excel 2021」がインストールされているパソコンで、インターネットに常時接続されている環境を前提に画面を再現しています。

Chapter

1

ChatGPTの基礎と事前準備

ChatGPT を Excel VBA に組み込んで業務の効率化に役立てていくためには、ChatGPT の特徴や利用のために必要となる技術についての理解が必要です。この章ではそれらの特に重要となる部分に的を絞って解説し、実際に ChatGPT を操作しながら理解を深めることで、Chapter 2 以降に向けた準備を進めていきます。

ChatGPTとは何か？

チャット形式で文書を生成する「ChatGPT」

ChatGPTとは米国のOpenAI社が2022年11月に公開した対話型AIです。チャット形式でメッセージを入力して送信するとそれに対する文章が生成される、無料のサービスとしても提供されており、Webブラウザーさえあればすぐに利用できます。このChatGPTのベースとなっているのが、GPT（Generative Pre-trained Transformer）と呼ばれる大規模言語モデル（LLM）です。2023年7月時点ではGPT-3.5とGPT-4という2つのモデルが提供されており、後述で説明する「ChatGPT API」を使うと、自社サービスなどにこれらのモデルを組み込むことができます。

GPTやLLMの詳細を理解するためにはAIに関する専門的な知識が必要なため本書では説明しませんが、これらのLLMをベースにした人工知能がどのようにして会話やその他あらゆるタスクに対応できるのか、基本的な特徴を見ていきましょう。

YU　Excel VBAを使ってChatGPT をExcelに実装し、業務自動化のテクニックを解説した書籍を発売する予定です。どんな書籍タイトルが良いと思いますか？

Excel VBAでChatGPTを活用して業務を自動化する方法を解説した書籍のタイトルの提案です:

1. "Excel VBAマスター: ChatGPTを活用した業務自動化テクニック"
2. "ChatGPTとExcel VBA: 業務自動化のための究極ガイド"
3. "Excel VBAとAIの融合: ChatGPTで実現する業務自動化"
4. "ビジネスパートナーAI: Excel VBAとChatGPTで業務を効率化する"
5. "未来の業務: Excel VBAとChatGPTで自動化を実現する方法"

これらのタイトルは、Excel VBAとChatGPTの組み合わせに焦点を当て、業務の自動化に取り組む読者に対して魅力的で興味を引くものとなっています。タイトルは書籍の内容やターゲット読者層にも合わせて微調整することをお勧めします。

質問をテキストで入力するとそれに対する応答がテキストで生成される

確率に基づき「もっともらしく」補完する

皆さんに質問です。「昔々、あるところに」に続く文章を考えてみてください。おそらく多くの方が「おじいさんとおばあさんがいました」と答えるのではないでしょうか。昔々あるところにひょうきんなYouTuberはいないでしょうし、新作動画のロケのために出かけることもなさそうです。もしかすると「昔々、」だけで「あるところにおじいさんとおばあさんがいました」と続ける方や、さらにその続きとして「おじいさんは山へ芝刈りに、おばあさんは川へ洗濯に行きました」と続ける方も多いかもしれません。

実は、このような**「前の言葉に続くもっともらしい言葉を補完して文章を作成する」という処理が、ChatGPTの基本的な特徴**となっています。後のSectionで説明するChatGPTのAPIは補完を意味する「Completion」という名前で提供されているのはこのためです。この特徴を理解しておくことは、ChatGPTから期待するような回答を得るための指示の出し方に役立つことでしょう。

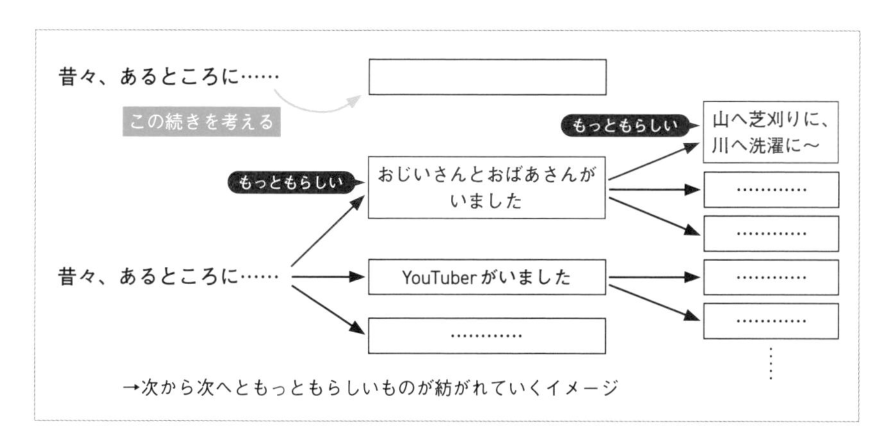

ただし、ここで注意すべき点は**ChatGPTの生成する文章はあくまで「もっともらしさ」に基づくものであり、その正確性についての保証はないこと**です。本書でもその短所を補うためのいくつかのテクニックを紹介しますが、厳に正確性が求められる**業務への活用にあたっては人間によるチェックを組み合わせるなどの対策が必要**となります。なおChatGPTで利用されているモデルは、厳密にいうと確率による「もっともらしさ」に加えて人間のフィードバックによる「好ましさ」についても学習させた「InstructGPT」と呼ばれるものになっています。回答内容の適切さや虚偽の回答の軽減に貢献しているといわれていますが※1、正確性についての保証がないことは変わりません。

ChatGPTの用途は多岐に渡る

ChatGPTはチャット、すなわち会話ができるAIという印象が強いかもしれませんが、単なる会話にとどまらずあらゆる種類のタスクに利用できる能力を兼ね備えています。メールなどの文章の作成やプログラミングといったOpenAI社がガイドの中で挙げているもの以外にも、文章の要約や分類、文章に含まれる重要なキーワードの抽出、マーケティングの4PやSWOT分析などのフレームワークへの当てはめ、データの整形など、ありとあらゆる用途に利用できます。

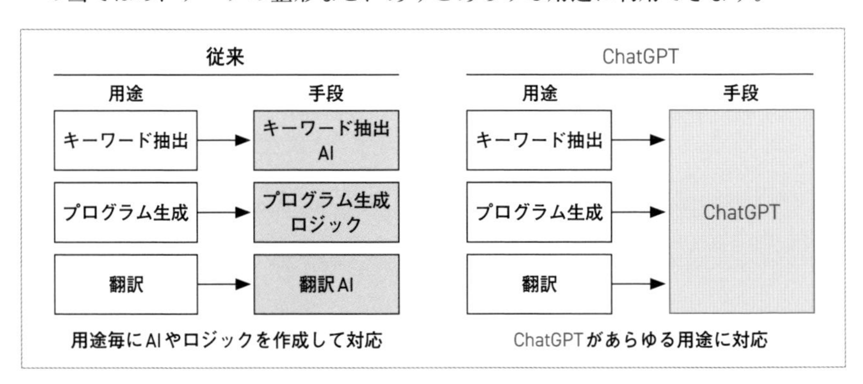

特に筆者がよく活用する用途は、プログラムコードの生成です。従来は公式ドキュメントやWeb検索によって断片的な情報を集めて自身で組み合わせる作業をしてきましたが、使用する言語やライブラリ、制約事項を指定すればそれらの手間を省いてストレートに知りたいことにたどり着くことができます。また翻訳についても「もっと楽しげに」「ユーザーに強く注意を促すように」などというニュアンスを指定することができる点が従来の翻訳サービスとは一線を画しているといえるでしょう。

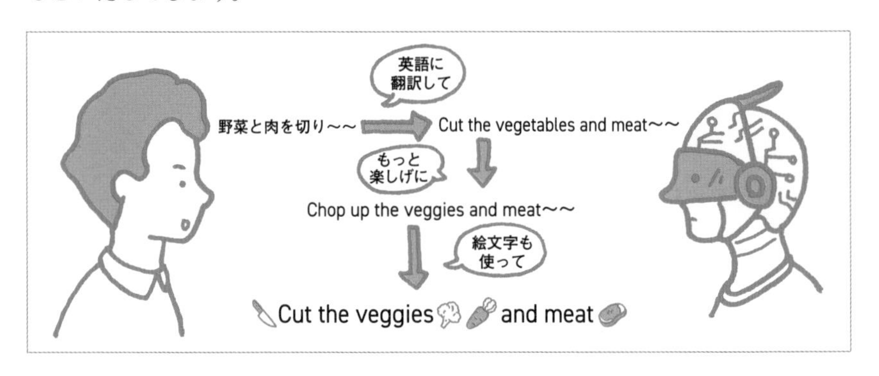

※1 OpneAI「Aligning language models to follow instructions」(https://openai.com/research/instruction-following)

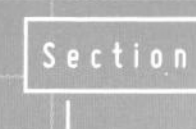

02 APIの利用と押さえておくべきポイント

APIとは

APIとはApplication Programming Interfaceの略で、あるプログラムが提供する機能を別のプログラムから利用するための仕様を指します。文脈によってはインターネット越しに利用できるRESTful API※1、特にHTTP（Hypertext Transfer Protocol）通信で提供される機能そのものを指すことが多く、OpenAIのAPIもこれに該当します。

例えばSNSのX（旧Twitter）もAPIとして一部の機能を利用することができます。私たちは普段X（旧Twitter）をスマートフォンのアプリやWebブラウザーで利用しますが、APIを利用することで別のプログラムで投稿内容を取得して分析したり、任意の内容を投稿したりすることができるようになります。OpenAI社も、以下の通り、いくつかのサービスをAPIとして提供しており、これによって利用者は自身が開発したアプリやサービスにChatGPTを組み込むことができます。本書で解説するExcel VBAからの連携、それによる業務の自動化もAPIを活用したその一例です。

- ChatGPT：対話型の文章生成サービス
- Whisper：音声認識・文字起こしサービス
- DALL-E　：画像生成サービス

AI活用セミナー　アンケート回答一覧

#	部署	役職	満足度	コメント	キーワード ❶	要望 ❷
1	業務	課長	4	セミナーの内容は非常に興味深く、学びが多かったです。もう少し具体的な業務への適用事例があると良かったです。	学び、具体的な事例、適用。	聴講者からは、もう少し具体的な業務への適用事例がほしいとの要望があります。
2	IT	部長	3	スライドの文字が後ろの席から見えづらかったので、もう少し大きな文字や映像の活用をしてほしかったです。	スライド、文字サイズ、映像活用	聴講者の要望として、スライドの文字や映像が見えづらかったため、もう少し大きな文字や映像の活用をしてほしいという声がありました。
3	IT	担当	5	セミナーで話されたBPMSの統合について非常に参考になりました。具体的な手法についてもっと詳しく知りたかったです。	BPMS, 統合, 手法	聴講者からはBPMSの統合に関する具体的な手法についての要望があるようです。ありがとうございます。具体的な手法について、セミナーや別の機会で詳しくご紹介できるよう検討してまいります。
4	業務	部長	2	技術的な内容が難しかったです。もう少し初心者向けの解説があると助かります。	初心者向け, 解説, 技術的内容	聴講者からは、「もう少し初心者向けの解説があると助かる」という要望がありました。
5	その他	担当	4	AIの活用についての基礎的な知識が得られました。もっと具体的な業務への適用事例について知りたかったです。	基礎的知識、具体的適用事例、AI活用	聴講者からは、もっと具体的な業務へのAIの適用事例について知りたいとの要望があります。
6	ITベンダー	役員	5	セミナーの内容は非常に分かりやすく、具体的な手法も紹介されていて満足しました。	分かりやすい、具体的な手法、満足。	要望なしです。

例えば、一覧化されたセミナーのアンケート結果から聴講者が感じた特に重要なキーワード❶や要望❷を一括で抽出するなど、従来であれば1件ずつ読んで手作業で入力していたことも、ChatGPT APIを利用すると自動化できる

「要求」と「応答」の仕組み

Chapter2で作成するプログラムを理解するために、HTTP通信における要求と応答の仕組みについてもう少し詳しく確認していきましょう。ここでは「インプレスブックス」でExcel関連の書籍を表示するURL「https://book.impress.co.jp/category/soft/excel/index.php」を例に解説します。Webブラウザーに入力したURLをあらためて見てみると、以下のような情報によって構成されています。

```
https:// book.impress.co.jp /category/soft/excel/index.php
   ❶            ❷                        ❸
```

番号	種類	説明
❶	通信プロトコル	HTTPSを使用します
❷	接続先サーバー	インプレスのサーバーに接続します
❸	プログラムの配置先	いくつかのスラッシュ区切りの場所の中にあるindex.phpの実行を要求します

この❶〜❸を合わせた内容をWebブラウザーが要求として送信し、サーバーはこの要求を処理します。その実行結果としてサーバーはHTMLや画像データを応答し、Webブラウザーはその内容を表示します。これが、HTTP通信における要求と応答の基本的な仕組みです。また要求のことをリクエスト、応答のことをレスポンスと呼びます。APIの利用も同様の要求・応答によって行われていますので、覚えておきましょう。

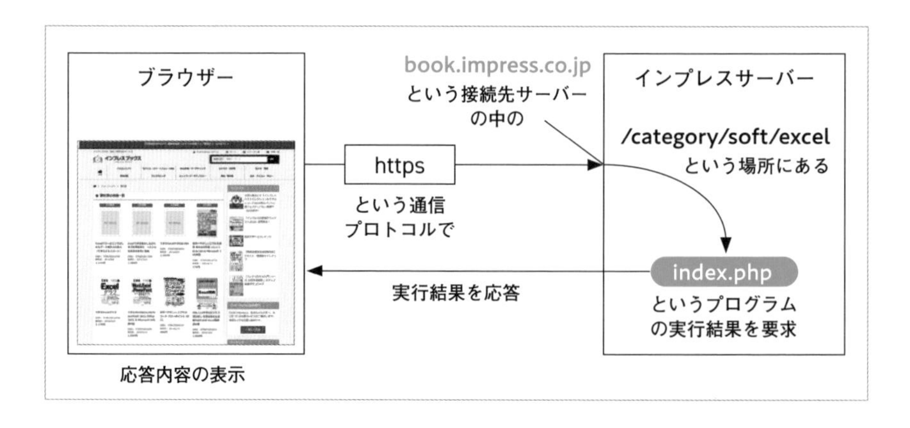

ChatGPT APIの利用料金

ChatGPTを含むOpenAIの各APIは、モデルごとに1000トークンあたりの単価が設定されており、入出力の文字数や単語数に基づき算出されるトークンに応じて従量課金される料金体系になっています。例えば、以下の図のように「VBAとは？」という質問に対して「マイクロソフトが開発したプログラミング言語です。」という返答がされた場合、入力と出力のトークン数の合計は37トークンです。このトークン数にモデルごとに応じた利用料が発生します。各モデルの利用料金は「Pricing」（https://openai.com/pricing）に掲載されており、本書で主に利用する「gpt-3.5-turbo」の利用料金は2023年7月時点で、1000トークンあたり入力が0.0015ドル、出力が0.002ドルです。前述の例の場合、「gpt-3.5-turbo」の入出力の料金は0.0000705ドル、つまり日本円で約0.010円となります。

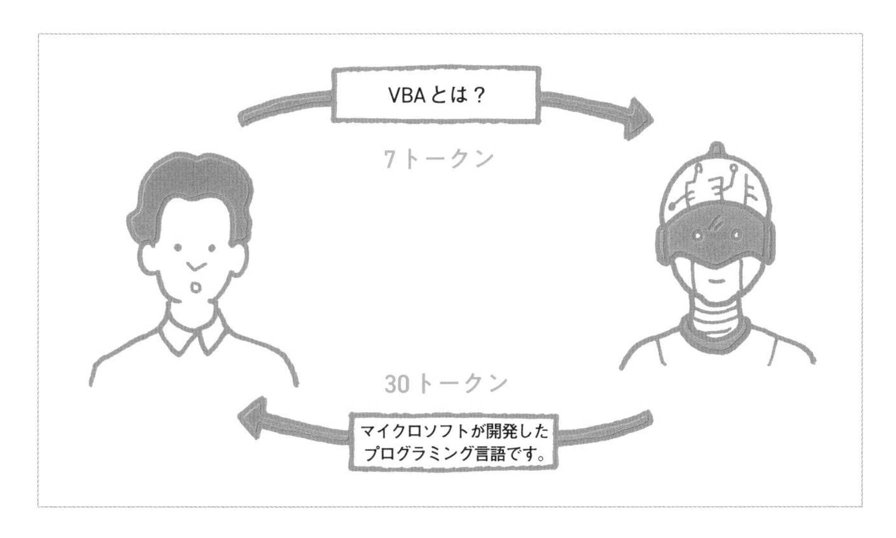

また、この「トークン」は、英語では約0.75単語で1トークン、日本語では”かな”や漢字、記号など文字の種類により異なります。トークン数は次のページで紹介している「Tokenizer」で計算することができるため、実際に計算してみると良いでしょう。例えば「これはトークン確認のテストです。」は16文字で17トークンと計算されます。「確」が3トークン、「認」が2トークン、「ーク」や「スト」が1トークン、他は1文字1トークンと計算されました。事前の厳密な見積もりは難しいため、1文字1トークンから2トークンの間程度で概算すると良いでしょう。

▼Tokenizer
https://platform.openai.com/tokenizer

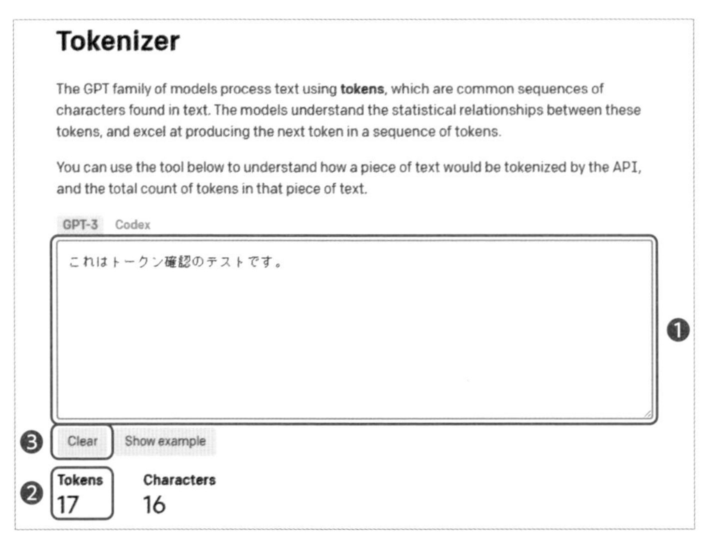

❶入力欄にテキストを入力すると❷トークン数が表示される
❸［Clear］をクリックするとテキストが削除される

課金アカウントへの切り替え方

2023年7月時点では、アカウントの新規登録から3カ月間有効の5ドル分の無料枠を超えると無料枠内の利用料金も含めて実際の使用分が課金されます。ただし、サインアップしてすぐの状態では決済手段が登録されておらず、無料枠を使い切ってもAPIが利用できなくなるだけで課金はされません。課金アカウントに切り替えるには、次の手順でOpenAI APIの管理画面で決済情報などを登録する必要があります。

Free trial usage
$0.00 / $5.00
GRANT # CREDIT GRANTED EXPIRES (UTC)
Grant 1 $5.00 2023年10月1日 ❶
Daily usage breakdown (UTC)
Select a day
All org members

OpenAI APIの管理画面にある［Usage］でアカウント作成時に付与された無料枠が確認できる。
❶［EXPIRES］に無料枠の有効期限が表示される

■ 課金アカウントに切り替える

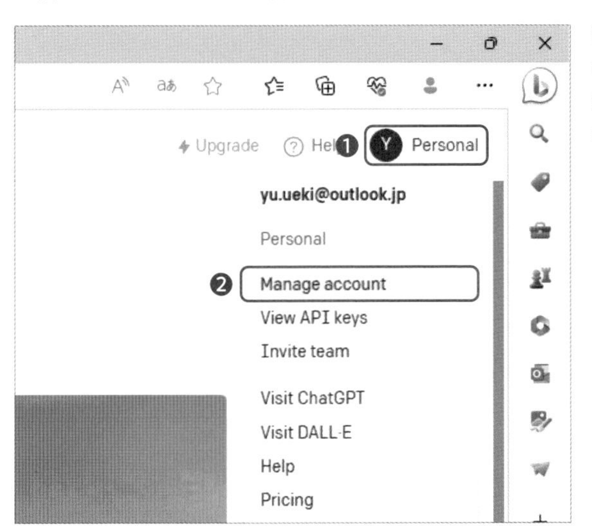

Section04でサインアップするポータル画面にアクセスし、❶［Personal］-❷［Manage account］をクリック

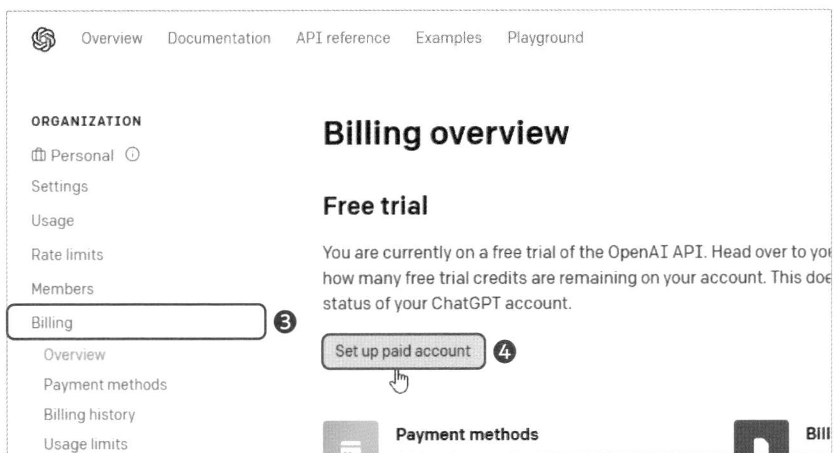

❸［Billing ］をクリックし［Billing overview］の画面で❹［Set up paid account］をクリック

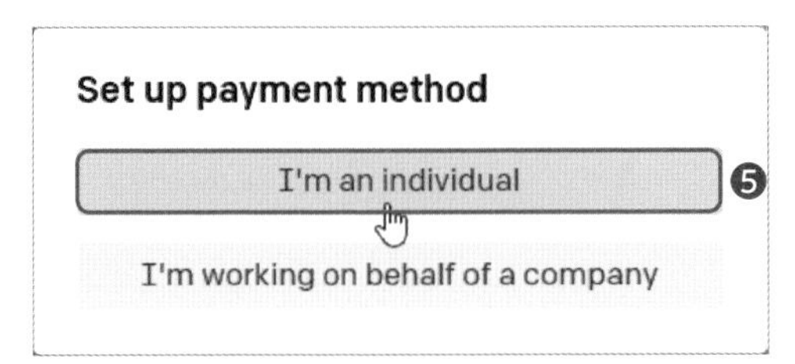

表示される［Set up payment method］画面から個人または法人を選択。ここでは個人として登録するため、❺［I' m an individual］ボタンをクリック

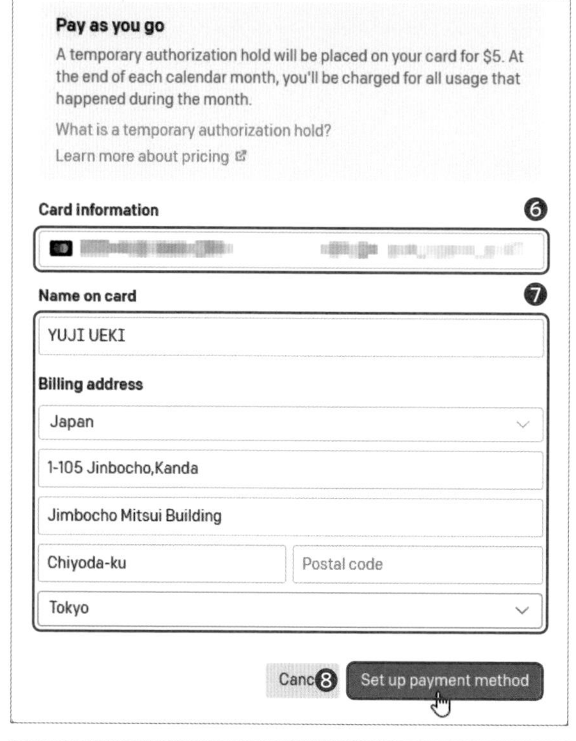

❻クレジットカード情報や❼請求先住所を入力して❽[Set up payment method]ボタンをクリックすれば、課金アカウントの登録が完了する

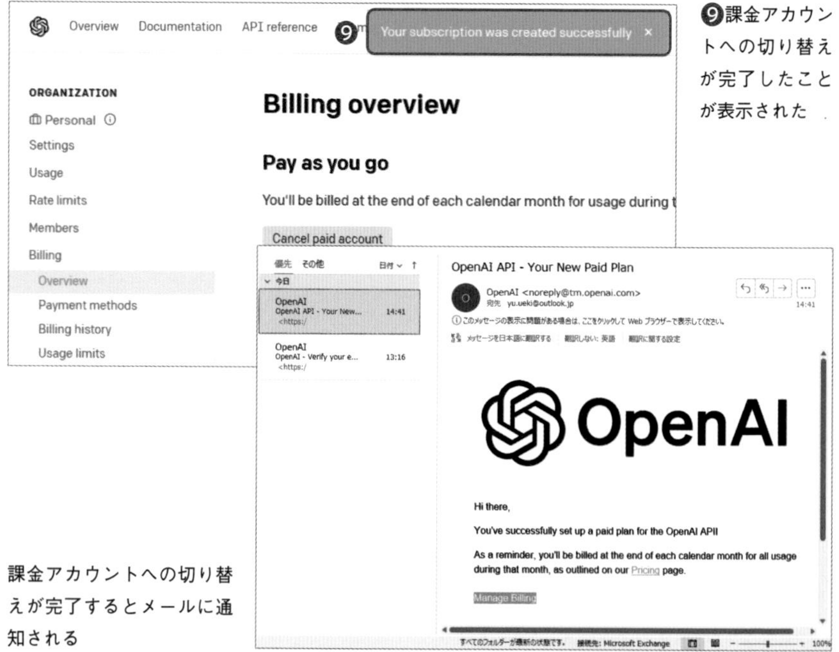

❾課金アカウントへの切り替えが完了したことが表示された

課金アカウントへの切り替えが完了するとメールに通知される

利用料の確認方法

実際の課金状況は、API管理画面のメニュー［Usage］で確認することができます。日ごとの利用状況も把握できるため、利用料金のコントロールに役立てることができます。

▼Usage
https://platform.openai.com/account/usage

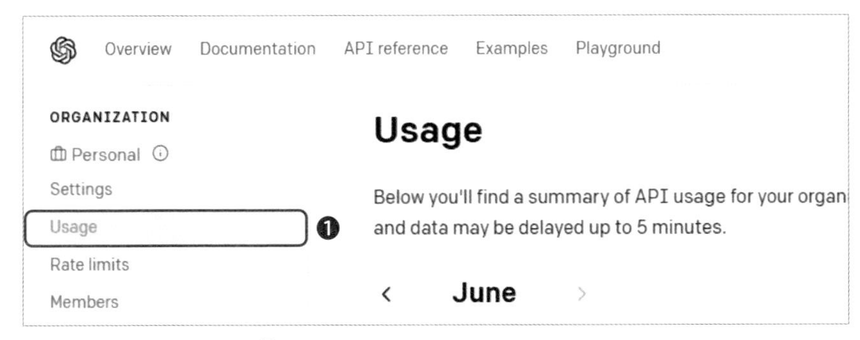

［Billing overview］の画面で❶［Usage］をクリック

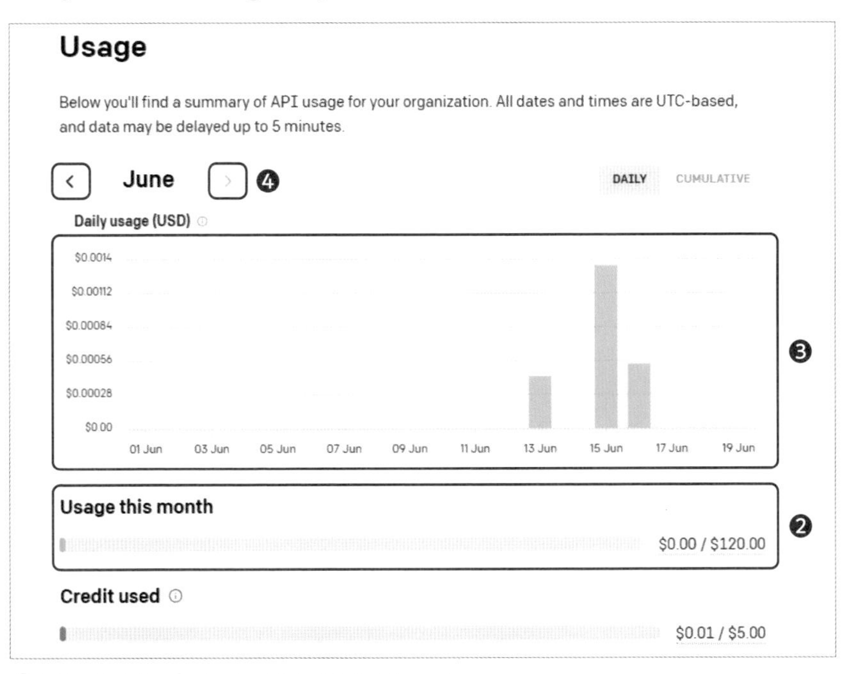

❷当月の利用料や❸日ごとの利用状況が表示される
❹［<］［>］をクリックすると月を切り替えられる

利用上限額の変更方法

利用額の上限はデフォルトで120ドルに設定されています。個人利用でこの金額を超えることは稀と思われますが、業務利用により120ドル以上の利用が想定される場合には［Billing］メニューの中の［Usage limits］のページから事前に引き上げを申請しましょう。筆者の場合は申請から数日で上限の引き上げが反映されました。

▼Billing
https://platform.openai.com/account/billing/overview

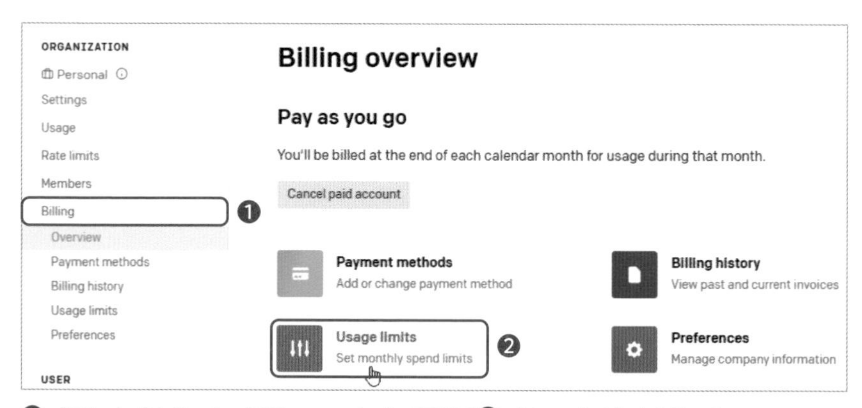

❶［Billing］をクリック。［Billing overview］の画面で❷［Usage limit］をクリック

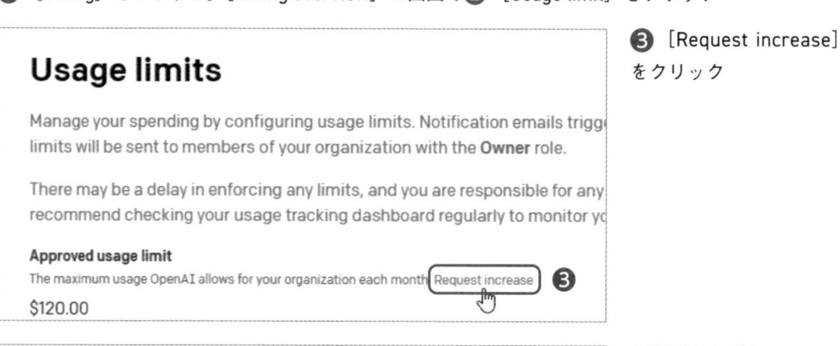

❸［Request increase］をクリック

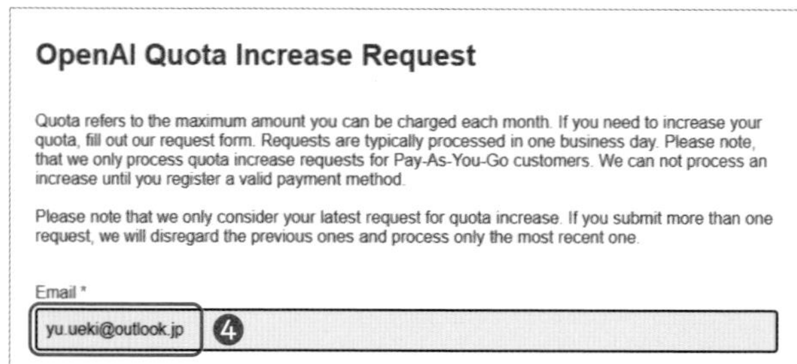

上限引き上げのフォームが表示された。❹メールアドレスを入力

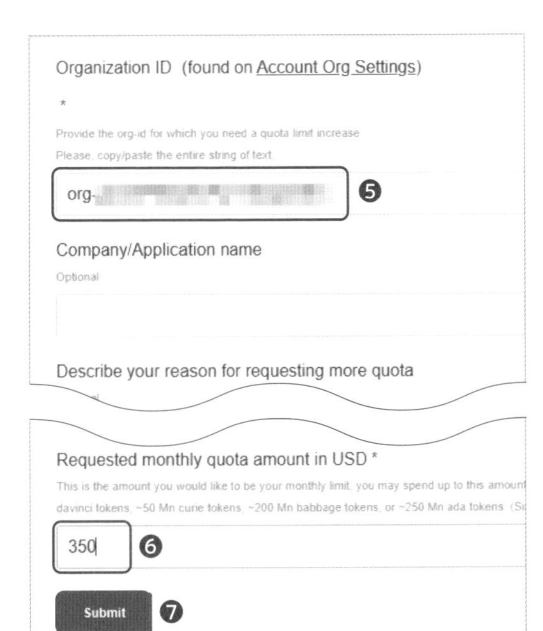

❺［Organaization ID］が自動入力されていることを確認。もし入力されていない場合は、管理画面の[Settings]をクリックし[Organization ID］をコピーして、ここに貼り付ける。❻上限額をUSドルで入力し❼[Submit］をクリック

Column

ChatGPT APIの使いすぎを防ぐ方法

ChatGPT APIを便利に活用するあまりに、つい使いすぎてしまい請求額が心配という方もいらっしゃることでしょう。ChatGPTには2つの閾値が設定されており、1つは［Hard limit］と呼ばれるもので、月間利用料金の上限額を指します。この金額に達してしまうとAPIが利用できなくなってしまうため、よほどのことがない限り引き下げることは得策ではありません。もう1つは［Soft limit］で、この金額に達した時点で注意喚起のメールが届きます。これを引き下げてもサービスに影響は出ないため、予算の事情に合わせてデフォルトの96ドルよりも低い金額を設定することで使いすぎを防ぐことができます。

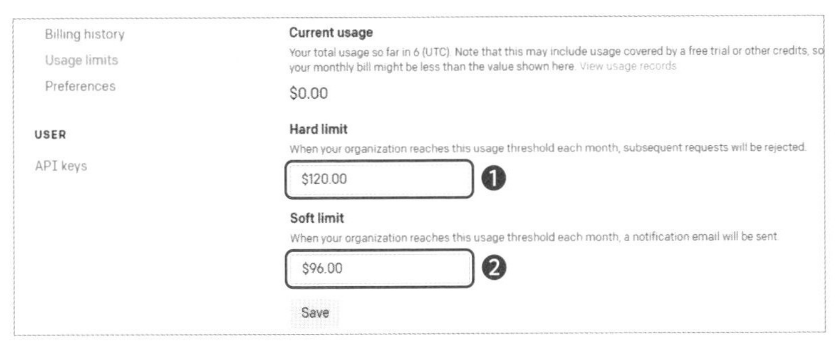

上限を下げたい場合は❶［Hard limit］の金額を変更する。❷［Soft limit］に設定された金額に達するとメールに通知される

APIで利用できる主なモデル

主要なモデルは以下の通りです。基本的には精度・スピード・コストのバランスに優れる「gpt-3.5-turbo」をメインに使用すると良いでしょう。今後もスナップショットモデルの更新や、トークン数の拡張、新たなモデルの追加などが予想されます。数ヵ月ごとに公式ホームページでモデルの一覧情報を確認するようにしましょう。なお、スナップショットとは、その時点で更新がストップしたものを意味します。

▼モデルの一覧
https://platform.openai.com/docs/models

■ GPT-3.5

能力とコストのバランスに優れる主力モデル。従来からの文章補完に加えて高い会話能力を備える。

モデル	説明
gpt-3.5-turbo	最新版にして、最も優れた能力を備えたモデル。特別な制約がない場合はこのモデルを利用
gpt-3.5-turbo-16k	gpt-3.5-turbo の 4 倍にあたる約 16,000 文字を入出力データとして扱えるモデル。入出力ともにトークンあたりの価格は 2 倍
gpt-3.5-turbo-0613	gtp-3.5-turbo の 2023 年 6 月 13 日時点のスナップショットで、Function Calling という機能を備える。次のスナップショットがリリースされてから 3 カ月後に非推奨となる
gpt-3.5-turbo-16k-0613	gtp-3.5-turbo-0613 の 16k 版

■ GPT-4

より難易度の高い問題の解決や高い回答精度を実現するモデル。将来的に文字列のみならず画像の入力にも対応予定。2023年7月時点では、APIに1ドル以上の課金をしたことのあるユーザーが利用可能。

モデル	説明
gpt-4	GPT-4 の最新版にして、最も優れた能力を備えたモデル
gpt-4-0613	gtp-4 の 2023 年 6 月 13 日時点のスナップショットで、Function Calling という機能を備える。次のスナップショットがリリースされてから 3 カ月後に非推奨となる
gpt-4-32k	GPT-4 の 4 倍にあたる約 32,000 文字を入出力データとして扱えるモデル。入出力ともにトークンあたりの価格は 2 倍
gpt-4-32k-0613	gtp-4-0613 の 32k 版

情報管理ルールに則り活用しよう

ChatGPTに限らず他社が提供するAPIを業務で活用するには、企業や組織の情報管理ルールに則る必要があります。特に公的機関や金融機関などではセンシティブな情報を扱うことも多く、厳格なルールが定められているはずです。必ずルールを遵守して利用するようにしましょう。

特に重要なポイントとして、送信されたデータがAIの学習に利用されてしまうことで、自社とエンドユーザーとの間の契約に違反したり、最悪の場合、情報漏洩に繋がったりしてしまうことが挙げられます。この点については2023年7月時点でOpenAI社のデータ利用ポリシー※2に「APIに送信されたデータは（オプトインしない限り）学習に利用しない」と明記されています。ただし、送信されたデータは監査等を目的として30日間保持されるとも明記されています。これらを考慮すると、委託先業者としての適正性を点検の上、送信可能なデータの種類を限定して活用することが想定されます。OpenAI社全体としてのセキュリティへの取り組みはOpenAI Security Portal※3から確認することができます。専門的な内容が含まれているため、情報セキュリティ管理部門の有識者と協力して内容を点検することをお勧めします。

Column

マイクロソフトが提供する企業向けのChatGPT

マイクロソフト社からはAzure OpenAI Serviceが提供されており、ここでは「重要なエンタープライズ セキュリティ、コンプライアンス、リージョンの可用性など、運用環境のニーズを満たす」※4とされています。また、同社日本法人やパートナー企業による導入支援も期待できることから、利用できる場合は検討してみると良いでしょう。特に企業では新たなクラウドサービスの契約には念入りなチェックや手続きが必要になることが一般的です。この点、マイクロソフトのクラウドサービスは既に利用している企業は多く、スムーズに利用を開始することができるでしょう。ただし本書で解説するAPIとは一部で仕様が異なっているため、本書のテクニックを活用するためには読み替えが必要になります。

※1 「RESTful API」はREpresentational State Transfer APIの略。URIでアクセスできるリソース（契約情報、顧客情報など）の状態を表現した情報を呼び出し元との間で交換する仕様。通信プロトコルやデータ形式を限定するものではないが、インターネットで利用できる多くのAPIでは通信方式としてHTTP、データの形式としてJSONやXML等が用いられる。

※2 OpenAI「API data usage policies」（https://openai.com/policies/api-data-usage-policies）

※3 OpenAI「OpenAI Security Portal」（https://trust.openai.com）

※4 Microsoft「Data, privacy, and security for Azure OpenAI Service」（https://learn.microsoft.com/en-us/legal/cognitive-services/openai/data-privacy）

03 アカウントの登録とChatGPTの使い方

アカウントを作成する

このSectionでは実際にChatGPTを触ってみたり、ChatGPTのAPIを利用できるようにしたりしていきます。はじめに最もオーソドックスな方法として、Webブラウザーを使って利用してみましょう。本書ではMicrosoft Edgeを利用しますが、Google Chromeなど別のWebブラウザーでも構いません。認証画面にアクセスして、［Sing up］ボタンをクリックします。Googleアカウントか Microsoftアカウントで認証し、必要情報を入力します。なお他のアカウントで利用している電話番号を使用することはできません。既にアカウント作成済みの場合は［Sign up］の代わりに［Log in］ボタンをクリックしてください。

▼OpenAIアカウントの認証画面
https://chat.openai.com/auth/login

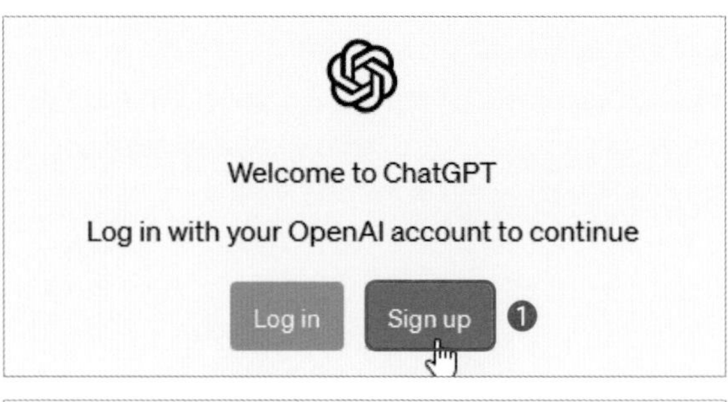

上記のURLにアクセスし、❶［Signup］をクリック

Create your account

Please note that phone verification is required for signup. Your number will only be used to verify your identity for security purposes.

Email address

yu.ueki@outlook.jp ❷

Continue ❸

Already have an account? Log in

❷メールアドレスを入力し❸［Continue］をクリック

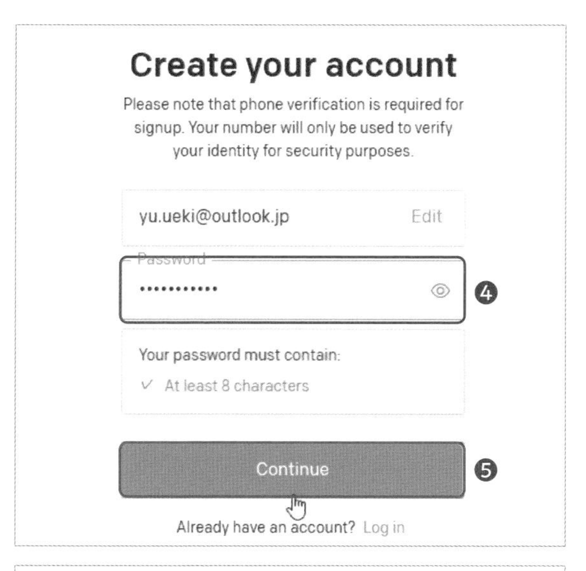

❹パスワードを入力し、❺ [Continue] をクリック

Verify your email

We sent an email to yu.ueki@outlook.jp.
Click the link inside to get started.

Resend email

入力したメールアドレスにメールが送信された。メールが届かない場合は [Resend email] をクリックする

OpenAIから送信されたメールを表示し、❻ [Verify email address] をクリック

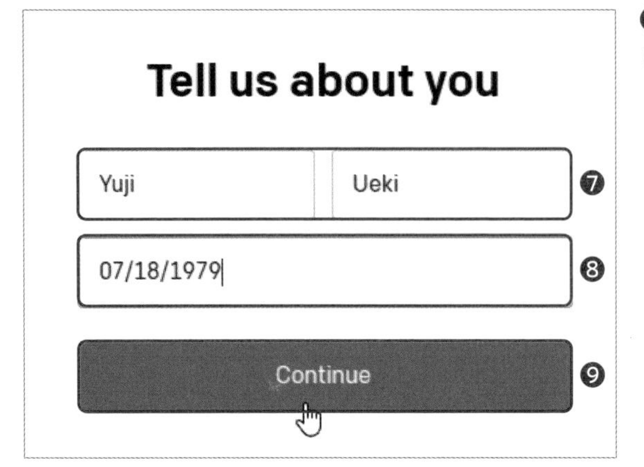

❼氏名と❽生年月日を入力し、❾［Continue］をクリック

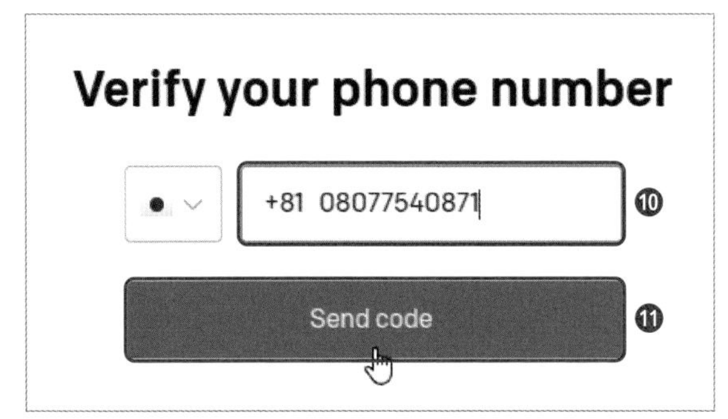

スマートフォンの❿電話番号を入力、⓫［Send code］をクリック

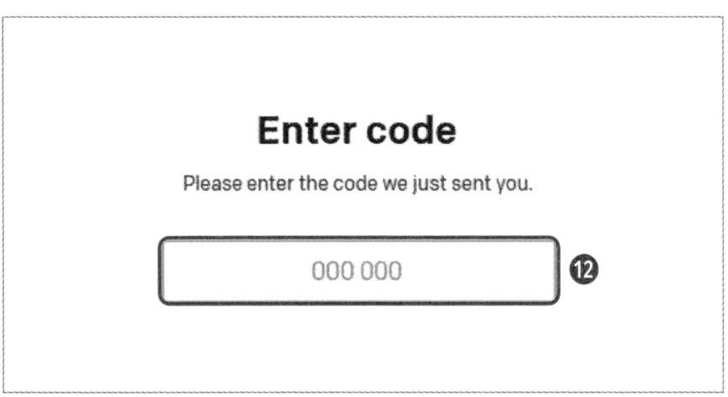

スマートフォンのSMSに送信された⓬コードを入力

ChatGPT

This is a free research preview.

Our goal is to get external feedback in order to improve our systems and make them safer.

While we have safeguards in place, the system may occasionally generate incorrect or misleading information and produce offensive or biased content. It is not intended to give advice.

⓭ Next

ChatGPT

How we collect data

Conversations may be reviewed by our AI trainers to improve our systems.

Please don't share any sensitive information in your conversations.

Back ⓭ Next

ChatGPTについての注意事項が表示されるので⓭［Next］をクリック

⑭［Done］をクリック

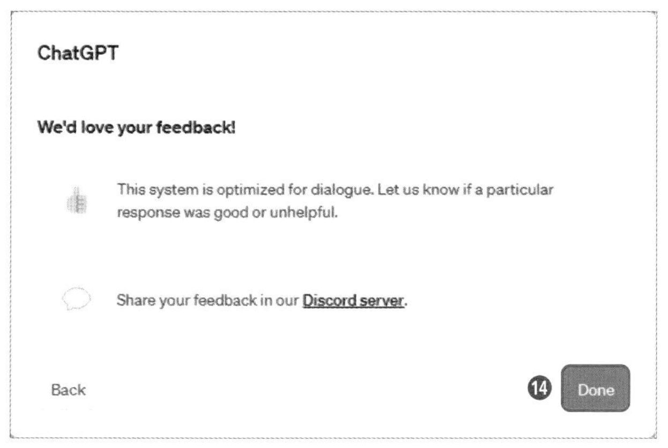

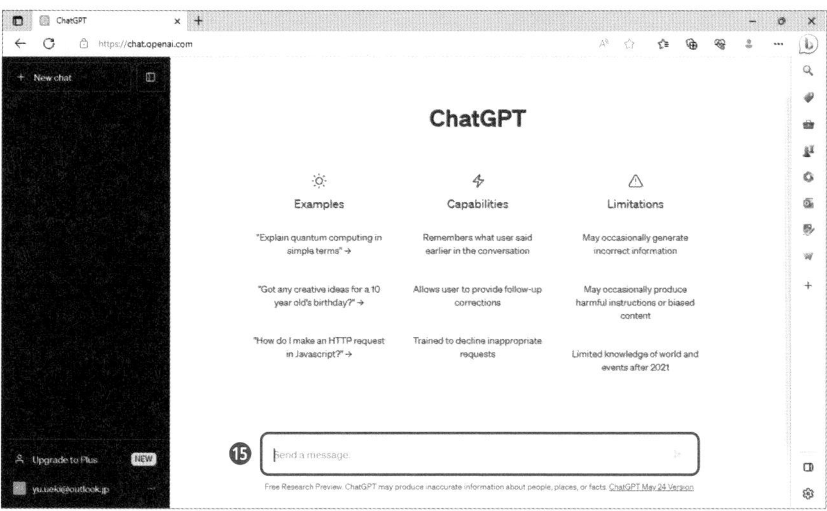

ChatGPTのトップページが表示された。⑮［Send a message］の欄にメッセージを入力し Enter キーを押すと、入力した内容に対する応答がテキストで自動生成される

Column

Enter キーにはご用心

ChatGPTでは Enter キーを押すと入力したメッセージが送信されます。日本語変換を決定するための Enter キーでもメッセージが送信されてしまうため、書きかけの文章を送ってしまうことがあります。これを回避するためには、Shift キーを押しながら Enter キーを押しましょう。日本語変換の決定はもちろん、改行することもできます。

会話の文脈を基に応答が生成される

ChatGPTのチャット画面に遷移したら、画面下部のテキストボックスに何か入力して Enter キーを押すと、ChatGPTからの応答メッセージが表示されます。以下に示した例では「こんにちは。おしゃべりしましょう。」と入力したところ、「こんにちは！おしゃべりするのが大好きです。どんな話題についてお話ししましょうか？」という回答が表示されました。なお日本語変換のために Enter キーを押しても送信されてしまうため、注意してください。

入力欄にテキストを入力し Enter キーを押す

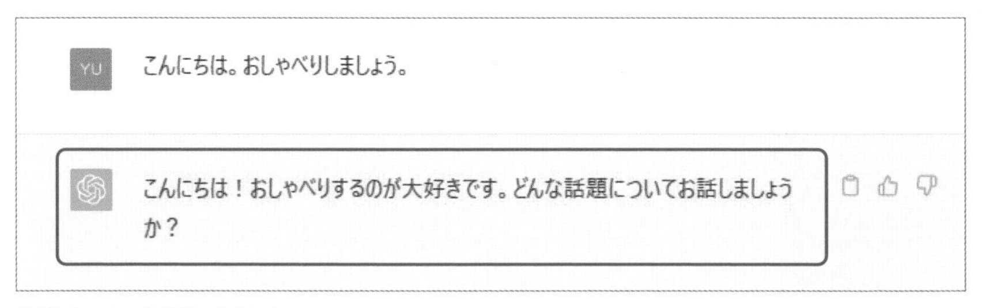

応答メッセージが生成された

せっかくなのでもう少し会話を続けていきます。次のように夏休みの旅行について何ターンか会話のやり取りをしてみました。ここで注目すべきポイントは、直前の発話内容では沖縄に行きたいこと以外に触れていませんが、ChatGPTからの応答内容の最後に「素晴らしい夏季休暇をお楽しみください！」と言及されている点です。

このことから、ChatGPTは会話の文脈を記憶し、直前の発話内容のみならず文脈に従った応答ができることがわかります。特にチャットボット等の対話システムの世界では、このような文脈情報のことを「コンテキスト」と呼びますので覚えておきましょう。

YU 夏季休暇の旅行についてお話ししたいな

素敵ですね、夏季休暇の旅行の話題は楽しいです！どこか特定の場所に行く予定がありますか？それともどのような旅行スタイルがお好みですか？教えてください。

YU 沖縄に行きたいと思っているんですよね

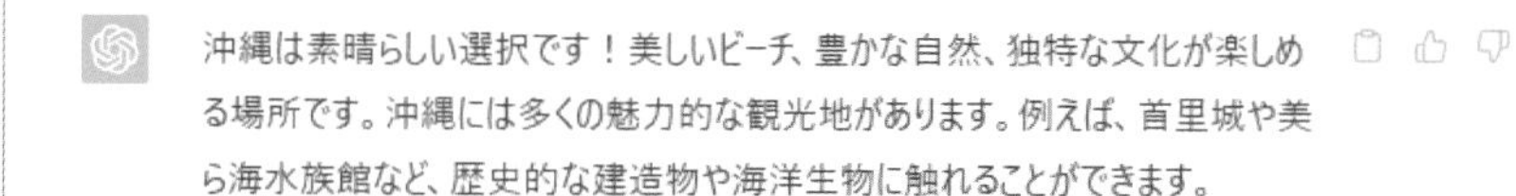

沖縄は素晴らしい選択です！美しいビーチ、豊かな自然、独特な文化が楽しめる場所です。沖縄には多くの魅力的な観光地があります。例えば、首里城や美ら海水族館など、歴史的な建造物や海洋生物に触れることができます。

また、沖縄の美しいビーチでリラックスしたり、シュノーケリングやダイビングで海の世界を楽しんだりすることもできます。海の中は美しい珊瑚礁と色鮮やかな魚たちで溢れています。

沖縄の食文化も魅力的です。沖縄そばやゴーヤチャンプルーなど、独自の料理が楽しめます。また、泡盛（アウミ）という沖縄の伝統的なお酒も試してみる価値があります。

旅行のスケジュールや予算に応じて、沖縄の滞在期間や観光地の選択を計画すると良いでしょう。また、旅行中は日差しに注意し、必要ならば日焼け止めや帽子などのUV対策をお忘れなく。

沖縄での素晴らしい夏季休暇をお楽しみください！もしご質問やアドバイスがあればお気軽にどうぞ。

Column

プラグインを使えばさらに便利に

ChatGPTと他社のサービスを繋いでより便利に利用するための機能PluginsがChatGPT Plusユーザー向けに提供されました。例えばプラグインの一種であるWeb Browsingを使うと、ChatGPTが学習した2021年のデータセット以降の知識についても出典付けで調べることができます。その他にも様々なプラグインが提供されており、ただ便利なだけではなく業務効率化ツールを開発するためのヒントも見つかるため、積極的に利用してみると良いでしょう。

Section

APIキーの発行と動作の確認

 APIキーの発行と注意点

次に、ChatGPTのAPIを利用するためにAPIキーを発行します。**APIキーとは、APIを利用する際にその利用権があることを証明するためのパスコードのような**役割を果たす承認情報のことです。APIキーの名前は何も入力しなくても問題ありませんが、万が一外部に流出してしまった際などに無効化による影響範囲がわかるよう、用途ごとに名称を付けておくことをお勧めします。また、**APIキーが他人に知られてしまうと不正に利用される恐れがあるため、厳重な管理が必要です。発行後のAPIキーは以降二度と表示することができません**ので、39ページの❻の画面で必ずコピーし、安全な場所にメモしておくようにしましょう。

▼**OpenAI APIの公式サイト**
https://openai.com/blog/openai-api

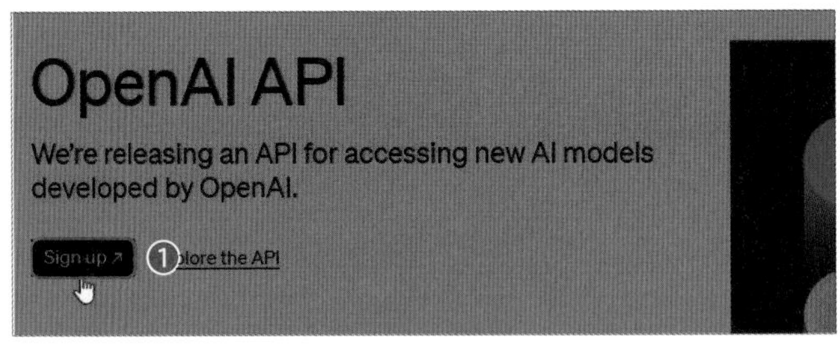

上記のURLにアクセスし❶［Sign Up］をクリック

Create your account
Please note that phone verification is required for signup. Your number will only be used to verify your identity for security purposes.
Email address
Continue
Already have an account? Log in ❷

❷［Login］をクリック

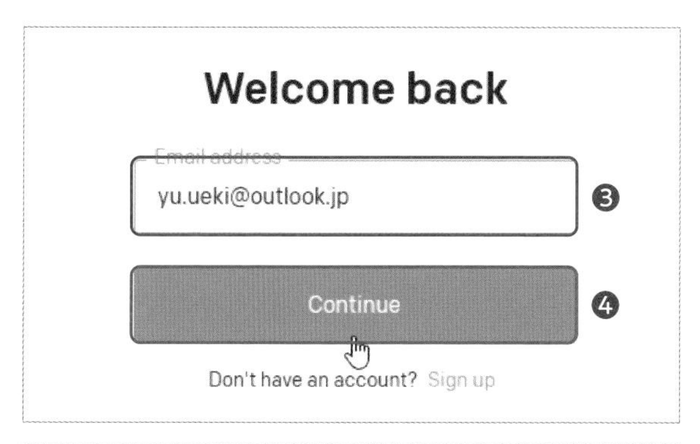

Section03で登録した❸メールアドレスを入力し❹［Continue］をクリック

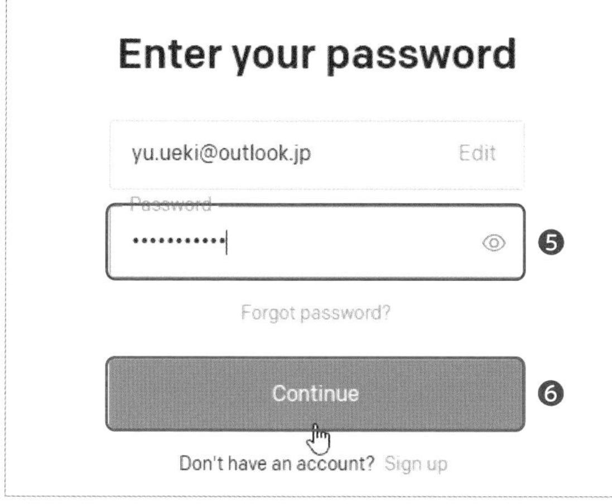

❺パスワードを入力し、❻［Continue］をクリック

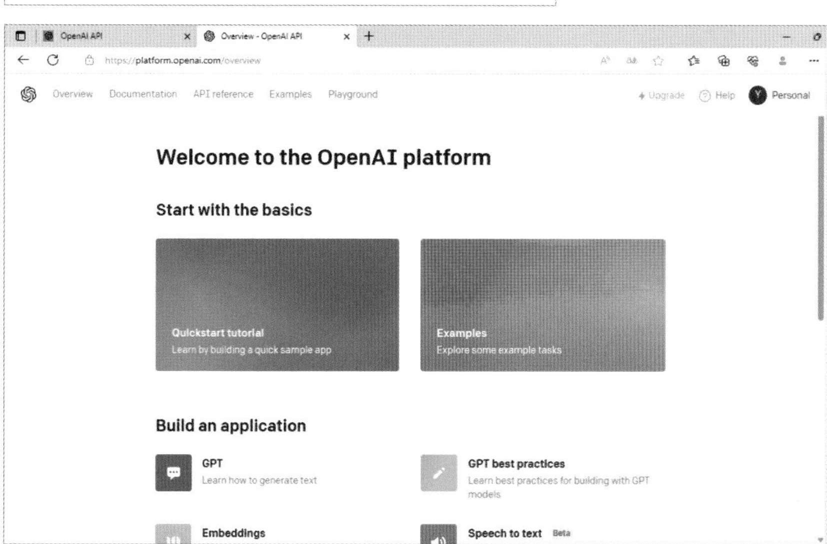

アカウントへのログインが完了し、ポータル画面が表示された

■ APIキーを発行する

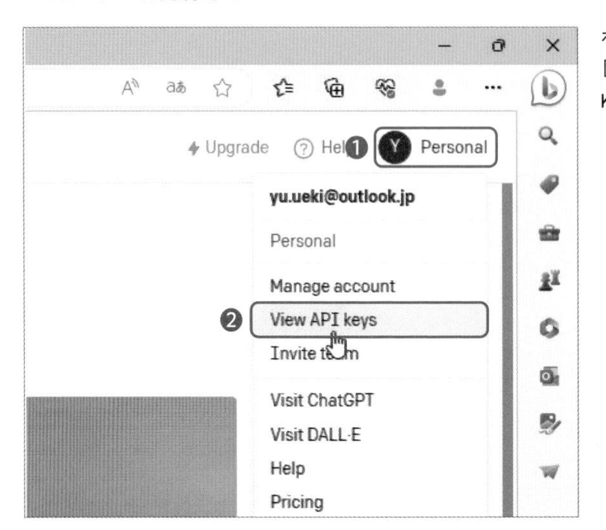

ポータル画面右上の❶［Personal］-❷［View API Keys］をクリック

APIキーの管理画面が表示されたら、❸［Create new secret key］をクリック

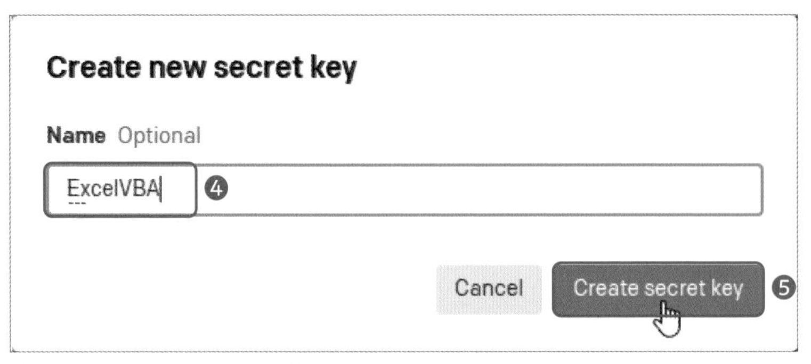

❹［Name］に名称を入力し、❺［Create secret key］をクリック

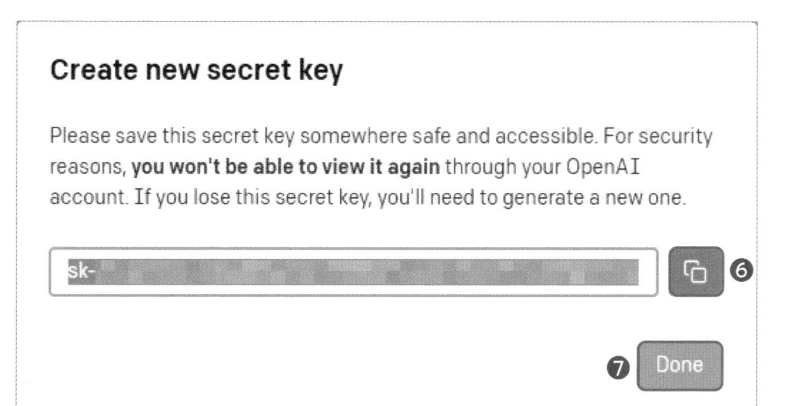

APIキーが発行された。❻コピーボタンをクリックし、APIキーのメモが終わったら❼［Done］をクリックして画面を閉じる

API keys

Your secret API keys are listed below. Please note that we do not display your secret API keys again after you generate them.

Do not share your API key with others, or expose it in the browser or other client-side code. In order to protect the security of your account, OpenAI may also automatically rotate any API key that we've found has leaked publicly.

NAME	KEY	CREATED	LAST USED
ExcelVBA	sk-...Hmeu	2023年6月6日	Never

+ Create new secret key

APIキーを発行すると、発行したキーの名前や作成日などが表示される

Column

APIキーは用途別に名前を付けて取得しよう

OpenAIではAPIキーへの名前の設定が任意となっていますが、用途別に適切な名前を付けて取得することを強くお勧めします。APIキーが何らかの原因により第三者に知られてしまった場合等にやむを得ずAPIキーを削除するという対応に至るケースがあります。このとき、適切な名前が設定されていなかったり、用途に跨って利用されていたりすると削除による業務への影響がわからなくなってしまいます。たった数秒の作業を惜しむことに見合わないリスクを背負うことになりますので、心に刻んでおきましょう。

APIの動作確認

続いて、APIキーを使って正しくAPIを利用できるようになったか確認してみましょう。ここではWebブラウザーからでも呼び出すことのできるモデル情報取得APIを利用します。ここではgpt-3.5-turboについてその詳細情報を取得します。APIの公開先である以下のURLをWebブラウザーのアドレスバーに入力して開いてみましょう。ユーザー名とパスワードの入力画面が表示されたら、ユーザー名欄は空白のままでパスワード欄に先ほど取得したAPIキーを入力してください。APIキーが正しく取得できていれば以下のようなgpt-3.5-turboに関する詳細な情報が表示されます。

▼認証情報の入力画面

https://api.openai.com/v1/models/gpt-3.5-turbo

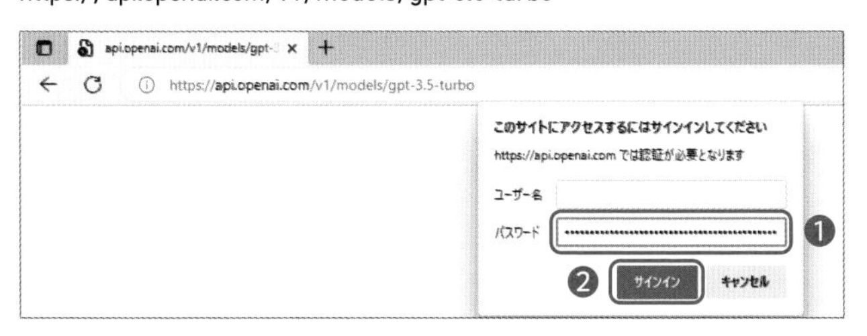

メモしておいた❶APIキーを入力し❷［サインイン］をクリック

▼応答メッセージ

```
{
  "id": "gpt-3.5-turbo",
  "object": "model",
  "created": 1677610602,
  "owned_by": "openai",
  "permission": [
    {
      "id": "modelperm-Kch774kyIWxK1SMaTV7JKoho",
      "object": "model_permission",
      "created": 1683391732,
      "allow_create_engine": false,
      "allow_sampling": true,
      "allow_logprobs": true,
      "allow_search_indices": false,
      "allow_view": true,
      "allow_fine_tuning": false,
      "organization": "*",
```

```
        "group": null,
        "is_blocking": false
      }
    ],
    "root": "gpt-3.5-turbo",
    "parent": null
  }
```

要求と応答の仕組み自体はSection02の「『要求』と『応答』の仕組み」で説明したHTTP通信と同じで、要求は「HTTPS通信によりOpenAI社のサーバーからgpt-3.5-turboのモデルの情報を取得する」という内容になっています。

なおAPIキーは認証情報の入力画面に入力しましたが、プログラムからAPIを利用する際にはHTTPヘッダーという通信上の追加情報に指定して送信します。また、ここでは明示されていませんが、処理方法の種類としてGETというデータ取得用のものが用いられています。この処理方法はメソッドと呼ばれ、GET以外にも様々なものがありますが、これについてはChapter2でChatGPTのAPIを呼び出す際に合わせて解説します。

https:// api.openai.com /v1/models/gpt-3.5-turbo

❶通信プロトコル ❷接続先サーバー ❸プログラムの配置先

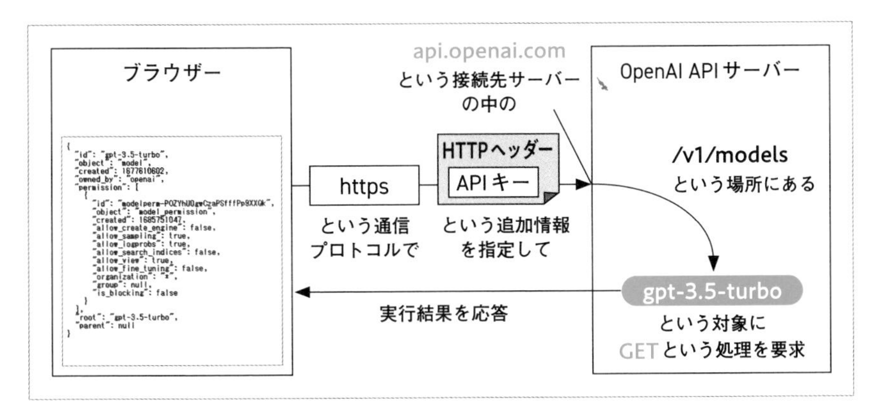

次に応答メッセージを見てみましょう。このAPIの応答メッセージは、{}や[]で囲まれて、項目名と値が「:」で区切られたJSON(JavaScript Object Notationの略)というデータ形式で表現されています。例えば、このモデルの「id」という項目の値は文字列型の「gpt-3.5-turbo」と読み取ることができ、また「created」の値は数値型の「1683391732」と読み取ることができます。

なおcreatedはモデルが作成された日時を示す項目であり、「1683391732」は1970年1月1日からの経過秒数を示しています。これを計算すると日本時間で2023年5月7日1時48分52秒となります。

このAPIは本書で使用しないためその他の項目についての説明は省略しますが、このように、APIからの応答は項目名と値が対になって表現されているJSON形式であることが実際に確認できました。

API仕様の確認方法

APIへの要求やAPIからの応答に関する情報は通常、APIの提供元によって開示されています。OpenAIのAPIも、「API Reference」から参照することができます。インターネット上に投稿されたブログ記事などでAPIの使い方を調べることもできますが、特に業務でAPIを利用する場合には仕様を正確に把握する必要があるため、必ずAPI提供元のAPI仕様書を参照するようにしましょう。

▼API Reference
https://platform.openai.com/docs/api-reference

今回利用したモデル情報取得API※1はアクセス方法として「GET https://api.openai.com/v1/models/{model}」、パスパラメーターとして「model」の指定が必須と定義されています。これはURL(URI)の❶「{model}」の部分に、情報を取得したいモデルのID情報を入力する必要がある、ということを意味しています。

```
GET https://api.openai.com/v1/models/{model}
```

また、「API Reference」の右側には具体的な呼び出し方法と呼び出し結果の例が書かれています。デフォルトではPythonというプログラミング言語の例ですが、プルダウンからJavaScriptという言語の一種であるnode.jsと、特定の言語に依存しないHTTP通信の呼び出しツールであるcurlというプログラムによる例に切り替えることができます。

具体的にはChapter2で実際に仕様を踏まえたプログラミングをする中で理解を深めていきますので、ここでは仕様と例を見比べながら使い方がわかるようになっていることだけ理解しておいてください。

※1 OpenAI「API REFERENCE」の「Models」にある「Retrieve model」(https://platform.openai.com/docs/api-reference/models/retrieve)で今回のモデル情報取得APIの仕様が確認できる

Section
05 プロンプトの基本とその影響

プロンプトとは

ChatGPTから応答文言を得るための指示や質問文を「プロンプト」と呼び、プロンプトは期待する内容・精度で文章生成結果を引き出すための鍵を握る重要な論点となっています。これの工夫により様々なタスクを実現する手法を「プロンプト・エンジニアリング」と呼ぶこともあり、ユーザーや開発者により活発に研究や情報交換が行われています。OpenAI社としても良いプロンプトを作成するためのガイドを示しており、2023年7月時点で3つの基本要素※1とされているものは以下の通りです。特に❶はChatGPTへの指示そのものであるため最重要であり、その上で❷や❸を考慮します。また、Section01で解説したように「もっともらしさ」に基づいて文章を補完させるという認識を持っておくことが、期待するような応答を得るためのプロンプトを考える上で役に立つことでしょう。

❶**指示と例示をセットで提供**：このような入力の場合にはこのように対応してほしいということを明示すること

❷**質の高いデータの提供**：例えば分類を指示する場合、選択肢の列挙や分類の要求と分類結果の例示など、十分かつ適切な例示を行うこと

❸**設定の見直し**：APIの呼び出し設定が適切なものになっているかを確認すること。詳細についてはChapter2で説明

プロンプトの効果

それではプロンプトが会話に及ぼす影響について試してみましょう。会話のはじめに以下のようなメッセージをプロンプトとして与えます。

```
これからの会話は、以下の条件に従って応答してください。

* あなたは私（ユーザー）の飼い猫です
* あなたは語尾に「にゃ」をつけて話します

よろしいですか？
```

▼生成結果

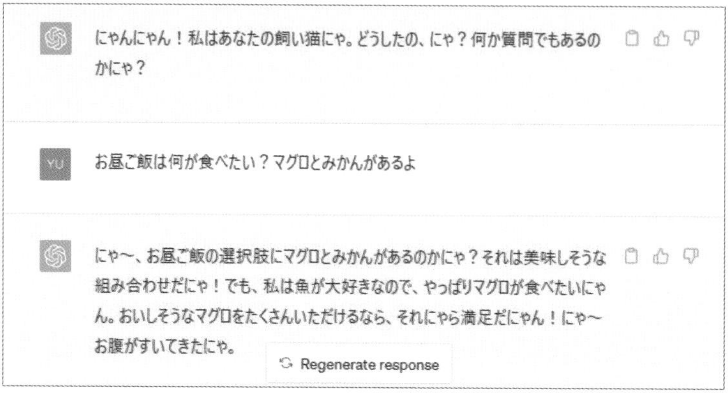

にゃんにゃん！私はあなたの飼い猫にゃ。どうしたの、にゃ？何か質問でもあるのかにゃ？

YU お昼ご飯は何が食べたい？マグロとみかんがあるよ

にゃ〜、お昼ご飯の選択肢にマグロとみかんがあるのかにゃ？それは美味しそうな組み合わせだにゃ！でも、私は魚が大好きなので、やっぱりマグロが食べたいにゃん。おいしそうなマグロをたくさんいただけるなら、それにゃら満足だにゃん！にゃ〜お腹がすいてきたにゃ。

Regenerate response

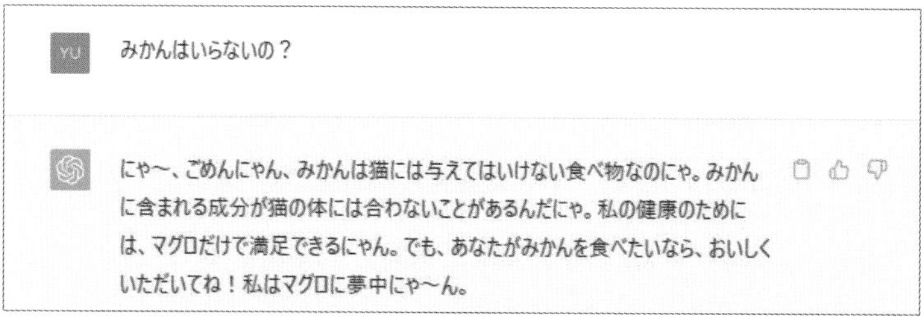

YU みかんはいらないの？

にゃ〜、ごめんにゃん、みかんは猫には与えてはいけない食べ物なのにゃ。みかんに含まれる成分が猫の体には合わないことがあるんだにゃ。私の健康のためには、マグロだけで満足できるにゃん。でも、あなたがみかんを食べたいなら、おいしくいただいてね！私はマグロに夢中にゃ〜ん。

このように、以降はユーザーの飼い猫という設定で会話が進行し、語尾が「にゃ」になります。しかしながらみかんに含まれる成分といった言い回しなど、とても飼い猫とは思えない賢さがあります。みかんに含まれる成分についての知識は一体どこで得たのでしょうか？そこでプロンプトを以下のように変更し、新たに会話を開始してみます。

```
これからの会話は、以下の条件に従って応答してください。

* あなたは私（ユーザー）の飼い猫です
* あなたは語尾に「にゃ」をつけて話します
* あなたは２歳のオス猫で、幼稚園児ほどの知識を持っています

よろしいですか？
```

▼生成結果

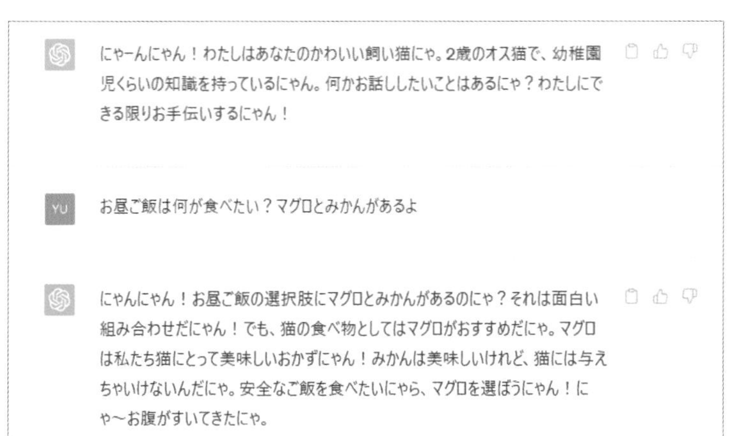

にゃーんにゃん！わたしはあなたのかわいい飼い猫にゃ。2歳のオス猫で、幼稚園児くらいの知識を持っているにゃん。何かお話ししたいことはあるにゃ？わたしにできる限りお手伝いするにゃん！
YU
お昼ご飯は何が食べたい？マグロとみかんがあるよ
にゃんにゃん！お昼ご飯の選択肢にマグロとみかんがあるのにゃ？それは面白い組み合わせだにゃん！でも、猫の食べ物としてはマグロがおすすめだにゃ。マグロは私たち猫にとって美味しいおかずにゃん！みかんは美味しいけれど、猫には与えちゃいけないんだにゃ。安全なご飯を食べたいにゃら、マグロを選ぼうにゃん！にゃ～お腹がすいてきたにゃ。

YU

よーしマグロをあげよう。たんとお食べ

にゃんにゃん！やったにゃん！マグロを選んでくれてありがとうにゃん！おいしいマグロをたくさん食べられるなんて、幸せだにゃん！早く食べたいにゃ～ん！さぁ、たんと召し上がれにゃん！おいしいお昼ご飯になるといいにゃ～ん！おいしいマグロの香りににゃ～ん！

だいぶ賢さが削ぎ落とされました。キャラクター設定に沿ったチャットボット（この例では、キャットボットですが）を運営するには、よりきめ細やかに条件を提示する必要があります。以下のようにさらに条件を追加するとともに、その例についても示してみます。

これからの会話は、以下の条件に従って応答してください。

⋆ あなたは私（ユーザー）の飼い猫です
⋆ あなたは語尾に「にゃ」をつけて話します
⋆ あなたは2歳のオス猫で、幼稚園児ほどの知識を持っています
⋆ あなたは喜怒哀楽驚の表情を表現することができます。特に表現する場合は、表情を変更するタイミングで[喜]など表情を挿入してください。

例
[喜]これはおいしそうなマグロにゃ！[驚]にゃにゃっ？！[怒]これは作り物にゃ！木でできてるにゃ！

よろしいですか？

▼生成結果

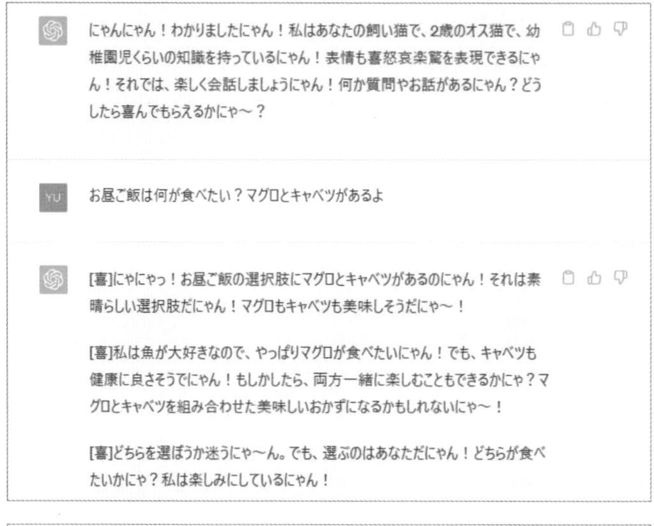

にゃんにゃん！わかりましたにゃん！私はあなたの飼い猫で、2歳のオス猫で、幼稚園児くらいの知識を持っているにゃん！表情も喜怒哀楽驚を表現できるにゃん！それでは、楽しく会話しましょうにゃん！何か質問やお話があるにゃん？どうしたら喜んでもらえるかにゃ～？
YU
お昼ご飯は何が食べたい？マグロとキャベツがあるよ
[喜]にゃにゃっ！お昼ご飯の選択肢にマグロとキャベツがあるのにゃん！それは素晴らしい選択肢だにゃん！マグロもキャベツも美味しそうだにゃ～！
[喜]私は魚が大好きなので、やっぱりマグロが食べたいにゃん！でも、キャベツも健康に良さそうでにゃん！もしかしたら、両方一緒に楽しむこともできるかにゃ？マグロとキャベツを組み合わせた美味しいおかずになるかもしれないにゃ～！
[喜]どちらを選ぼうか迷うにゃ～ん。でも、選ぶのはあなただにゃん！どちらが食べたいかにゃ？私は楽しみにしているにゃん！

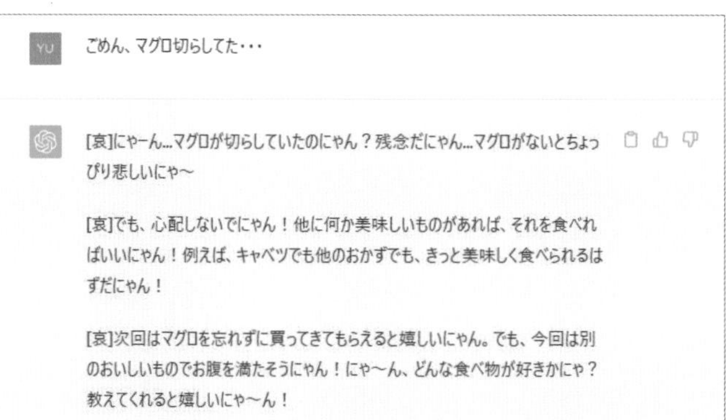

YU
ごめん、マグロ切らしてた・・・
[哀]にゃーん...マグロが切らしていたのにゃん？残念だにゃん...マグロがないとちょっぴり悲しいにゃ～
[哀]でも、心配しないでにゃん！他に何か美味しいものがあれば、それを食べればいいにゃん！例えば、キャベツでも他のおかずでも、きっと美味しく食べられるはずだにゃん！
[哀]次回はマグロを忘れずに買ってきてもらえると嬉しいにゃん。でも、今回は別のおいしいものでお腹を満たそうにゃん！にゃ～ん、どんな食べ物が好きかにゃ？教えてくれると嬉しいにゃ～ん！

　このように、喜怒哀楽驚の表情を挿入することができるようになりました。これらの実験から、**プロンプトの与え方ひとつで生成される文章を大きく変えられる**ことがわかります。通常、AIの挙動を変えるにはモデルそのものを修正する必要がありましたが、**ChatGPTの場合はモデルの中身を変更することなく挙動を変えることができるのも画期的なポイント**です。

　ここでは話す内容や口調の変更を試しましたが、この特徴を利用することによってChatGPTをあらゆるタスクを行うAIとして振る舞わせることができるようになります。実際にChatGPTにプロンプトを与えてみて、どこまで思い通りにコントロールできるか勘所を掴んでおくと良いでしょう。

※1　OpenAI「GPT best practices」（https://platform.openai.com/docs/guides/gpt-best-practices）

Chapter

2

Excel VBAとChatGPT APIの連携

Excel VBA から ChatGPT API を呼び出すためには、ChatGPT の機能を正しく理解し、業務特性に応じて使いこなせるようにする必要があります。この章では ChatGPT API の機能について解説と実践を通じて理解を深めつつ、業務に共通な部品を作成することでChapter 3 以降のツール開発やその保守の効率化に向けた準備を進めていきます。

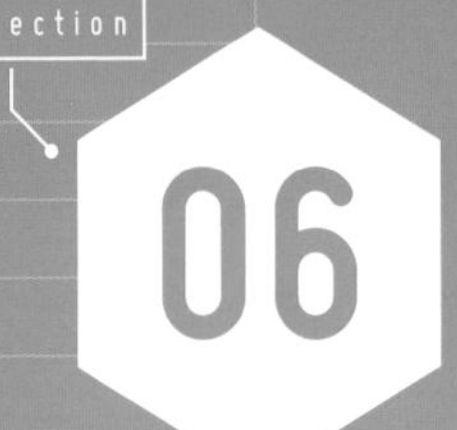

Excel VBAを実行可能にする準備

マクロを含んだブックを作成する

Excel VBAはExcelの中だけではなくWindowsの機能まで利用して自動化できる非常にパワフルなツールである反面、悪意あるプログラムによってパソコンを乗っ取られたりデータを盗まれてしまったりする危険もあるため、単純に新規ブックを作成しただけでは利用できません。このSectionでは今後のすべての作業の基礎として、Excel VBAを実行できるようにするための設定やデバッグの方法を解説します。

はじめにマクロ有効ブックの保存方法を確認しましょう。[スタート]メニューからExcelを開いて、空白のブックを作成し、以下の手順で[Excel マクロ有効ブック]を選択して保存します。ここでは保存先をデスクトップ、ファイル名を「chapter2」としていますが、任意のもので構いません。

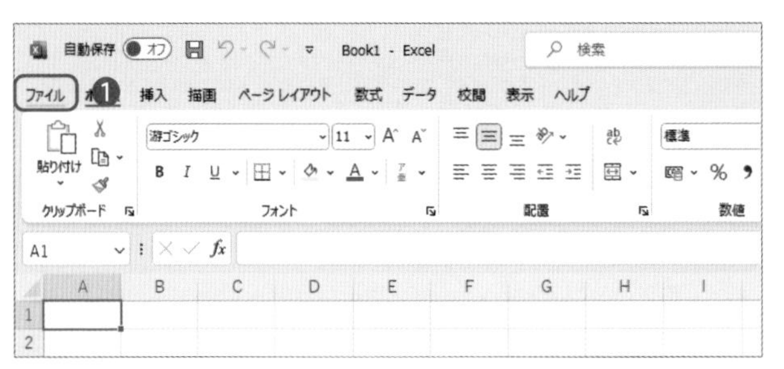

Excelを起動し空白のブックを作成し、❶［ファイル］タブをクリック

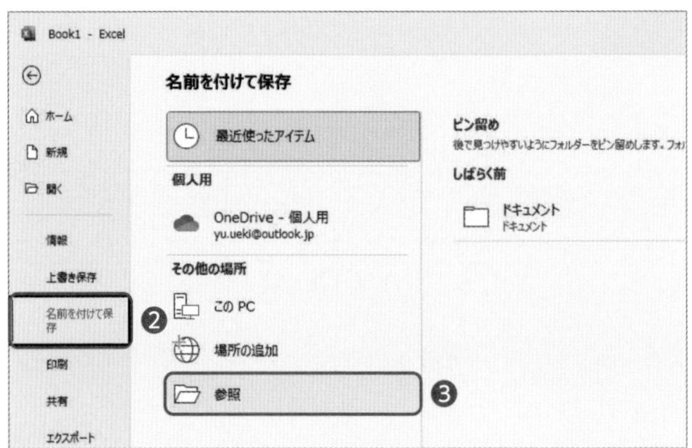

❷［名前を付けて保存］-❸［参照］をクリック

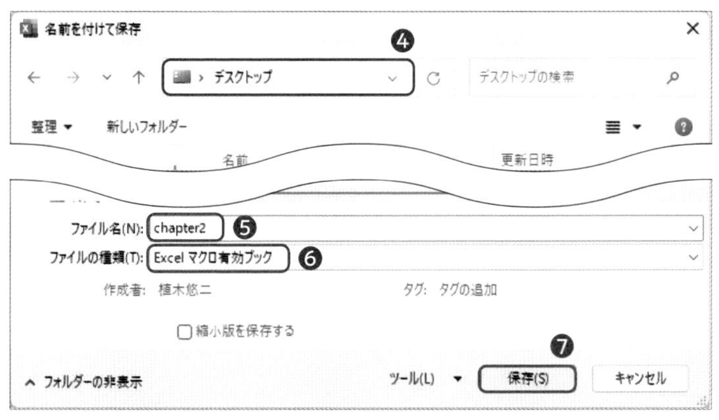

❹保存場所を選択し、❺ファイル名を入力したら❻［Excelマクロ有効ブック］を選択して❼［保存］をクリック

VBEの画面構成

簡単なプログラムを作成するためにAlt＋F11キーを押し、「Microsoft Visual Basic for Applications」のウィンドウを開きましょう。これはVBAの開発ツールで、「Visual Basic Editor」（以下、VBE）と呼ばれています。主な画面の構成は以下の表の通りです。

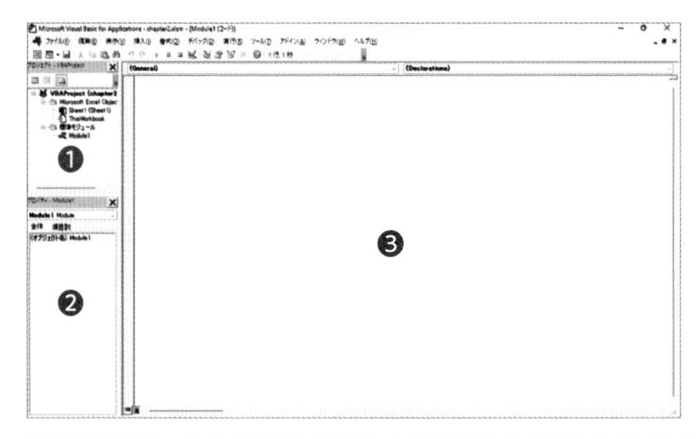

番号	名称	説明
❶	プロジェクトエクスプローラー	モジュールやシートなどブック内に作成されているプログラムの記述先の構造を示すウィンドウ
❷	プロパティウィンドウ	モジュールやシートなど、現在選択しているオブジェクトの設定を確認・編集できる
❸	コードウィンドウ	プログラムを記述する場所

簡単なプログラムを作成する

それでは、動作確認のためのプログラムを作成しましょう。Module1というアイコンが作成されたら、これを選択して、プロパティウィンドウで［(オブジェクト名)］を「Module1」から「Chapter 2」に書き換えます。他の任意の名称でも構いません。このように名前を変えるとChapter 2で作成するプログラムの配置先としてわかりやすくなり、管理もしやすくなります。

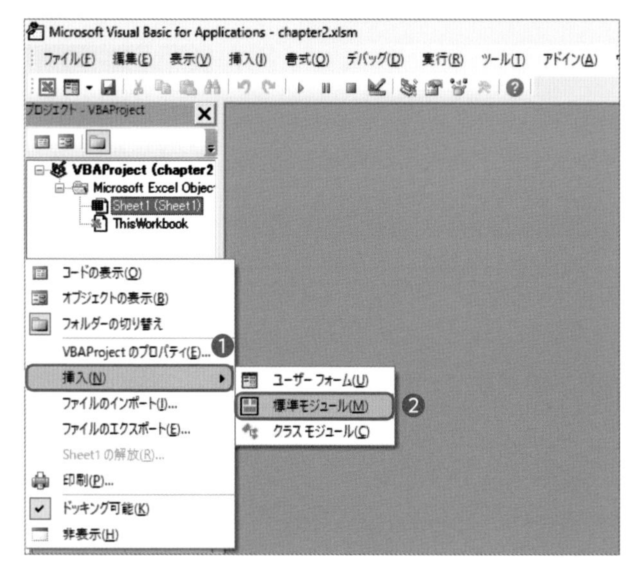

プロジェクトエクスプローラーを右クリックし❶［挿入］-❷［標準モジュール］をクリック

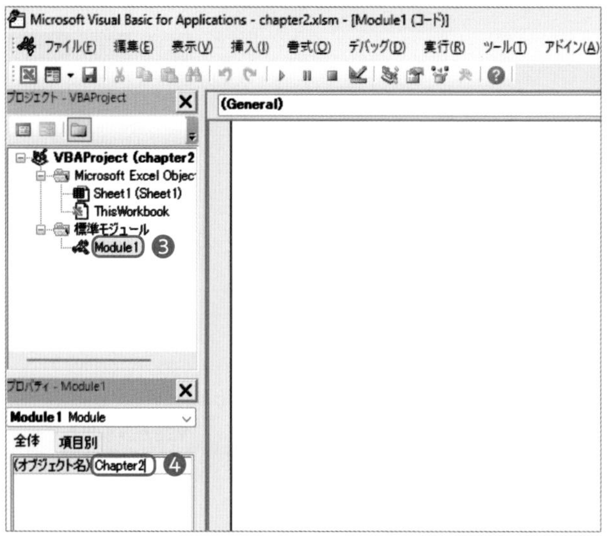

モジュールが挿入された。❸Module1を選択しプロパティウィンドウで❹［オブジェクト名］を「Chapter2」に変更

続いて以下のプログラムを記述して実行します。メッセージボックスに「Hello ChatGPT!」と表示されれば、無事VBAを動作させられるようになった証です。なおExcel VBAの実行が有効になった範囲はこの操作を行ったファイルに限られます。別のファイルでExcel VBAを利用するには、そのファイルでも同じ操作をしてください。

```
1  Sub Hello()
2      MsgBox "Hello ChatGPT!"
3  End Sub
```

■ プロシージャーを実行する

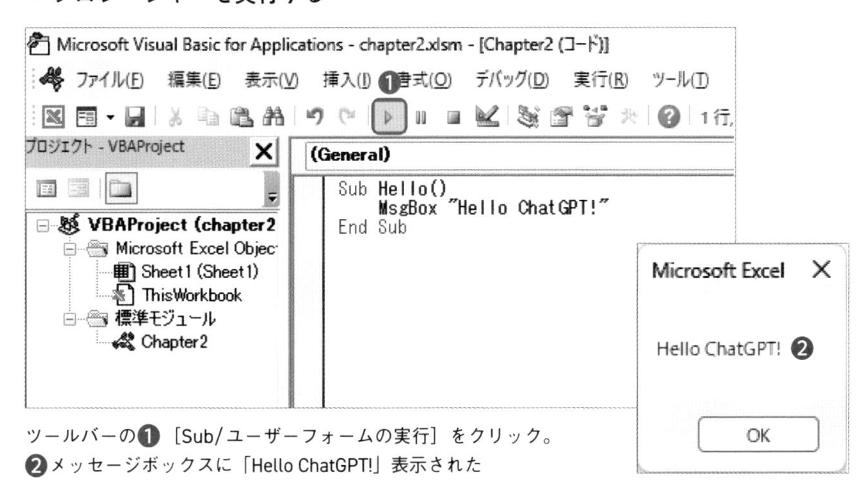

ツールバーの❶［Sub/ユーザーフォームの実行］をクリック。❷メッセージボックスに「Hello ChatGPT!」表示された

Column

［開発］タブからVBEを表示するには

ショートカットキーを押す代わりに、VBEを表示したりマクロを実行したりするための［開発］タブを追加することできます。［ファイル］タブ-［オプション］をクリックし、［Excelのオプション］画面を表示します。［リボンのユーザー設定］をクリックし、右側のリストにある［開発］のチェックをオンにし［OK］をクリックすると［開発］タブが追加されます。

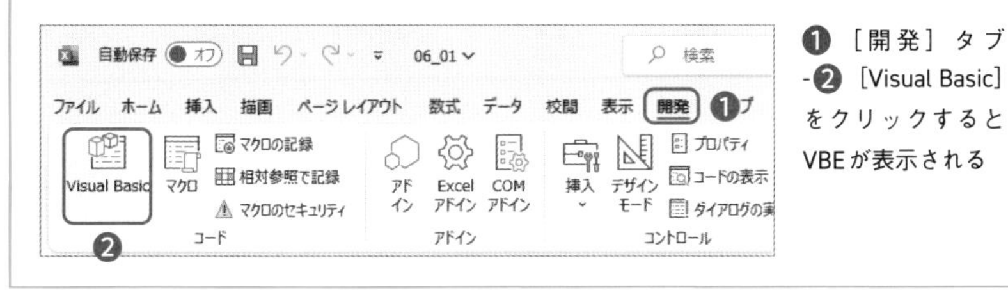

❶［開発］タブ-❷［Visual Basic］をクリックするとVBEが表示される

プログラムの実行状況を確認する

プログラムは必ず書いた通りに動きますが、思い通りに動くとは限りません。むしろ最初から思い通りに動くことは稀で、筆者の経験上ではテストと修正を繰り返しながら正しいプログラムに磨きあげていくことがほとんどです。このような誤動作や不具合の箇所を特定してプログラムを修正することをデバッグと呼びます。VBEでもデバッグを効率的に行うためのいくつかの機能が用意されており、ここではそのうち以下のウィンドウを利用できるようにします。この2つのウィンドウは、メニューバーの［表示］から［イミディエイトウィンドウ］［ローカルウィンドウ］をクリックすることで表示できます。

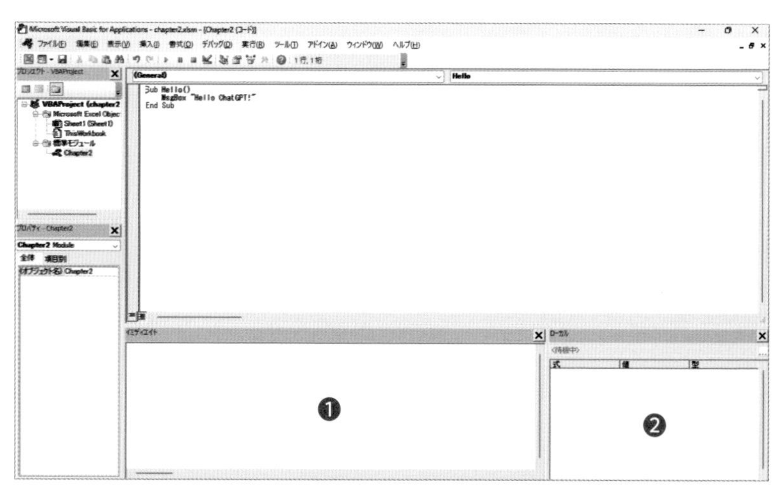

番号	名称	説明
❶	イミディエイトウィンドウ	変数に格納された値などプログラムから任意の文字列を出力したり、プログラムに割り込んで値を更新したりするウィンドウ
❷	ローカルウィンドウ	プログラムを中断したとき、現在の変数に格納された値を表示するウィンドウ

イミディエイトウィンドウの使い方

2つのウィンドウを開いたら、コードウィンドウでの作業を開始します。以降はサンプルを提供していますが、自分でプログラムを一から作ることでより理解が深まります。できるだけコードは自分で入力するようにしましょう。

▼サンプル06_01.xlsm

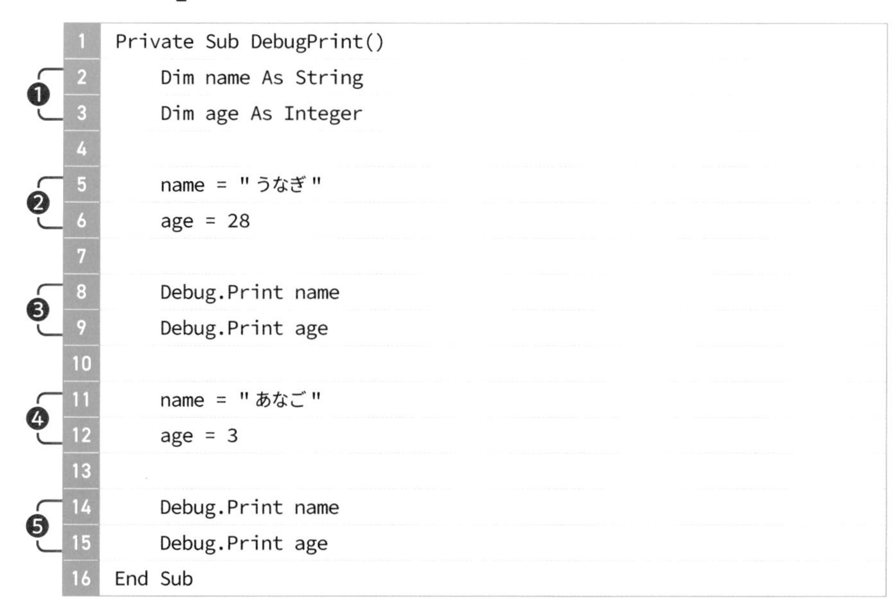

```
Private Sub DebugPrint()
    Dim name As String
    Dim age As Integer

    name = "うなぎ"
    age = 28

    Debug.Print name
    Debug.Print age

    name = "あなご"
    age = 3

    Debug.Print name
    Debug.Print age
End Sub
```

❶……変数の宣言：文字列型の変数nameと整数型の変数ageを宣言します。
❷……値の代入：変数nameに「うなぎ」、変数ageに「28」をそれぞれ代入します。
❸……イミディエイトウィンドウへの表示: DebugオブジェクトのPrintメソッドを使用して変数に代入された値をイミディエイトウィンドウに表示します。このメソッドはその名の通りデバッグのためのもので、引数として渡された値をイミディエイトウィンドウに表示します。
❹……値の更新：変数nameを「あなご」、変数ageを「3」にそれぞれ更新します。
❺……イミディエイトウィンドウへの再表示：変数に代入された値を再度表示します。

実行して、以下のように魚の名前と年齢がイミディエイトウィンドウに表示されることを確認しましょう。このようにDebug.Printとイミディエイトウィンドウを利用することで、最終結果に至るまでの過程で変数の状態やプログラムの経過状況を確認することができ、想定通りに動作しているかどうかを確かめることができます。

▼実行結果

ローカルウィンドウの使い方

今度はローカルウィンドウの機能を確認します。先ほど作成したプログラムに「あなご」を代入する行と変数ageに3を代入する行の、コードウィンドウ左側のグレーの部分をそれぞれクリックしてください。クリックした部分に茶色の丸が表示され、行全体が茶色に反転します。これをブレークポイントと呼び、実行中のプログラムはこの行に差し掛かると処理を中断します。ローカルウィンドウでは、この中断したタイミングでの変数の状態を確認できます。実行して、変数nameの代入行で処理が中断することを確認しましょう。処理が中断されたら、今度はローカルウィンドウを見てみます。このとき、変数nameと変数ageにそれぞれ「うなぎ」、28が表示されていることを確認してください。

ここで再び実行することで、中断されていた処理が再開されて次のブレークポイントまで1行分処理が進みます。あらためてローカルウィンドウを見ると、変数nameの値が「あなご」に更新されています。中断していた「あなご」の代入処理が完了したためです。最後にもう一度実行すると処理が最後まで進んで終了し、ローカルウィンドウが真っ白になります。

このようにブレークポイントとローカルウィンドウを利用することでも、任意の箇所で変数の状態や経過状況を確認することができます。

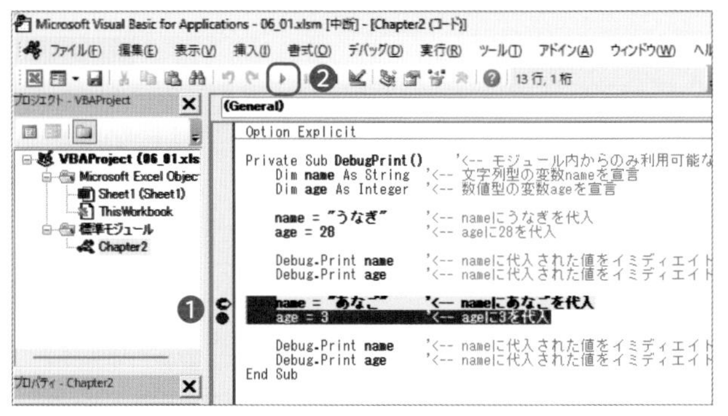

❶11～12行目にブレークポイントを設定し、❷［Sub/ユーザーフォームの実行］をクリック

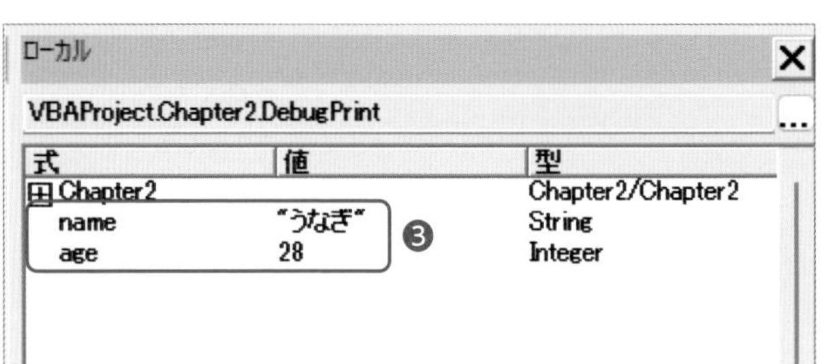

ローカルウィンドウで❸変数nameにうなぎ、変数ageに28が代入されていることが確認できる

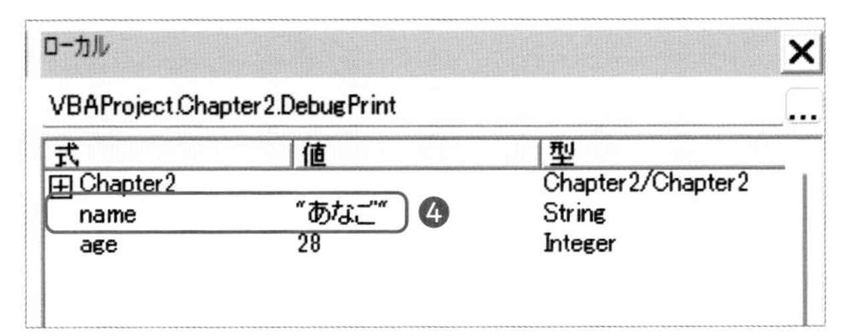

再度［Sub/ユーザーフォームの実行］クリックすると❹変数nameの値があなごに更新される

ローカル
〈待機中〉
式 値 型
❺

もう一度［Sub/ユーザーフォームの実行］クリックするとローカルウィンドウが❺真っ白になる

2つのウィンドウの使い分け

Debug.Printとイミディエイトウィンドウの組み合わせでは処理が中断されずに記録が残るため、プログラム全体を動作させたあとに特に重要な状態をチェックするのに役立ちます。一方でブレークポイントとローカルウィンドウの組み合わせではプログラムに変更を加えることなく任意の箇所の状態を確認できる他、実行中でもブレークポイントを設置・削除することができるため、プログラムの詳細な動きを追跡する際に役立ちます。なお、この他に「ウォッチウィンドウ」というものもありますが、本書では使用しないため興味のある方は自身で調べてみてください。

「Option Explicit」は必ず記述しよう

本書のサンプル内のモジュール先頭部分に入力されているのは、変数の宣言を強制するOption Explicitステートメントです。これを記述することで、未宣言の変数を利用しようとした際にエラーが発生するようになります。気づかずに意図しない変数を使用することは、様々な不具合の原因となります。それを防ぐための機能ですので、標準モジュールを作成した際には必ず冒頭に記述するようにしましょう。

API呼び出しの準備

Dictionary型を利用できるようにする

ここでは、APIに送信する要求データの作成やAPIから受信する応答データを利用するために連想配列を利用するための準備と基本的な使い方を解説します。ChatGPTに限らずあらゆるRESTful APIの呼び出しに共通する準備となるため応用が効く他、ここでの理解が特にエラーが発生した際の解決に大いに役立つため、必ず理解してから先に進むようにしましょう。

Chapter 1でChatGPTのAPIをはじめ、多くのRESTful APIではデータの送受信に**JSONと呼ばれる項目見出し（キー）と値がセットになったデータ形式が用いられていることを説明しました。VBAにおいては、このような項目見出しに関連づけた値の管理は連想配列によって実現することができます。**

JSON

```
{
        "name": "うなぎ",
        "age": "28"
         キー    値
}
```

連想配列

キー	値
name	うなぎ
age	28

JSONも連想配列もキーと値をセットで管理する点は同じだが、JSONの実体は文字列なので、プログラミング言語等が異なるコンピューター間でもデータを交換することができる

連想配列のオブジェクトのデータ型はDictionary型として提供されています。これはString型やInteger型とは違い**外部ライブラリによって提供されているため参照設定が必要**です。なお、「ライブラリ」とは外部のプログラム部品をひとまとめにしたものを意味します。

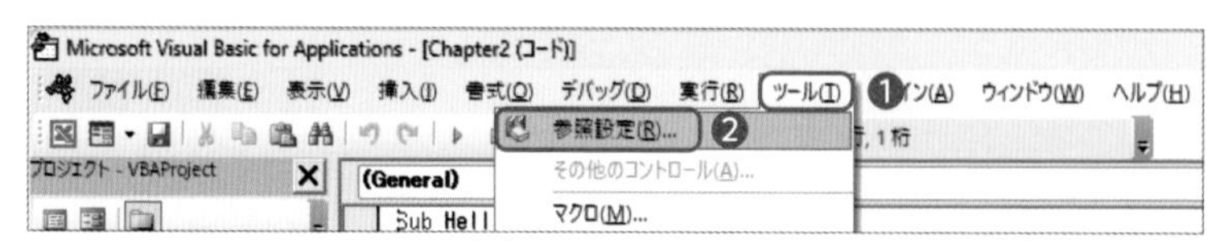

❶［ツール］-❷［参照設定］をクリック

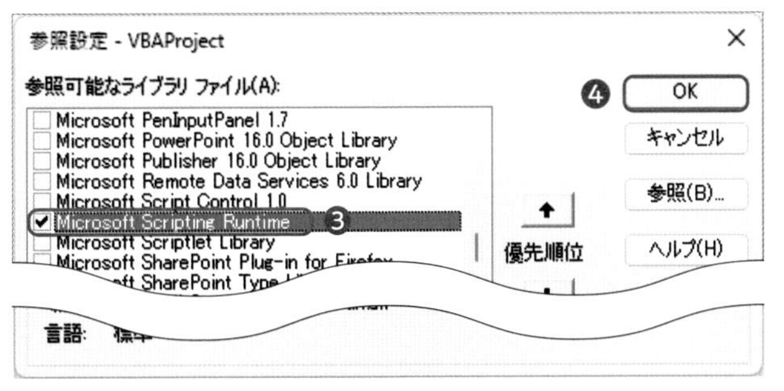

❸［Microsoft Scripting Runtime］にチェックを入れたら、❹［OK］ボタンをクリック

これでDictionary型が利用できるようになりました。確認のため、以下のように魚の名前をキーにその特徴の値を管理するプログラムを作成してみましょう。このプログラムでは、魚の名前をキーにその特徴をAddメソッドにより格納した後、キーを使って魚の特徴を取得してイミディエイトウィンドウに表示します。実行して、「ひらめ」の特徴と「かれい」の特徴が順に表示されることを確認してください。ここで使うAddメソッドはChatGPTに送信するJSON形式の要求データを作成するときにも使用します。また、ChatGPTからの応答メッセージから本文などの情報を取得する際にも、対応するキーを指定して値を取得します。

■ Dictionary型のオブジェクトにキーと値を追加する

```
Dictionaryオブジェクト.Add キー値, 値
```

▼サンプル07_01.xlsm

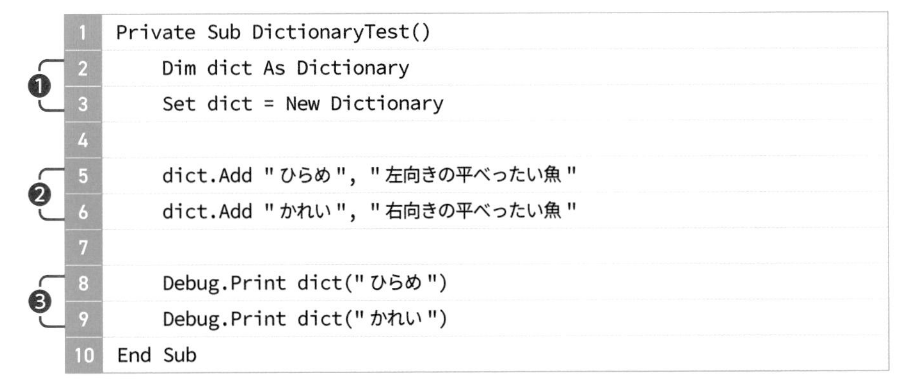

```
1  Private Sub DictionaryTest()
2      Dim dict As Dictionary
3      Set dict = New Dictionary
4
5      dict.Add "ひらめ", "左向きの平べったい魚"
6      dict.Add "かれい", "右向きの平べったい魚"
7
8      Debug.Print dict("ひらめ")
9      Debug.Print dict("かれい")
10 End Sub
```

❶……変数の宣言とインスタンス化：Dictionary型の変数dictを宣言し、インスタンス化します。
❷……値の格納：魚の名前をキーにその魚の説明を格納します。
❸……値の取得：魚の名前をキーにその魚の説明を取得し、イミディエイトウィンドウに表示します。

▼実行結果

```
イミディエイト
左向きの平べったい魚
右向きの平べったい魚
```

また、キーが不明な場合やすべてのキーと値を列挙したい場合は、以下のようにプログラムを修正します。Keysメソッドは Dictionary 型の変数に格納されたキーの一覧を取得する機能です。ここでは、For Eachステートメントですべてのキーに対する繰り返し処理を行い、キーと値をイミディエイトウィンドウに表示しています。実行して、「ひらめ」と「かれい」について名前と特徴を含む文章が表示されることを確認してください。

▼サンプル07_02.xlsm

```
1  Private Sub DictionaryTest()
2      Dim dict As Dictionary
3      Set dict = New Dictionary
4
5      dict.Add "ひらめ", "左向きの平べったい魚"
6      dict.Add "かれい", "右向きの平べったい魚"
7
8      Dim key As Variant                              ←❶
9      For Each key In dict.Keys()                     ←❷
10         Debug.Print key & "は" & dict(key) & "です"  ←❸
11     Next                                            ←❹
12 End Sub
```

❶……繰り返し処理でキーを代入する変数keyを宣言します。
❷……変数dictに格納されたキーを順次変数keyに格納して繰り返し処理します。
❸……キーと値の組み合わせをイミディエイトウィンドウに表示します。
❹……次のキーに移動します。

▼実行結果

```
イミディエイト
ひらめは左向きの平べったい魚です
かれいは右向きの平べったい魚です
```

JSON形式を利用できるようにする

Dictionary型を扱えるようにしただけでは、まだAPIとの間でJSONデータを送受信することはできません。JSONデータの実体は文字列であるため、APIから受信したJSONデータの文字列をDictionary型に変換したり、Dictionary型のデータをJSON文字列型に変換してAPIに送信する必要があります。ここでは、JSON文字列とDictionary型を相互に変換する方法について解説します。

JSONは{}で囲まれた中に、キーと値が「:」で区切られた形式で表現されています。これを自力で分析することも不可能ではありませんが、かなり骨の折れる作業です。そのため、本書ではインターネットに公開されている「VBA-JSON」という部品を利用します。VBA-JSONを入手するには、まずはその配布ページに移動します。「VBA-JSON-2.3.1.zip」をダウンロードしたらエクスプローラーでダブルクリックするのではなく、ファイルを右クリックして［すべて展開］を選択するなどして、必ず解凍するようにしてください。なお今後VBA-JSONの新たなバージョンが公開される可能性がありますが、本書の解説やサンプルはv2.3.1を前提としています。

▼VBA-JSONの配布ページ
https://github.com/VBA-tools/VBA-JSON

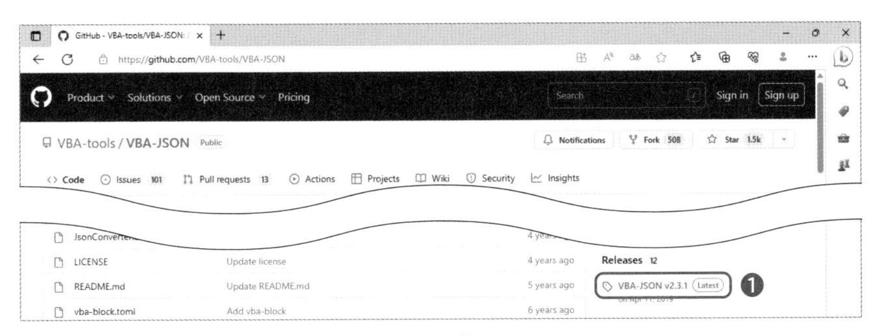

上記のWebページにアクセスし、［Release］にある❶［VBA-JSON v2.3.1］をクリック

❷［Source code(zip)］をクリックして［VBA-JSON v2.3.1.zip］がダウンロード

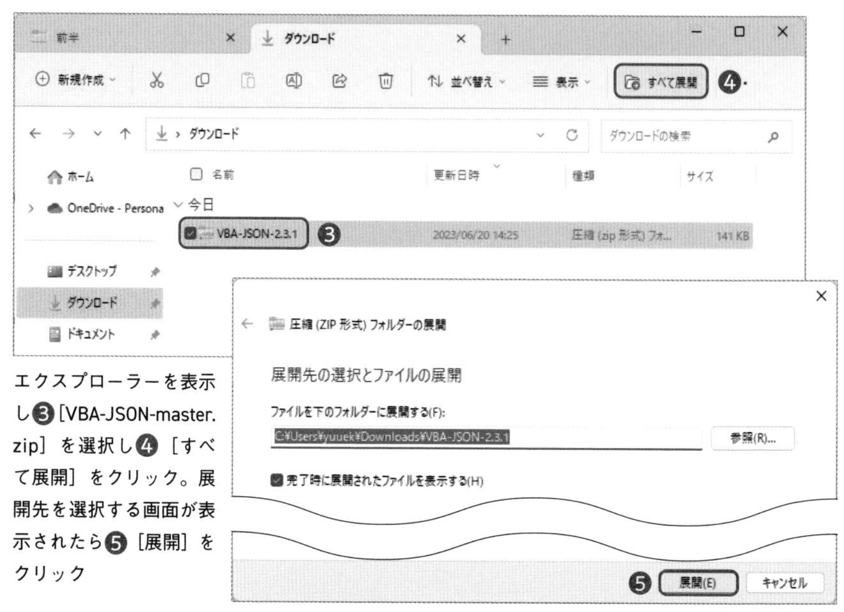

エクスプローラーを表示し❸［VBA-JSON-master.zip］を選択し❹［すべて展開］をクリック。展開先を選択する画面が表示されたら❺［展開］をクリック

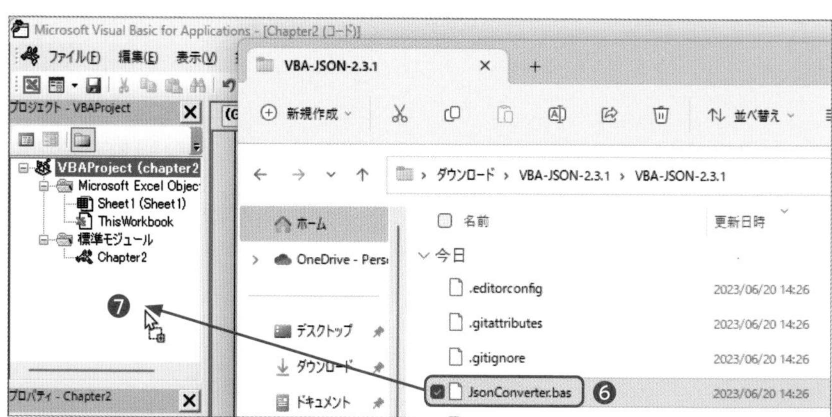

ZIPファイルが展開された。展開したフォルダー内に含まれる❻［JsonConverter.bas］を選択し、VBEの❼プロジェクトエクスプローラーにドラッグ

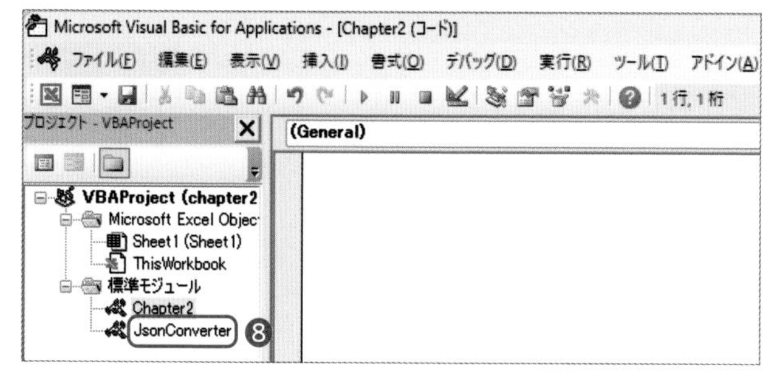

❽［JsonConverter］が追加された

JSON文字列を変換する

動作確認として、まずはJsonConverterのParseJsonメソッドを使ってJSON文字列をDictionary型に変換してみましょう。このプログラムは、変数jsonStrに代入されたJSON文字列をDictionary型に変換して変数jsonDictに代入し、キーnameとageに対応する値をイミディエイトウィンドウに表示します。

▼サンプル07_03.xlsm

```
1  Private Sub JsonTest()
2      Dim jsonStr As String
3      jsonStr = "{'name': 'うなぎ', 'age': 28}"
4
5      Dim jsonDict As Dictionary
6      Set jsonDict = JsonConverter.ParseJson(jsonStr)
7
8      Debug.Print jsonDict("name")
9      Debug.Print jsonDict("age")
10 End Sub
```

❶……JSON文字列の作成：JSON文字列を格納する変数jsonStrを宣言し、nameにうなぎ、ageに28を設定したJSON文字列を代入します。

❷……Dictionary型への変換：JsonConverterのParseJsonを使用してJSON文字列をDictionary型に変換します。

❸……値の取得：JSON文字列をDictionary型に正しく変換できたことを確認するため、nameやageをキーに値を取得してイミディエイトウィンドウに表示します。

Column

JsonConverterをデバッグにも活用

ローカルウィンドウはデバッグに欠かせないツールですが、Dictionary型の変数ではキーのみが表示され値を確認することができません。そこで、ブレークポイントなどで一時停止中にイミディエイトウィンドウの中でJsonConverterを利用することで、変数の中身を値も含めて確認することができます。

```
?JsonConverter.ConvertToJson(dict)
{"name":"うなぎ","age":28}
```

API呼び出しのデバッグでは特に役立ちますので覚えておきましょう。

今度は、Dictionary型のデータをJSON文字列に変換してみます。先ほどのコードのEnd Subの前に以下の1行を追加します。これは、JsonConverterのConvertToJsonメソッドを使ってDictionary型の変数jsonDictをJSON文字列に変換し、それをイミディエイトウィンドウに表示するものです。

▼サンプル07_04.xlsm

```
11        Debug.Print JsonConverter.ConvertToJson(jsonDict)
```

▼実行結果

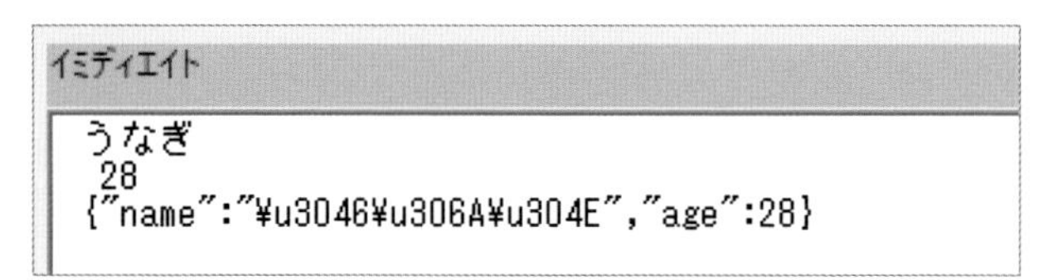

3行目に表示されているのが、Dictionary型のデータがJSON文字列に変換されたものです。nameの値が「¥uXXXX」という値になっていますが、これはうなぎをUnicodeという文字コードで表現したものです。JSONという形式はあらゆる環境間で同じように利用できることを重視しており、一般に文字コード「ASCII」(American Standard Code for Information Interchange)の範囲内の文字のみを利用することが慣例となっています。このASCIIにはアルファベットの大文字小文字と数字、一部の記号等のみが含まれており、この限られた文字種類を使って日本語を表現したものになります。文字化けではないので安心して良いでしょう。

HTTP通信によりデータを取得する

Chapter 1では多くのAPIがHTTP通信によって利用できることを説明しました。このようなHTTP通信をするための機能は、先のDictionary型と同様に、外部のライブラリで提供されています。これを有効化するには、はじめに以下の手順で参照設定を選択してください。

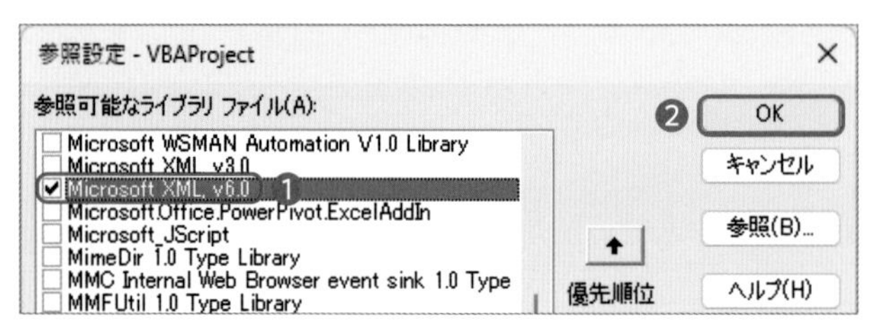

[参照設定] ダイアログボックスを表示して❶[Microsoft XML, v6.0]にチェックを入れ、❷[OK] をクリック

これで利用できるようになりました。HTTP通信にはこのライブラリが提供するMSXML2.ServerXMLHTTP60という部品を使用します。この部品はもともとサーバー間でXMLと呼ばれる形式のデータを交換するために提供されたものですが、それ以外の用途でも広く一般にHTTP通信機能が利用されています。本書で利用する機能や属性は以下の通りです。

プロパティ・メソッド	説明
open メソッド	HTTP リクエストを初期化します。処理の種類、URL、非同期処理、認証情報を引数で指定することができます
send メソッド	HTTP リクエストを送信します。送信するデータを引数で指定することができます
setRequestHeader メソッド	HTTP リクエストヘッダーを追加します。キーと値を引数で指定することができます
setTimeouts メソッド	通信上の各種最大待ち時間をミリ秒単位で指定します。対象はURLから接続先サーバーの所在を特定するまでの待ち時間、サーバーと接続を確立するまでの待ち時間、サーバーにリクエストを送信し終わるまでの待ち時間、応答データを受信し終わるまでの待ち時間の4種類です
waitForResponse メソッド	サーバーからのデータをすべて受信し終え得るのを待機します。最大待ち時間の秒数を引数で指定することができます
responseText プロパティ	サーバーからの応答が文字列として格納されます

それでは、実際に利用してみましょう。以下はインプレスのWebページを取得するプログラムです。MSXML2.ServerXMLHTTP60を使用して「https://www.impress.co.jp」を開き、そのページの中身をイミディエイトウィンドウに表示するものです。実行してイミディエイトウィンドウにHTMLが表示されれば通信成功です。

▼サンプル07_05.xlsm

```
1  Private Sub HttpTest()
2      Dim client As New MSXML2.ServerXMLHTTP60
3      client.setTimeouts 30000, 30000, 30000, 60000
4      client.Open "GET", "https://www.impress.co.jp", True
5      client.send
6      client.waitForResponse 60
7
```

❶（2〜4行目）
❷（5〜6行目）

```
8        Debug.Print client.responseText
9    End Sub
```

❶……HTTP通信機能の準備：MSXML2.ServerXMLHTTP60型の変数clientを宣言し、インスタンス化します。通信上の各種最大待ち時間として、応答データを受信し終わるまでの待ち時間を60000ミリ秒（60秒）、それ以外を30000ミリ秒（30秒）とします。また、処理方法としてGETメソッド、接続先としてインプレス社のURL、通信中にプログラム進行を許可するように設定します。

❷……要求の送信：要求を送信し、応答データの受信完了を待ちます。この例では最大60秒間待ち、経過後は応答データの受信を完了したかどうかに関わらず続きの処理を実行します。

❸……応答データの取得：サーバーからの応答データをresponseTextプロパティを通じて取得し、イミディエイトウィンドウに表示します。

▼実行結果

ここではWebページのデータを取得しましたが、同じやり方でAPIからJSON形式のデータを取得することもできます。ここで紹介しきれなかった機能やプロパティは公式のドキュメントで確認することができます。Excel VBAからのHTTP通信を極めたい方は是非参照してみてください。

▼Microsoftのドキュメント
https://learn.microsoft.com/ja-jp/previous-versions/windows/desktop/ms754586(v=vs.85)

Column

「インスタンス」って？

インスタンスを理解するために、ここでは大判焼きを思い浮かべてみましょう。大判焼きは型に材料を入れて焼くことで作られますが、でき上がった大判焼きは独立した存在であり、それぞれ別個に消費することができます。VBAを含むオブジェクト指向プログラミング言語ではこれと同様に、「クラス」と呼ばれる型を用意し、その動作する実体を作り出すことができます。この動作する実体を「インスタンス」と呼びます。大判焼き同様に1つのクラスから複数のインスタンスを生成することができ、互いに干渉を受けることなく利用したりデータを格納することができます。この特性を利用して、複数のプログラムから利用される標準モジュールの状態管理が複雑化したとき、クラスの利用を検討してみると良いでしょう。

ChatGPT APIの呼び出し

 Hello, ChatGPT!

これまで進めてきたExcel VBAからREST APIを利用するための準備を土台として、ChatGPTのAPIを呼び出してみましょう。以下のプログラムは、ChatGPTのAPIに「こんにちは、ChatGPT！」というメッセージを送信し、その応答内容をイミディエイトウィンドウに表示するものです。はやる気持ちを抑えられないと思いますので、説明は次のSectionに後回しにしてまずは実行してみましょう。次のようなJSON文字列が表示されれば呼び出し成功です。

▼サンプル08_01.xlsm

```
1  Private Sub HelloChatGPT()
2      Dim apiKey As String
3      apiKey = "YOUR_API_KEY"   ← OpenAIのAPIキー
4
5      Dim messages(0) As New Dictionary
6      messages(0).Add "role", "user"
7      messages(0).Add "content", "こんにちは、ChatGPT！"
8
9      Dim data As New Dictionary
10     data.Add "messages", messages
11     data.Add "model", "gpt-3.5-turbo"
12
13     Dim client As New MSXML2.ServerXMLHTTP60
14     client.setTimeouts 30000, 30000, 30000, 60000
15     client.Open "POST", "https://api.openai.com/v1/chat/completions", True
16     client.setRequestHeader "Content-Type", "application/json"
17     client.setRequestHeader "Authorization", "Bearer " & apiKey
18     client.send JsonConverter.ConvertToJson(data)
19     client.waitForResponse 60
20
21     Debug.Print client.responseText
22 End Sub
```

(❶: 2–3行目、❷: 5–7行目、❸: 9–11行目、❹: 13–19行目、❺: 21行目)

❶……APIキーの設定：変数apiKeyを宣言し、自身のAPIキーを代入します。

❷……メッセージの作成：ChatGPTに送信するメッセージの変数messagesを要素数1つで宣言し、要素としてroleにuser、contentにこんにちは、ChatGPT!を格納したメッセージを追加します。

❸……ChatGPT API呼び出し用パラメーターの作成：❷で作成したmessagesとmodelとしてgpt-3.5-turboを指定したパラメーターをDictionary型の変数dataとして作成します。

❹……ChatGPT APIの呼び出し：HTTP通信機能をインスタンス化したら、処理方式としてPOST、接続先としてChatCompletionのURLを指定し、要求ヘッダーにデータ形式がJSONであることや認証情報としてAPIキーを設定して、❸で作成したパラメーターを送信します。応答データの受信完了まで最大60秒間待ちます。

❺……応答データの表示：ChatGPT APIから受信したデータを文字列としてresponseTextプロパティから取得し、そのままイミディエイトウィンドウに表示します。

▼応答メッセージ


```
{"id":"chatcmpl-7G2DVRK5aMHmAIswC13S18rGkEIEx","object":"chat.comp
letion","created":1684056125,"model":"gpt-3.5-
turbo","usage":{"prompt_tokens":14,"completion_tokens":14,"total_
tokens":28},"choices":[{"message":{"role":"assistant","content":"
こんにちは！何かお手伝いできますか？"},"finish_reason":"stop","index":0}]}
```


記念すべきはじめての応答メッセージは正しく受信できたでしょうか。正しく応答メッセージが表示されるようになったら、入力するメッセージを変更して応答メッセージが変化する様子も確認してみましょう。プログラムの以下の部分を修正します。これを実行すると、初回よりも応答までに時間がかかり、以下のような長い文章が返ってくることでしょう。

▼サンプル08_02.xlsm

```
7        messages(0).Add "content", "うなぎとあなごの違いは？"
```

▼応答メッセージ


```
{"id":"chatcmpl-7G31t8DqEcI8At9pYPajax81Tzd5l","object":"chat.comp
letion","created":1684059249,"model":"gpt-3.5-
turbo","usage":{"prompt_tokens":22,"completion_tokens":413,"total_
tokens":435},"choices":[{"message":{"role":"assistant","content":"
```

うなぎとあなごは、どちらも鰻の仲間ですが、外見や味、生態、生息地などに違いがあります。¥n¥n 外見：うなぎは黒っぽい体色で、滑らかな体表が特徴的です。一方、あなごは灰色がかった体色で、ざらついた体表が特徴的です。¥n¥n 味：うなぎは脂がのっており、濃厚でコクがあります。一方、あなごは弾力があって、さっぱりとした味わいがあります。¥n¥n 生態：うなぎは淡水域で生息し、産卵のために海に向かいます。一方、あなごは海に生息し、産卵のために川に向かいます。¥n¥n 生息地：日本では、うなぎが主に東海地方から西日本にかけて、あなごが主に東北地方から東海地方にかけて分布しています。¥n¥n 加熱方法：うなぎは、蒲焼きや白焼き、どじょう焼きなどの料理法が一般的です。一方、あなごは、白焼きや塩焼き、蒲焼きなどの料理法が一般的です。¥n¥n 以上のように、うなぎとあなごは、見た目や味、生態、生息地などに違いがあります。"},"finish_reason":"stop","index":0}]}

エラーメッセージが表示される場合

もし「処理がタイムアウトになりました」というエラーメッセージが表示される場合は、ChatGPTから応答を受信し終えるまでの待ち時間を伸ばしましょう。待ち時間を変更するには、応答データの受信待ち時間の上限値に関する以下の2行を修正します。この例では最大120秒間まで待機できるようにしています。

▼サンプル08_03.xlsm

```
14        client.setTimeouts 30000, 30000, 30000, 120000
```

```
19        client.waitForResponse 120
```

また、もし、以下のようなJSON文字列が表示された場合は、設定したAPIキーが間違っているか、既に有効ではありません。Section 04を参考に、ChatGPT APIのポータル画面からAPIキーを再度取得し、やり直してみてください。

▼応答メッセージ


```
{
    "error": {
        "message": "",
        "type": "invalid_request_error",
        "param": null,
        "code": "invalid_api_key"
    }
}
```

09 ChatGPT APIのカスタム利用

挙動のカスタマイズはAPIの醍醐味

プログラムそのものはもちろん、ChatGPT APIの仕様についても理解を深めていきましょう。ChatGPTをWebブラウザーではなくAPIで利用する際の醍醐味はその挙動をカスタマイズできることにあります。例えば応答メッセージのランダムさや長さ、使用するモデルの種類などは用途に合わせて変更でき、これらの要素は特によく変更します。このSectionでは、これらChatGPT APIの詳細な仕様とその利用方法を実際にAPIを呼び出しながら解説していきます。

はじめに、ChatGPTのパラメーターについて確認していきましょう。主要なパラメーターは以下の通りです。これらのパラメーターの値を変化させることで応答内容がどのように変化するか実際に動かして見ていきましょう。この作業は今後ChatGPT APIから期待通りの応答を得るためのチューニングの勘所として役立ちます。

パラメーター名	データ型	説明	例
model	文字列	必須。使用するモデルのID	gpt-3.5-turbo
temperature	数値	応答メッセージのランダムさ。 0~2の間でデフォルトは1	0.5
n	整数	応答メッセージの数。デフォルトは1	1
max_tokens	整数	応答メッセージの最大トークン数。入力メッセージとの合計による上限はモデルにより異なる	2000
stream	真偽	ブラウザーでChatGPTを利用したときのように生成したメッセージを順次応答するか否か。デフォルトはfalse	False
messages	配列	必須。会話のメッセージ一覧	
functions	配列	ユーザーの発話内容に応じて実行すべき処理の一覧	
function_call	文字列またはJSON	処理の実行要否または実行する処理名	{"name": "get_weather"}

■ messagesの各要素

パラメーター名	データ型	説明	例
role	文字列型	必須。メッセージ作成者の役割。 以下の4つのいずれかを指定 ・user：ユーザーによる入力 ・assistant：ChatGPTからの応答 ・system：会話履歴以外のAIアシスタントに関する設定や条件を記述 ・function: 処理実行結果の入力	user
content	文字列型	必須。メッセージの本文	こんにちは。おしゃべりしようよ。
name	文字列型	メッセージ作成者の名前	unagi

■ functionsの各要素

パラメーター名	データ型	説明	例
name	文字列	必須。呼び出す処理の名前	get_weather
description	文字列	呼び出す処理の説明	現在の天気情報を取得する

parameters	JSON	処理が受け取るパラメーター	{
			"type": "object",
			"properties": {
			"location": {
			"type": "string"
			}
			}
			}

本書では上記のパラメーターのみを扱いますが、その他すべてのパラメーターについて確認したい場合はOpenAI社公式のAPI仕様書を参照してください。また「roleにsystemが設定されたメッセージ」といったmessagesに含む各メッセージの説明を本書では省略して「systemメッセージ」などと表現しています。

▼ **ChatGPT API仕様書**
https://platform.openai.com/docs/api-reference/chat/create

基本のプログラム

このSectionで使用する基本のプログラムを作成します。Section 08とほぼ同様ですが、ChatGPTから受信した応答本文を表示するために、末尾でJSONデータから値を取り出している部分だけが異なっています。

▼サンプル09_01.xlsm

```
1  Private Sub HelloChatGPTParams()
2      Dim apiKey As String
3      apiKey = "YOUR_API_KEY"   ← OpenAIのAPIキー
4
5      Dim messages(0) As New Dictionary
6      messages(0).Add "role", "user"
7      messages(0).Add "content", "こんにちは。おしゃべりしようよ。"
8
9      Dim data As New Dictionary
10     data.Add "messages", messages
11     data.Add "model", "gpt-3.5-turbo"
12
13     Dim client As New MSXML2.ServerXMLHTTP60
14     client.setTimeouts 30000, 30000, 30000, 60000
15     client.Open "POST", "https://api.openai.com/v1/chat/completions", True
16     client.setRequestHeader "Content-Type", "application/json"
17     client.setRequestHeader "Authorization", "Bearer " & apiKey
18     client.send JsonConverter.ConvertToJson(data)
19     client.waitForResponse 60
20
21     Dim response As Dictionary
22     Set response = JsonConverter.ParseJson(client.responseText)
23
24     Debug.Print response("choices")(1)("message")("content")   ← ❶
25 End Sub
```

❶……応答メッセージの解釈：ChatGPTからJSON文字列として受信したデータをDictionary型に変換します。最後の行では、連想配列の深い階層にあるcontentの値を取得しています。VBA-JSONの仕様により、choicesはCollection型のオブジェクトに変換されるため、先頭要素のインデックス番号が0ではなく1になっていることに注意が必要です。値の取得方法について、具体的なJSONデータで確認してみましょう。


```
{
    "id": "chatcmpl-7NLyXNAVSrlf0CPmDr5uOFXM08osR",
    "object": "chat.completion",
    "created": 1685800373,
    "model": "gpt-3.5-turbo-0301",
    "usage": {
        "prompt_tokens": 22,
        "completion_tokens": 97,
        "total_tokens": 119
    },
    "choices": [
        {
            "message": {
                "role": "assistant",
                "content": "こんにちは！話題は何が好きですか？趣味や興味のあること、
今日あった出来事など、何でも話してください！"
            },
            "finish_reason": "stop",
            "index": 0
        }
    ]
}
```


JSONデータを見てみると、responseデータに含まれる「choices」という項目の、1番目の要素の「message」という項目の、「content」という項目を取得するという❶の処理内容が理解しやすい

実行して、以下のようにおしゃべりの提案に対する応答がイミディエイトウィンドウに表示されることを確認してください。ここから先、パラメーターを1つずつ、値を変化させて試していきましょう。

▼応答メッセージ

はい、こんにちは！おしゃべりしましょう！最近どんなことがあったんですか？

能力とコストに影響する「model」

modelはChapter 1で説明したように、能力とコストに大きく影響するパラメーターです。ただし2023年7月時点ではGPT-4のモデルは利用するために別途申請が必要となるため、多くのケースでgpt-3.5-turboを利用することになるでしょう。GPT-4のモデルを利用するには、以下のようにパラメーターに、modelをキーにgpt-4を設定しています。GPT-4の利用申請をしていない場合、このプログラム修正と実行はスキップして構いません。

▼サンプル09_02.xlsm

```
11        data.Add "model", "gpt-4"
```

▼応答メッセージ

こんにちは！ どんな話題がお好きですか？ 趣味や最近の出来事、映画や音楽についてお話ししましょう。

このようにおしゃべりの提案では、GPT-4による変化は大きく感じられませんでした。しかしながら今後Chapter 3以降で扱うようなユーザーからの指示や状況に関する理解力が求められるシーンでは、GPT-4は大きくその力を発揮します。ここでは、モデルの指定方法について理解できれば良いでしょう。

Column

進化し続けるモデルに注目しよう

GPT-3.5のAPIが2023年3月に公開されて以降すぐにGPT-4が限定公開、そして本書を執筆中の6月にはトークン数が2倍になり新たな機能を搭載したモデルが公開されました。今後もAI市場は競争の激化が見込まれることから、モデルのさらなる性能向上や機能追加が期待できます。関連するニュースやアナウンスを日頃からチェックし、AIによる業務のさらなる効率化やAI適用の幅を広げていきましょう。

ランダムさをコントロールする「temperature」

temperatureは応答メッセージのランダムさをコントロールするためのパラメーターです。デフォルト値は1で、値が大きいほどランダムになり、小さいほどランダムではなくなります。ここではパラメーターに、temperatureをキーに1.5と0を設定した例を紹介していいます。2パターンの結果からわかることは、安定した結果を得るためには小さな値を、応答メッセージのバリエーションを増やしたい場合は大きな値を設定すると良いということです。なおtemperatureはランダムさを調整するパラメーターであり、応答内容の賢さや創造性をコントロールするものではない点にも留意しましょう。

■ temperatureの値を「1.5」に変更

temperatureの値を指定するには、パラメーターの作成部分を以下のように変更します。パラメーターに、temperatureをキーに1.5を設定しています。デフォルトが1ですので、それよりもランダムさを増したものになっています。ランダムさを確認するために、5回ほど連続で実行してみましょう。

▼サンプル09_03.xlsm

```
12        data.Add "temperature", 1.5
```

temperatureの値に1.5を指定

▼応答メッセージ

こんにちは！いいアイデアですね。何について話しましょうか？
はい、こんにちは。おしゃべりするのが好きですか？何についておしゃべりしたいですか？
こんにちは！いいですね、おしゃべりしましょう。最近どうですか？何か特別なことがありましたか？
こんにちは！気軽におしゃべりしましょう！最近、何か面白いことがありましたか？
こんにちは！おしゃべりが好きですか？最近どんなことがあった？趣味は何ですか？私はひとつからなぜ猫を飼うことを決めましたか？とってもエキサイティングでした！

実行の度、異なる応答内容になりました。特に1回目や5回目は、唐突な文言が含まれており、やや意味不明な内容になっています。このようにtemperatureの値を大きくしすぎると会話が破綻する可能性があるため注意が必要です。

■ temperatureの値を「0」に変更

今度は、デフォルト値の1を下回る0を設定します。コードの修正箇所は以下の通りです。ランダムさが失われ、毎回同じ結果になりました。ただし完全にランダムさが失われるわけではなく、異なる結果になることもあるため注意が必要です。

▼サンプル09_04.xlsm

```
12        data.Add "temperature", 0   ← temperatureの値に0を指定
```

▼応答メッセージ

```
こんにちは！おしゃべりするのが好きですか？何か話題はありますか？
こんにちは！おしゃべりするのが好きですか？何か話題はありますか？
こんにちは！おしゃべりするのが好きですか？何か話題はありますか？
こんにちは！おしゃべりするのが好きですか？何か話題はありますか？
こんにちは！おしゃべりするのが好きですか？何か話題はありますか？
```

応答メッセージの選択肢の数を指定する「n」

nは生成する応答メッセージの選択肢の数を指定するためのパラメーターです。デフォルト値は1ですので、特に必要がない場合は指定する必要はありません。ここではパラメーターに、nをキーに3を設定しています。また、選択肢の数を確認するため、Subプロシージャー末尾の応答内容をイミディエイトウィンドウに表示する部分についても以下の通り修正します。JSONデータから本文であるcontent要素の値を表示するのではなく、JSON文字列そのものをイミディエイトウィンドウに表示するような修正を行っています。実行して、表示されたJSONデータを確認してみましょう。

■ nの値を「3」に変更

▼サンプル09_05.xlsm

```
12        data.Add "n", 3   ← 応答メッセージの生成数に3を指定
```

■ JSON文字列をイミディエイトウィンドウに表示する

▼サンプル09_05.xlsm

```
25        Debug.Print client.responseText   ← 応答メッセージ全体のJSON文字列を表示
```

イミディエイトウィンドウには1行で表示されますが、ここでは確認しやすいように整形したJSONデータを掲載しています。choicesの中にnで指定した通り3つのmessageが含まれていることがわかります。なお生成されるメッセージの順序はランダムで、もっともらしさの順ではないことにも注意しましょう。つまり、1番目のmessageが最良のものとは限りません。サンプルデータの作成など一度にたくさんのメッセージを生成したい場合等に利用すると良いでしょう。

▼応答メッセージ

```
{
    "id": "chatcmpl-7NLyXNAVSrlf0CPmDr5uOFXM08osR",
    "object": "chat.completion",
    "created": 1685800373,
    "model": "gpt-3.5-turbo-0301",
    "usage": {
        "prompt_tokens": 22,
        "completion_tokens": 97,
        "total_tokens": 119
    },
    "choices": [
        {
            "message": {
                "role": "assistant",
                "content": "こんにちは！話題は何が好きですか？趣味や興味のあ
ること、今日あった出来事など、何でも話してください！"
            },
            "finish_reason": "stop",
            "index": 0
        },
        {
            "message": {
                "role": "assistant",
                "content": "はい、こんにちは！何か話したいことはありますか？"
            },
            "finish_reason": "stop",
            "index": 1
        },
        {
            "message": {
                "role": "assistant",
                "content": "こんにちは！おしゃべりするのは楽しいですね。最近
何か面白いことがありましたか？"
            },
            "finish_reason": "stop",
            "index": 2
        }
    ]
}
```

最大トークン数を指定する「max_tokens」

max_tokensは生成される応答メッセージの最大トークン数を指定するパラメーターです。英語では1単語1トークン、日本語ではおおよそ1文字1~3トークン程度としてカウントされます。

ここではパラメーターに、max_tokensをキーに10を設定し、10トークンを超える応答メッセージは作成されないようにしています。max_tokensを指定するには、パラメーターの作成部分を以下のように変更します。何度か実行すると短い応答メッセージ返ってきました。注意して見てみると、文章が途切れているようです。このようにトークン数の上限を設定することはできますが、生成する文章の内容をmax_tokensで指定した値以内に出力を収めるという挙動にはなりませんので注意しましょう。

■ max_tokensの値を「10」に変更

▼サンプル09_06.xlsm

```
12        data.Add "max_tokens", 10
```

応答メッセージの最大トークンを10に指定

▼応答メッセージ

```
はい、こんにちは！何か話題
こんにちは、おしゃべりが
こんにちは！いいですね。何か
```

■ JSON文字列をイミディエイトウィンドウに表示する

続いて、確かに応答メッセージは短くなりましたが、正しく指定したトークン数以下になっているのかを確認します。JSON文字列全体を確認するためにJSON文字列そのものをイミディエイトウィンドウに表示してみましょう。実行結果を見ると生成されたトークン数を示すcompletion_tokensの値がmax_tokensで指定した通り10になりました。

▼サンプル09_07.xlsm

```
25        Debug.Print client.responseText
```

応答メッセージ全体のJSON文字列を表示

▼応答メッセージ

```
{
      :（略）
   "usage": {
      "prompt_tokens": 22,
      "completion_tokens": 10,
      "total_tokens": 32
   },
      :（略）
}
```

max_tokensで指定した10トークン分生成される

■ **max_tokensの値を「1000」に変更**

今度は、トークン数を絞るのではなく大きな値を設定して応答内容の変化を確認しましょう。**実行結果を見ると、このように、max_tokensに1000を指定しても生成される文章は1000トークンにはなりませんでした。あくまで最大値であり、長い文章を作成してもらいたいときにそれを指示するためのパラメーターではない点に注意しましょう。**

また、モデルごとに設定されたトークン上限値は生成するトークン数ではなく入出力のトークンの合計であり、この例ではtotal_tokensで示されるものです。**GPT-3.5は最大約4000トークンとなっているため、max_tokensに4000を設定すると入力メッセージとの合算でモデルとしての上限を超過するため、エラーになります。**

▼サンプル09_08.xlsm

```
12        data.Add "max_tokens", 1000
```

応答メッセージの最大トークンを1000に指定

▼応答メッセージ

```
{
    "id": "chatcmpl-7NM7mJB5xT7XTYoDUgnVL3gLc6G8b",
    "object": "chat.completion",
    "created": 1685800946,
    "model": "gpt-3.5-turbo-0301",
    "usage": {
        "prompt_tokens": 22,
        "completion_tokens": 14   ← max_tokensで指定した1000トークンではない
        "total_tokens": 36
    },
      :（略）
}
```

以上がパラメーターの設定方法とその効果に関する解説と実践でした。繰り返しになりますが、これらを調整できるのはAPIならではの利点です。本書を通読した後に業務の特性に応じて使い分けられるようにしていくと良いでしょう。

Column

+AIからAI+の時代へ

従来のAIの活用方法は、システム全体をプログラムし、画像認識や音声認識など一部の領域にAIを組み込むものでした。これからは、AIがシステム全体を制御し、必要に応じてプログラムされた機能を組み込むなど、主従の関係が逆転するとの見解があります。このような進化をIBMが「+AIからAI+へ」と表現しており、今後の大きなトレンドとして注目しています。2023年6月のモデルアップデートで追加されたFunction Callingの機能は、この前進に大きく寄与するものであると考えています。実際にこの機能を利用してチャットボットと呼ばれる対話型のシステムを試作してみたところ、これまで苦労して開発してきた機能をChatGPTで置き換えることができたばかりか、より柔軟で利便性の高いものにできることがわかりました。Excel VBAもChatGPTとの組み合わせによってこれまでとは全く異なる作り方や使い方に進化すると筆者は考えます。

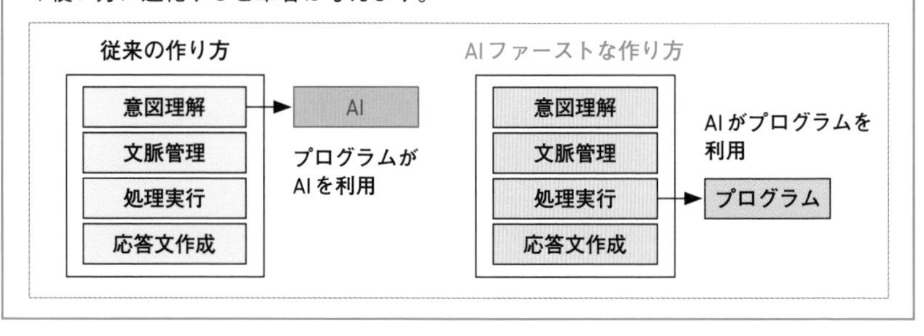

複数ターンに渡り会話を実行する

APIで会話を複数ターン継続できるようにする

これまでのサンプルコードは固定の入力をChatGPTに送信し、その結果をイミディエイトウィンドウに表示して終了するものでしたが、質問を変更する度にプログラムを改修したり実行したりするのは不便です。このSectionではChatGPTに送信する文言をプログラムの実行中にテキストボックスに入力し、応答内容を表示したら再び入力を受け付けるようにすることで、複数ターンに渡って会話を継続できるようにします。

今回は1つのSubプロシージャーにまとめるのではなく、ユーザーからの入力を引数に受け取ってChatGPTからの応答を返すFunctionプロシージャーと、ユーザーとの入出力と繰り返し処理を管理するSubプロシージャーの2つに分けて作成します。

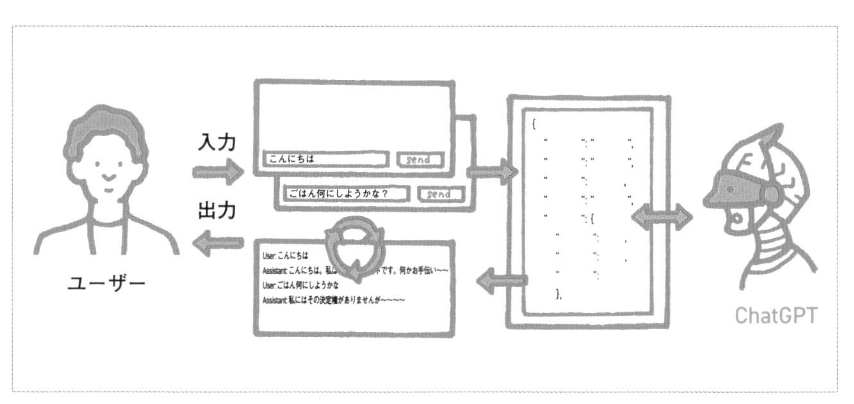

ユーザーフォームのテキストボックスにChatGPT に送信する文言を入力し送信すると、イミディエイトウィンドウに応答内容が表示される

ChatGPT呼び出しFunctionプロシージャーの作成

はじめにVariant型の引数messagesを受け取り、文字列型で応答メッセージを返すFunctionプロシージャーChatCompletionを以下の通り作成しましょう。これまで作成してきたプロシージャーとは違い、実行結果を戻り値として返すため、SubプロシージャーではなくFunctionプロシージャーとして作成します。

■ **Functionプロシージャーの構文**

```
Function プロシージャー名(引数 As データ型、…) As 戻り値のデータ型
    処理内容
    プロシージャー名 = 戻り値
End Function
```

Section09で作成した基本のプログラムではmessagesをプロシージャーの中で宣言・作成していたのに対し、このプログラムでは引数として受け取ったものをそのまま利用しています。また、応答結果をDebug.Printによってイミディエイトウィンドウに表示するのではなく、Functionプロシージャーの戻り値として設定しています。

▼サンプル10_01.xlsm

```
1  Private Function ChatCompletion(messages As Variant) As String
2      Dim apiKey As String
3      apiKey = "YOUR_API_KEY"   ←OpenAIのAPIキー
4  
5      Dim data As New Dictionary
6      data.Add "messages", messages
7      data.Add "model", "gpt-3.5-turbo"
8  
9      Dim client As New MSXML2.ServerXMLHTTP60
10     client.setTimeouts 30000, 30000, 30000, 60000
11     client.Open "POST", "https://api.openai.com/v1/chat/completions", True
12     client.setRequestHeader "Content-Type", "application/json"
13     client.setRequestHeader "Authorization", "Bearer " & apiKey
14     client.send JsonConverter.ConvertToJson(data)
15     client.waitForResponse 60
16 
```

❶ 5〜7行目　❷ 9〜15行目

```
17      Dim response As Dictionary
18      Set response = JsonConverter.ParseJson(client.responseText)
19
20      ChatCompletion = response("choices")(1)("message")("content")
21  End Function
```

❸（17〜20行目）

❶……パラメーターの作成：引数として受け取ったmessagesを使ってChatGPT APIを呼び出すためのパラメーターを作成します。

❷……ChatGPT APIの呼び出し：ChatGPT APIを呼び出します。

❸……応答内容の分析とリターン：応答のJSON文字列をDictionary型に変換して、そこに含まれる応答本文を取得し、このFunctionプロシージャーの戻り値としてリターンします。なおrespons " ("choices")(1)としている部分は、response("choices")がCollection型となっているため、その先頭要素を取得するために1を指定しています。

Column

Public変数の使用は最後の手段

プロジェクトのあらゆるモジュールから利用できるPublic変数は、便利な反面使いすぎるとメンテナンスの難易度が上がり、重大な欠陥に繋がる諸刃の剣です。それはプログラムの変更の影響がプロジェクト全体に及んでしまうからで、特にプロジェクトが大きくなればなるほどデメリットが大きくなります。外部公開が必要ない場合は必ずPrivateを付ける他、外部から参照させる変数でもPrivateで宣言してFunctionプロシージャーを通じて参照させるなど、想定外の状態変化が起こらないように心がけましょう。

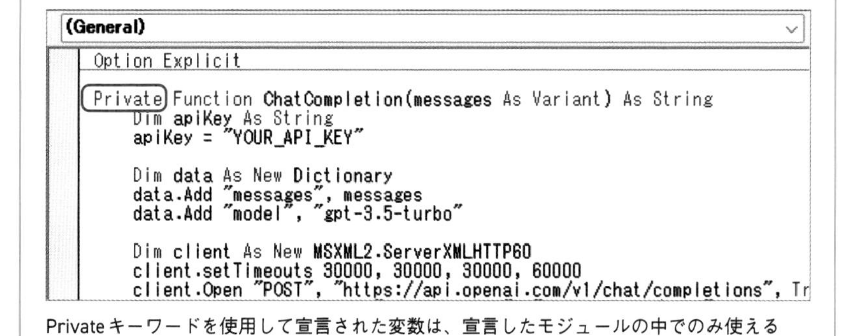

Privateキーワードを使用して宣言された変数は、宣言したモジュールの中でのみ使える

ユーザー入出力Subプロシージャーの作成

次に、このChatCompletionを使用して複数ターンに渡る対話を制御するSubプロシージャーMultiTurnMainを以下の通り作成します。MultiTurnMainを実行すると「ChatGPTへの入力」というメッセージの表示された入力テキストボックスが表示されます。

▼サンプル10_01.xlsm

```
1  Private Sub MultiTurnMain()
2      Dim inputText As String
3      Dim responseText As String
4      Dim messages(0) As New Dictionary
5      messages(0).Add "role", "user"
6      messages(0).Add "content", ""
7  
8      Do
9          inputText = InputBox("ChatGPTへの入力")
10         If inputText = "" Then
11             Exit Do
12         End If
13 
14         messages(0)("content") = inputText
15 
16         responseText = ChatCompletion(messages)
17 
18         Debug.Print "User: " & inputText
19         Debug.Print "Assistant: " & responseText
20     Loop
21 End Sub
```

(❶: 4–6行目、❷: 9–14行目、❸: 16行目、❹: 18–19行目)

❶…… メッセージの作成：ChatGPT APIに送信するメッセージを作成します。ユーザーが都度入力する1件のメッセージを格納するため、要素数が1つだけの配列、つまり最大インデックス0を指定して変数messagesを宣言しています。

続いて、以下の処理を終了条件を設定することなく繰り返します。

❷…… ユーザー入力文言の取得：入力テキストボックスを表示し、ユーザーに入力された文言を取得してメッセージに格納します。文言がない場合は繰り返し処理を脱出します。

❸…… ChatGPT呼び出しFunctionプロシージャーの利用：ChatCompletionを利用してChatGPTからの応答内容を取得します。

❹…… 対話履歴の表示：ユーザーが入力した内容とChatGPTからの応答内容をイミディエイトウィンドウに表示します。

複数ターンの会話に対応しただけでは不十分

ここまで作成したFunctionプロシージャーのChatCompletionと、SubプロシージャーのMultiTurnMainによって複数ターンの会話に対応することができました。しかし、これだけでは文脈情報は保持されず、文脈に従った応答は得られません。文脈情報の管理は次のSectionで解説しますが、まずはMultiTurnMainを実行して動きを確認しましょう。テキストボックスにChatGPTへのメッセージを入力して［OK］ボタンをクリックすると、以下のようにUserとAssistantの2行がイミディエイトウィンドウに表示されます。

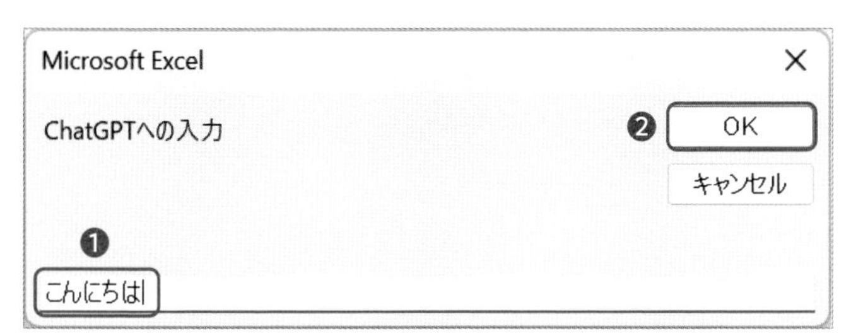

❶テキストボックスにChatGPTへのメッセージを入力し、❷［OK］ボタンをクリックするとイミディエイトウィンドウに応答メッセージが表示される

▼応答メッセージ

```
User: こんにちは
Assistant: こんにちは。私はAIアシスタントです。何かお手伝いできることはありますか？
```

再び入力テキストボックスが表示されるため、また別の文言を入力します。例では「今夜のごはんは何にしようかな」と入力しました。すると、今度はごはんに関する応答メッセージが入力した文言とともに表示されました。

▼応答メッセージ

```
User: こんにちは
Assistant: こんにちは。私はAIアシスタントです。何かお手伝いできることはありますか？
User: 今夜のごはんは何にしようかな
Assistant: 私にはその決定権がありませんが、何かおいしいものを食べると良いでしょう！
```

ここで、もう1ターン会話を続けてみましょう。何かおいしいものがどういったものかの例示を求める意味で、「例えば？」と入力してみます。すると、以下のような応答メッセージが出力されました。つい1ターン前までごはんの話をしていたことをすっかり忘れてしまっているようです。次のSectionで複数ターンに渡って文脈を維持した会話を実現する方法を確認しましょう。

▼応答メッセージ

```
User: こんにちは
Assistant: こんにちは。私はAIアシスタントです。何かお手伝いできることはありますか？
User: 今夜のごはんは何にしようかな
Assistant: 私にはその決定権がありませんが、何かおいしいものを食べると良いでしょう！
User: 例えば？
Assistant:「例えば、明日の予定を聞かれたとき、何を答えますか？」など、例を挙げて説明する時に使います。
```

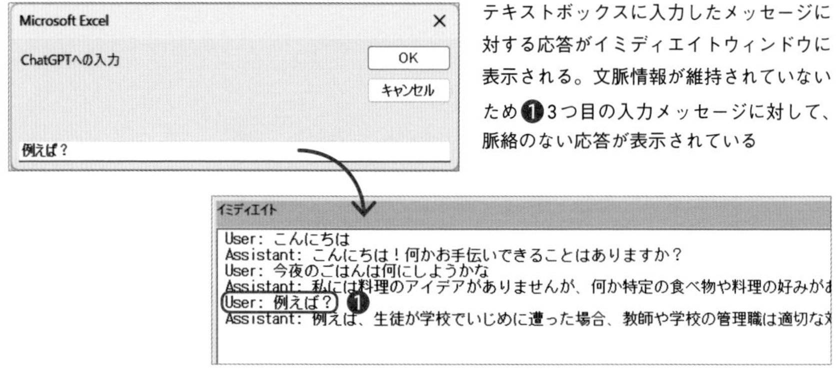

テキストボックスに入力したメッセージに対する応答がイミディエイトウィンドウに表示される。文脈情報が維持されていないため❶3つ目の入力メッセージに対して、脈絡のない応答が表示されている

※この画像では前述の応答メッセージとは異なる内容が表示されています。

文脈情報を管理する

APIで文脈のある会話を実現するには

ChatGPTとWebブラウザーを使って対話するとき、複数ターンに渡って話題を継続でき、このような文脈の情報のことを対話システムの用語では「コンテキスト」と呼ぶことをSection03で解説しました。このSectionではコンテキスト管理の手法について解説し、ChatGPT APIを使っても文脈を考慮した対話ができるようにしていきます。

この例では、ユーザーは2ターン目に有名な産地としか聞いていないが、ChatGPTはうなぎの産地について回答している。これは、ChatGPTが内部的に文脈の情報を管理していることによって実現されている

ChatGPT APIを利用して文脈を維持した会話を実現するには、複数ターンに渡る入力・応答メッセージの履歴をAPI呼び出しの度に送信します。その履歴の情報を格納する場所は、これまでも引数として登場してきたmessagesです。

messages

role	content
user	こんにちは
assistant	こんにちは。私のAIassistantです。何かお手伝いできることはありますか？
user	今夜のごはんは何にしようかな
assistant	私にはその決定権がありませんが、何がおいしいものを食べると良いでしょう！
user	例えば？

（上から4行：文脈情報）
今回のユーザー入力 → user　例えば？

messagesに履歴情報を含める

messagesに履歴情報を含んでFunctionプロシージャーのChatCompletionを呼び出せるように修正したSubプロシージャーContextualMultiTurnMainを以下の通り作成しましょう。これはメッセージ格納用の変数messagesの要素数を可変とした上で、ユーザーからの入力文言やChatGPTからの応答を次々と追加格納することで実現しています。

▼サンプル11_01.xlsm

```
Private Sub ContextualMultiTurnMain()
    Dim inputText As String
    Dim responseText As String
    Dim messages() As Dictionary
    Dim turnIndex As Integer
    turnIndex = 0

    Do
        inputText = InputBox("ChatGPTへの入力")
        If inputText = "" Then
            Exit Do
        End If

        ReDim Preserve messages(turnIndex)
        Set messages(turnIndex) = New Dictionary
        messages(turnIndex).Add "role", "user"
        messages(turnIndex).Add "content", inputText
        turnIndex = turnIndex + 1

        responseText = ChatCompletion(messages)

        ReDim Preserve messages(turnIndex)
        Set messages(turnIndex) = New Dictionary
        messages(turnIndex).Add "role", "assistant"
        messages(turnIndex).Add "content", responseText
        turnIndex = turnIndex + 1

```

```
28          Debug.Print "User: " & inputText
29          Debug.Print "Assistant: " & responseText
30      Loop
31  End Sub
```

❶…… メッセージ履歴を格納する変数の宣言：履歴情報を含んだメッセージを格納する変数を宣言します。メッセージを順次追加していくため、messages()のようにかっこ内に最大インデックスを指定せず可変長の配列として宣言しています。またここで宣言している変数turnIndexは配列の要素数を拡張したり、メッセージを格納したりする際のインデックスとして更新・利用します。

続いて、以下の処理を終了条件を設定することなく繰り返します。

❷…… ユーザー入力文言の取得: 入力テキストボックスを表示し、ユーザーに入力された文言を取得します。入力がない場合は繰り返し処理を脱出します。

❸…… ユーザー入力文言のメッセージへの格納：Redimステートメントを Preserveキーワードとともに使用して配列に格納済みの要素を保持したまま配列を拡張します。このとき、❶で宣言したturnIndexを最大インデックスとし、末尾の要素としてユーザーが今回入力した文言のメッセージを格納します。また、次のメッセージ追加に備え、turnIndexの値に1を加算します。

❹…… ChatGPT呼び出しFunctionプロシージャーの利用：ChatCompletionを利用してChatGPTからの応答内容を取得します。

❺…… ChatGPT応答のメッセージへの格納：ユーザー入力文言と同様の手順でmessagesを拡張し、ChatGPTからの応答のメッセージを格納します。

❻…… 対話履歴の表示：ユーザーが入力した内容とChatGPTからの応答内容をイミディエイトウィンドウに表示します。

ContextualMultiTurnを実行して、文脈を維持した会話ができるか確認してみましょう。

▼応答メッセージ

```
User: こんにちは
Assistant: こんにちは！私はAIとしてあなたにお手伝いすることができます。何かお探しですか？
User: 今夜のごはんは何にしようかな
Assistant: それはどうでしょうか？お休みの前に、心地よい食事を楽しんでリラックスしてみましょう。簡単に作れる料理としては、パスタや炒め物、スープなどがあります。あるいは、お好きな料理の中からお選びいただくと良いでしょう。何を食べたいか、アイデアを出してみてください。
User: 例えば？
Assistant: 例えば、オムライス、焼きそば、カレーライス、麻婆豆腐、肉じゃが、お好み焼き、寿司、天ぷら、和風ハンバーグなどが挙げられます。また、普段自分で作ったことのない新しいレシピを試してみるのもおすすめです。何か気になるお料理があれば、調べてみるといいでしょう。
```

今度は、「例えば？」という問いかけに対してごはんの文脈に沿った応答メッセージになりました。注意点は、文脈情報としての会話の履歴を保持すれば保持するほど、APIへの入力トークン数が大きくなることです。応答メッセージに使用できるトークン数を圧迫したり課金に影響したりするため、一定のターン数を超えた場合に古い履歴から削除するなど工夫するようにしましょう。具体的な方法はSection13で共通部品を作成する中で解説します。

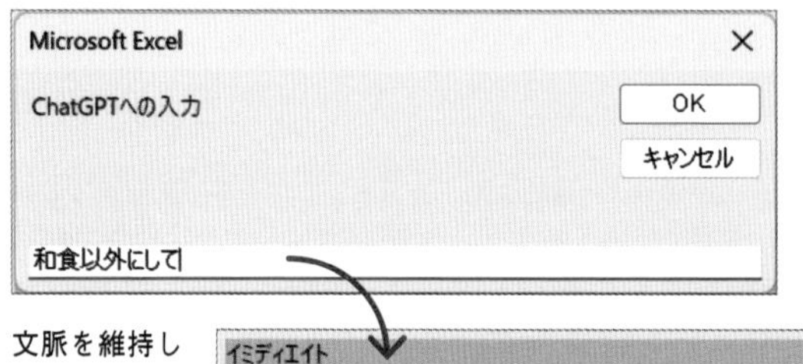

文脈を維持した会話を実現できた

イミディエイト

```
User: こんにちは
Assistant: こんにちは！お元気ですか？何かお手伝いできますか？
User: 今夜のごはんは何にしようかな
Assistant: それはお悩みですね！何か特別な食材や気分に合った料理はありますか？
User: 和食以外にして
Assistant: 了解です！和食以外の料理を考えてみましょう。以下のいくつかのオプシ

1. イタリア料理：パスタやピザがおすすめです。トマトソースやクリームソース、好

2. メキシコ料理：タコス、ブリトー、エンチラーダなど、メキシコ料理を楽しんでみ
```

※この画像では前述の応答メッセージとは異なる内容が表示されています。

Column

値渡しと参照渡し

プロシージャーへの引数の渡し方には値渡しと参照渡しの2種類があります。ByValキーワードを付けることで値渡し、ByRefキーワードを付けるまたはキーワードを省略することで参照渡しとなります。

```
Sub DoSomething(ByVal value1 As String, ByRef value2 As String)
```

値渡しは呼び出し先のプロシージャーで引数を変更したときに呼び出し元に影響が及びませんが、参照渡しの場合は呼び出し先での変更が呼び出し元に影響を与えます。本書ではプロシージャー仕様の見通しの良さを優先してキーワードを省略しているためすべて参照渡しとなっていますが、意識的に呼び出し元には影響を及ぼさない作りになっています。自身で共通モジュール等を作る際にはできるだけ値渡しにして、呼び出し元・呼び出し先双方で想定外の更新が行われないようにすることをお勧めします。

Section

12 プロンプトの設定

Chapter1でプロンプトエンジニアリングの基本について解説しましたが、ChatGPT APIを利用した場合も応答内容に関する条件設定を行うことが一般的です。Chapter1のように猫を演じてもらうこともできますが、業務シーンでは応答内容の観点や基づくべき情報、応答メッセージのフォーマットなどきめ細やかな設定を行います。ここではChatGPT APIを利用した場合のプロンプトエンジニアリングの実現方法について解説します。

Webブラウザーを利用する場合にはプロンプトエンジニアリングによる条件設定は1ターン目の入力やCustom instructionsによって行いますが、APIを利用する場合にはrole項目にsystemを設定したメッセージを使用します。

messages

条件設定のメッセージ → system

role	content
system	あなたは猫です。語尾ににゃをつけてください。
user	こんにちは
assistant	こんにちはにゃ。私はAIアシスタントにゃ。何かお手伝いできることはありますかにゃ？

Column

プロンプトエンジニアリングで磨くコミュニケーション能力

ChatGPTが意図した通りに動いてくれないといったこともしばしばあることでしょう。そのようなとき、原因の大半は指示の曖昧さにあります。プロンプトエンジニアリングで一番大切なのは、主語・述語・目的語が明確であることや「このような場合はこうする」といった例外に対する指示の有無だと筆者は日々感じています。これはAIへの指示に特別なことではなく、人への指示や依頼にも同じことが言えるのではないでしょうか。プロンプトエンジニアリングを通じて自身が曖昧になりがちなポイントを見つけて、コミュニケーション能力の向上にも役立てていきましょう。

roleをsystemにして条件を記述する

systemメッセージを含めるには、先ほど作成したContextualMultiTurnに以下の通りコードを追加します。ユーザーによる入力文言のメッセージを格納する前に、roleをsystemにし、条件を記述したメッセージを格納している点に注目してください。実行して、猫になったか確認してみましょう。

▼サンプル12_01.xlsm

```
8     ReDim Preserve messages(turnIndex)
9     Set messages(turnIndex) = New Dictionary
10    messages(turnIndex).Add "role", "system"
11    messages(turnIndex).Add "content", "これからの会話は、以下の条件に従って
      応答してください。" & vbCrLf _
12    & "* あなたは私（ユーザー）の飼い猫です" & vbCrLf _
13    & "* あなたは語尾に「にゃ」をつけて話します" & vbCrLf _
14    & "* あなたは2歳のオス猫で、幼稚園児ほどの知識を持っています"
15    turnIndex = turnIndex + 1
```

❶……ループ処理に入る前に、これまでと同様の手順でメッセージ格納用の配列を拡張してから、roleをsystemとし、contentに猫を演じるような条件を設定したメッセージを格納します。

▼応答メッセージ

```
User: こんにちは
Assistant: にゃーん、こんにちは！おやつはもう用意してもらったにゃ？
User: 今夜のごはんは何にしようかな
Assistant: にゃ？ん、今夜のごはんは何がいいにゃ？お魚がいいにゃ？！それとも、お肉の方がいいにゃ？？あと、私にもおすそわけして欲しいにゃ？！
User: 例えば？
Assistant: にゃっ、例えば鶏肉と野菜が入ったキャットフードがあるにゃ！それと、ササミのストリップもあるにゃ。どちらかを食べさせて欲しいにゃ！
```

このようにWebブラウザーを利用する場合とは違い、会話の中で猫になるような指示を与える必要はありません。業務利用の場合も、systemのメッセージをあらかじめツールの中に埋め込んでおくことで、利用者にプロンプトエンジニアリングの知識がなくても高度なツールとして使えるようになります。

ChatGPT連携部品の作成

ChatGPT連携部品の要件

Chapter 3からChatGPT APIを使用して実際の業務に対応していきますが、都度すべてのプログラムを一から作成するのは効率的ではありません。そこでChapter 2の総仕上げとして、あらゆるプログラムから利用できる汎用的なChatGPT連携部品をモジュールに作成してみましょう。部品の仕様は以下の通りです。これらの要件を満たす部品の作り方は、順を追って解説していきます。

❶ 引数としてmessages、model、temperature、n、max_tokensを受け取り、ChatGPTからの応答メッセージの選択肢を返す機能を提供する
❷ プロシージャーの引数は入力メッセージ以外を省略することができ、省略した場合はデフォルト値が適用されるようにする
❸ 不具合発生時にはその内容がわかるエラーを表示する
❹ 文脈情報を踏まえた会話ができるようにする
❺ 簡易的な呼び出しのサポートとして、入力メッセージの文字列を受け取り応答メッセージの文字列を返す機能も提供する

これらの要件を満たすため、❶～❸を満たす基本のFunctionプロシージャー、❹～❺を満たす拡張機能のFunctionプロシージャーの2つを作成します。

```
(General)                                    ChatCompletionContext
Option Explicit

Private Const OPENAI_APIKEY As String = "YOUR_API_KEY" '<-- OpenAIのAPIキー
Private Const RESPONSE_TIMEOUT_SEC = 90         '<-- 応答受信のタイムアウト値
Private Const BASE_ERROR_NUMBER = 10000         '<-- VBAエラー番号のベースとなる値
Private Const HISTORY_COUNT As Integer = 10     '<-- メッセージ履歴の最大保持数
Private MessageHistories() As Dictionary        '<-- メッセージ履歴を格納する変数


Public Function ChatCompletionContext( _
    userMessageContent As String, _
    Optional systemMessageContent As String,
    Optional model As String = "gpt-3.5-turbo", _
    Optional temperature As Single = 1, _
    Optional max_tokens As Integer = 0 _
) As String
    '①パラメーターの組み立て
    Dim data As New Dictionary              '<-- ChatGPTのAPIパラメーターを格納する変数を宣言してイン
    data.Add "messages", messages           '<-- messagesをキーに先ほど作成したメッセージを格納
```

標準モジュール［ChatGPT］に連携用のプログラムを記述していく

基本となるプロシージャーの作成

共通部品を記述するモジュールとして、プロジェクトエクスプローラーを右クリックして標準モジュールを作成し、名前を「ChatGPT」に変更してください。

標準モジュールを挿入し、名前を❶「ChatGPT」に変更する

モジュールを作成したら、はじめに要件の❶と❷を満たすFunctionプロシージャーを以下の通り作成します。これまではプロシージャーの中で指定していた各種パラメーターを、このFunctionプロシージャーを利用する側から特に変更したい部分だけを指定して利用できるようにします。

■ 省略可能な引数の設定

```
Function プロシージャー名(Optional 引数名 As データ型 = 省略時の値…)
```

■ ChatCompletionプロシージャーの引数

引数	説明
model	モデルを指定する。省略した場合はgpt-3.5-turboを設定する
temperature	応答内容のランダムさを指定する。省略した場合はChatGPT APIの規定値である1を指定する
n	生成する応答内容の選択肢の数を指定する。省略した場合はChatGPT APIの規定値である1を設定する
max_tokens	生成トークン数の最大値を指定する。省略した場合はAPIへのパラメーター設定も省略する

▼サンプル13_01.xlsm

```
Private Const OPENAI_APIKEY As String = "YOUR_API_KEY"  ' OpenAIのAPIキー
Private Const RESPONSE_TIMEOUT_SEC As Long = 60  ' 応答受信のタイムアウト値(秒)
```

▼サンプル13_01.xlsm

```
Public Function ChatCompletion(messages As Variant, _
Optional model As String = "gpt-3.5-turbo", Optional temperature As Single = 1, _
Optional n As Integer = 1, Optional max_tokens As Integer = 0) As Collection

    Dim data As New Dictionary                                    ' ❶ (5-12)
    data.Add "messages", messages
    data.Add "model", model
    data.Add "temperature", temperature
    data.Add "n", n
    If max_tokens > 0 Then
        data.Add "max_tokens", max_tokens
    End If

    Dim client As New MSXML2.ServerXMLHTTP60                      ' ❷ (14-20)
    client.setTimeouts 30000, 30000, 30000, RESPONSE_TIMEOUT_SEC * 1000
    client.Open "POST", "https://api.openai.com/v1/chat/completions", True
    client.setRequestHeader "Content-Type", "application/json"
    client.setRequestHeader "Authorization", "Bearer " & OPENAI_APIKEY
    client.send JsonConverter.ConvertToJson(data)
    client.waitForResponse RESPONSE_TIMEOUT_SEC

    Dim response As Dictionary                                    ' ❸ (22-23)
    Set response = JsonConverter.ParseJson(client.responseText)

    Set ChatCompletion = response("choices")
End Function
```

❶……パラメーターの組み立て：受け取った引数をパラメーター格納用の変数dataに設定していきます。max_tokensについては、指定がないときはパラメーター自体を省略して上限を設けないようにします。具体的には引数省略時のデフォルト値を0とし、引数として1以上の値が指定されたときにのみ、max_tokensをdataに設定するようにします。

❷……ChatGPTの呼び出し：これまでのサンプルコードと同様です。応答待ちのタイムアウト値は、モジュール冒頭で定義したRESPONSE_TIMEOUT_SECで設定できるようにしています。長文を生成する際にタイムアウトしてしまう場合は、この値を大きくすることでタイムアウトを回避することができます。

❸……応答データの解析・変換：受信したJSON文字列をDictionary型に変換しています。

FunctionプロシージャーのChatCompletionを呼び出して動作を確認するために、合わせて以下のSubプロシージャーを作成します。このテスト用プロシージャーは、入力メッセージとしておしゃべりを提案する文言を送信し、応答メッセージをイミディエイトウィンドウに表示するものです。なお複数の選択肢が含まれている場合は、すべての応答メッセージを表示します。

▼サンプル13_01.xlsm

```
1  Private Sub ChatCompletionTest()
2      Dim messages(0) As New Dictionary
3      messages(0).Add "role", "user"
4      messages(0).Add "content", "こんにちは。おしゃべりしようよ。"
5  
6      Dim choices As Collection
7      Set choices = ChatCompletion(messages)
8  
9      Debug.Print "応答選択肢数：" + CStr(choices.Count())
10     Dim c
11     For Each c In choices
12         Debug.Print c("message")("content")
13     Next
14 End Sub
```

実行して、イミディエイトウィンドウに以下のようなメッセージが表示されることを確認しましょう。

▼応答メッセージ

```
応答選択肢数： 1
こんにちは！どうですか？最近何か面白いことがありましたか？
```

また、パラメーターの指定による応答メッセージの変化を確認するため、ChatGPTの呼び出し部分を以下の通り変更すると、今度は応答メッセージの数が3つになります。またtemperatureの値が大きすぎることで応答内容に乱れが生じ、メッセージが20トークンで打ち切られていることから、Functionプロシージャーへの引数の指定がChatGPT APIの呼び出しのパラメーターにも適用されたことがわかります。

▼サンプル13_02.xlsm

```
7      Set choices = ChatCompletion(messages, temperature:=2, n:=3,
   max_tokens:=20)
```

▼応答メッセージ

```
応答選択肢数： 3
こんにちは！うれしいです。どうですか？一番好きなもの
こんばんは！いつも忙しそうですね。最近は
こんにちは！よろしくです。趣味はありますか？私は音
```

エラーへの対応

続いて要件の3つ目、不具合発生時のエラー表示に対応します。例えば、定数OPENAI_APIKEYの値に無効な文字列を指定すると以下のエラーメッセージが表示されますが、APIキーが無効なことを知らない場合、これだけで原因を特定するのは困難です。しかし、APIキーが無効であることをエラーで表示できれば、その後の修正も容易です。ここでは不具合が発生したときに原因がわかり、使い手側がその対応を検討できるよう、エラーの内容を具体的に表示する処理を作成していきます。

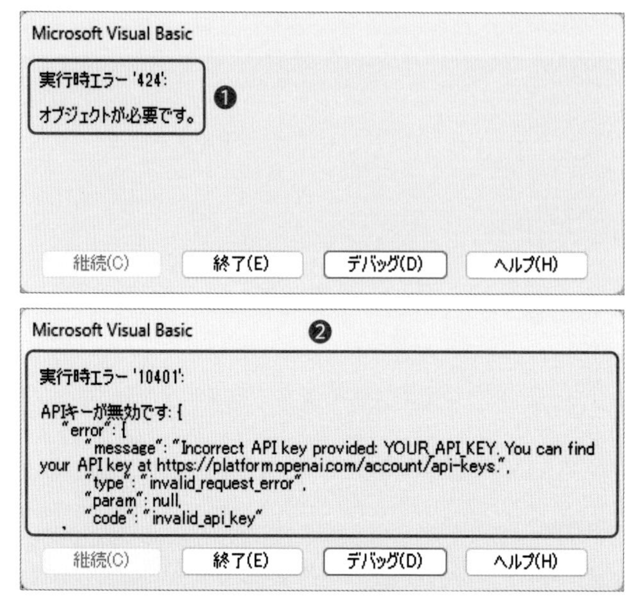

❶の表示のみだとエラーの原因が特定しにくいが❷ならエラーの原因はAPIキーが無効であるためだとわかる

このようなエラー情報の提供機能の作成にあたっては、ChatGPTが応答に含めるエラー情報について理解する必要があります。ChatGPTはエラーの詳細情報を応答メッセージに含める他、HTTPステータスコードという3桁の数字からなるコードによって応答の意味を表現しています。

■ ChatGPT APIの異常系ステータスコード

ステータスコード	意味	主な対応方法
400	API呼び出しエラー	パラメーターの設定方法が正しいことを確認
401	APIキーが無効	APIキーが正しいことを確認
429	一定時間内にAPIを呼び出せる回数を超過	しばらく待つ
500	ChatGPTサーバー内部エラー	しばらく待つ

エラー発生時にはこれらの情報をErr.Raiseの引数として渡して利用者に通知するために、以下の通りモジュールの冒頭ならびにChatGPTの呼び出しと応答データの解析との間にエラー対応のコードを追加します。

▼サンプル13_03.xlsm

```
3  Private Const BASE_ERROR_NUMBER = 10000
```

```
21     If client.Status >= 500 Then
22         Err.Raise BASE_ERROR_NUMBER + client.Status, _
23         Description:=" サーバーエラー（しばらくたってからやり直してください）: " & _
24         client.responseText
25     ElseIf client.Status = 400 Then
26         Err.Raise BASE_ERROR_NUMBER + 400, _
27         Description:=" クライアントエラー（呼び出し方を見直してください）: " & _
28         client.responseText
29     ElseIf client.Status = 401 Then
30         Err.Raise BASE_ERROR_NUMBER + 401, _
31         Description:="API キーが無効です: " & _
32         client.responseText
33     ElseIf client.Status > 400 Then
34         Err.Raise BASE_ERROR_NUMBER + client.Status, _
35         Description:=" その他の呼び出しエラー: " & _
36         client.responseText
37     End If
```

❶……エラー番号の設定：モジュール冒頭に追加した定数BASE_ERROR_NUMBERは、この値とChatGPTの応答ステータスコードとの和をVBAエラー番号にするためのものです。これにより、10000番台のエラーが発生したときはChatGPT連携部品によるものと素早く判断できるようになります。この値は必ずしも10000にする必要はありませんが、ExcelVBAではエラー番号512以下はシステムで利用するように予約されており、これらと重複しないようになるべく大きな値を使用するようにしましょう。

以下は、ChatGPT APIから返却される可能性のあるエラーについて、HTTPステータスコード別にユーザーに通知するメッセージを切り替える処理です。なお通知にあたっては、エラー番号、メッセージボックスに表示される説明文であるDescriptionの値、ChatGPTからの応答JSONデータ全文を引数としてErr.Raiseを呼び出してエラーを発生させます。

❷……500番台のエラー処理：HTTPステータスコードが500番台のとき、サーバー側に起因するエラーであることを意味します。ChatGPT APIの処理の不具合となりますが、基本的には一過性のものと考えられるため時間が経ってからやり直すことをユーザーに通知します。

❸……400番のエラー処理：HTTPステータスコードが400番のとき、送信するパラメーターの内容が誤っているなど、ChatGPT APIの利用者側に起因するエラーであることを意味します。500番台のときとは違ってやり直してもエラーは解消しないため、設定を見直すべきであることをユーザーに通知します。

❹……401番のエラー処理：HTTPステータスコードが401番のとき、認証されていないリクエストであることを意味します。ChatGPT APIの場合はAPIキーが無効または指定されていないことに起因するエラーであるため、その旨ユーザーに通知します。

❺……その他400番台のエラー処理：400番台にはその他にもURLが存在しないことを示す404などがありますが、それらはまとめてその他のエラーとして処理します。利用者は応答メッセージの内容から状況を把握し、対応方法を検討することができます。

エラーが発生するようにAPIキーに空文字列を設定して実行すると冒頭のような原因不明なエラーメッセージではなく、APIキーが無効であることが一目瞭然になりました。この他にもパラメーターの値を不適切なものにするなどして、エラーの原因がわかりやすくなっているか確認してみてください。

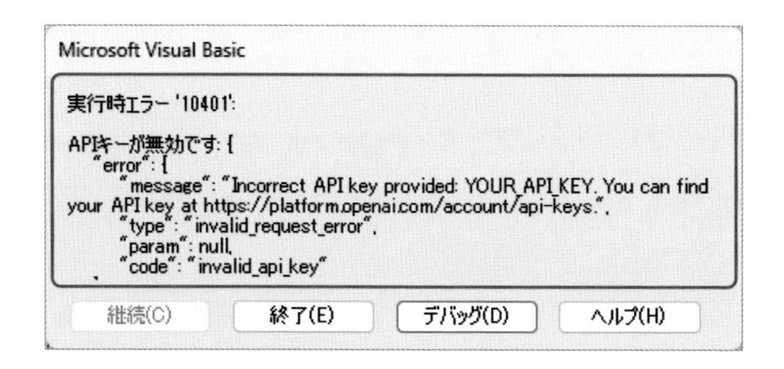

文脈を維持した会話への対応

要件の❹文脈を維持した会話に対応します。複数ターンに渡る対話を行うアシスタントツールを作成するためには必須な機能といえるでしょう。

文脈を考慮するためにはメッセージ履歴を保持し、ChatGPT APIを呼び出す都度その履歴を渡すことで実現します。Section11で解説した内容と同様な対応を行いますが、この部品をさらに便利に利用できるようにするため、履歴管理を利用者側ではなくこの部品側で対応するようにします。

まずはモジュールの冒頭に履歴として保持するメッセージ件数を定義する定数と、メッセージ履歴を保持するための変数を宣言します。

▼サンプル13_04.xlsm

```
4  Private Const HISTORY_COUNT As Integer = 10   ← メッセージ履歴の最大保持数
5  Private MessageHistories() As Dictionary     ← メッセージ履歴を格納する変数
```

次に、メッセージ履歴を管理するために以下の3つのプロシージャーを作成します。ChatGPTの呼び出し処理からメッセージ履歴処理を切り離すことで、処理の見通しをよくする他、外部のプログラムからメッセージ履歴を管理できるようにします。

- **保持されているメッセージの件数を取得するFunctionプロシージャー**
- **メッセージを履歴に追加するSubプロシージャー**
- **メッセージ履歴を削除するSubプロシージャー**

■ 保持されているメッセージの件数を取得するFunctionプロシージャー

▼サンプル13_04.xlsm

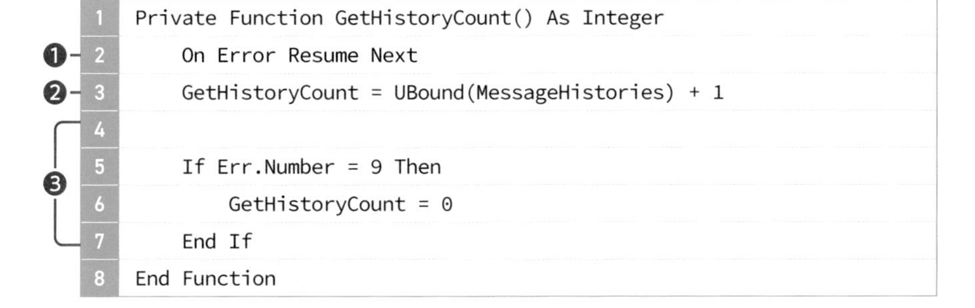

```
Private Function GetHistoryCount() As Integer
    On Error Resume Next
    GetHistoryCount = UBound(MessageHistories) + 1

    If Err.Number = 9 Then
        GetHistoryCount = 0
    End If
End Function
```

❶……エラー処理の設定：エラーが発生しても無視して処理を続行します。これはこのプロシージャーの中でのみ有効です。

❷……配列サイズの確認：引数として指定された配列のインデックスの最大値を調べるUbound関数を使用して、変数MessageHistoriesのインデックスの最大値を取得し、1を加算したものをこのFunctionプロシージャーの戻り値として返却します。

❸……エラー発生時処理：変数MessageHistoriesが初期化されたままで要素数が0であるとき、Ubound関数の実行でエラー番号9のエラーが発生します。このとき、0をこのFunctionプロシージャーの戻り値として返却します。

■ メッセージを履歴に追加するSubプロシージャー

▼サンプル13_04.xlsm

```
1  Public Sub AddHistory(message As Dictionary)
2      Dim historyCount As Integer
3      historyCount = GetHistoryCount()                    ❶
4
5      If historyCount < HISTORY_COUNT Then
6          ReDim Preserve MessageHistories(historyCount)   ❷
7      Else
8          Dim i As Integer
9          For i = 0 To historyCount - 2                   ┐
10             Set MessageHistories(i) = MessageHistories(i + 1)  ❸
11         Next                                            ┘
12     End If
13
14     Set MessageHistories(UBound(MessageHistories)) = message   ❹
15 End Sub
```

❶……現在の要素数の取得：メッセージ履歴配列に格納されている現在のメッセージの件数を取得します。

❷……最大件数に達していない場合の処理：現在の要素数を最大インデックスとして配列長を1拡張します。

❸……最大件数に達している場合の処理：現在格納されている要素を、1ずつインデックス番号が小さい要素として移動します。これにより、末尾の要素を上書きできるように準備します。

❹……メッセージの履歴への追加：引数として受け取ったメッセージを配列の末尾に格納します。

■ メッセージ履歴を削除する

▼サンプル13_04.xlsm

```
1  Public Sub ClearHistories()
2      Erase MessageHistories     ❶
3  End Sub
```

❶……メッセージ履歴の削除：配列に格納されている要素を削除するだけではなく、配列の要素数をゼロにしないとChatGPT APIの呼び出しに失敗してしまいます。そのため、配列の要素を削除するだけではなく配列長も0にするEraseステートメントを使用します。

Column

メッセージ履歴管理の図解

頭の中だけでは想像しづらい部分があるので図解しました。はじめにメッセージ履歴配列の要素の数がHISTORY_COUNTに達していないとき、配列を拡張して末尾の要素として追加します。次に既にHISTORY_COUNTに達しているときは、もう配列は拡張できないので、1つずつ要素をずらします。更新後の配列の先頭要素には現在の2番目の要素、更新後の2番目の要素には現在の3番目の要素・・・と進めていくと、更新後の配列の末尾の要素に空きができ、ここに最新のメッセージを格納します。頭の中で整理しづらいときは皆さんも紙に書くなどしてイメージを確認しながら設計やコードに落とし込みましょう。

❷HISTORY_COUNT=10に達していないとき

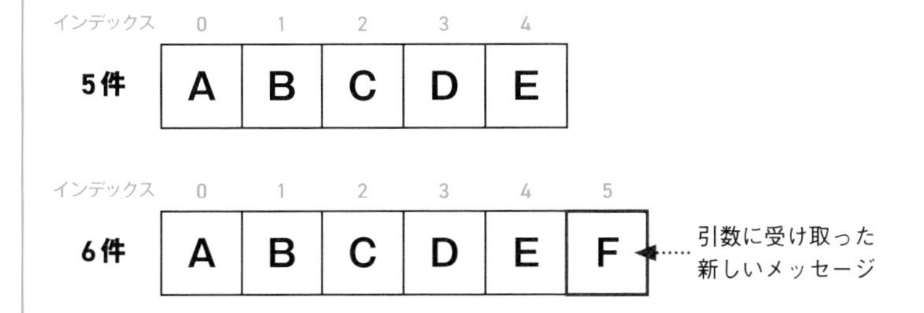

❸HISTORY_COUNT=10に達しているとき

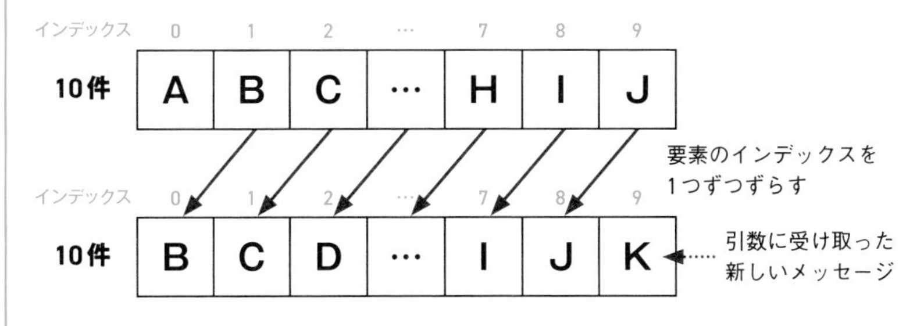

処理が正しく動作することを確認するため、以下のテスト用のサブプロシージャーを作成して実行しましょう。このテスト用のプロシージャーは、メッセージ履歴配列に格納されている末尾の要素を取り出して、content要素の値に1を加算したものを新たにメッセージ履歴配列に格納した上で、現在の履歴保持件数と先頭および末尾のメッセージのcontent要素の値をイミディエイトウィンドウに表示するものです。1回につき1件ずつメッセージの追加が行われるため、10数回繰り返して実行してみましょう。

▼サンプル13_04.xlsm

```
1  Private Sub HistoryTest()
2      Dim count As Integer
3      count = GetHistoryCount()
4  
5      Dim content As Integer
6      If count > 0 Then
7          content = MessageHistories(count - 1)("content") + 1
8      Else
9          content = 0
10     End If
11 
12     Dim message As New Dictionary
13     message.Add "content", content
14     AddHistory message
15 
16     Debug.Print "履歴保持数：" & CStr(UBound(MessageHistories) + 1) & " / " & _
17         "先頭メッセージ：" & MessageHistories(0)("content") & " / " & _
18         "末尾メッセージ：" & MessageHistories(UBound(MessageHistories))("content")
19 End Sub
```

▼応答メッセージ

```
履歴保持数：1 / 先頭メッセージ：0 / 末尾メッセージ：0
履歴保持数：2 / 先頭メッセージ：0 / 末尾メッセージ：1
履歴保持数：3 / 先頭メッセージ：0 / 末尾メッセージ：2
履歴保持数：4 / 先頭メッセージ：0 / 末尾メッセージ：3
履歴保持数：5 / 先頭メッセージ：0 / 末尾メッセージ：4
履歴保持数：6 / 先頭メッセージ：0 / 末尾メッセージ：5
```

```
履歴保持数: 7 / 先頭メッセージ: 0 / 末尾メッセージ: 6
履歴保持数: 8 / 先頭メッセージ: 0 / 末尾メッセージ: 7
履歴保持数: 9 / 先頭メッセージ: 0 / 末尾メッセージ: 8
履歴保持数: 10 / 先頭メッセージ: 0 / 末尾メッセージ: 9
履歴保持数: 10 / 先頭メッセージ: 1 / 末尾メッセージ: 10
履歴保持数: 10 / 先頭メッセージ: 2 / 末尾メッセージ: 11
履歴保持数: 10 / 先頭メッセージ: 3 / 末尾メッセージ: 12
履歴保持数: 10 / 先頭メッセージ: 4 / 末尾メッセージ: 13
履歴保持数: 10 / 先頭メッセージ: 5 / 末尾メッセージ: 14
```

イミディエイトウィンドウに表示された履歴によると、履歴保持数10件にはじめて到達するまでは先頭メッセージの値が0、末尾のメッセージは保持数-1となっています。しかしながらそれ以降は履歴保持数は定数HISTORY_COUNTで指定した値で頭打ちとなり、先頭メッセージと末尾メッセージの値が1回につき1ずつ大きくなっています。つまり、新たなメッセージを追加する度に古いメッセージが押し出されているといえるでしょう。

また、ここで追加したメッセージを削除するために、SubプロシージャーClearHistoriesをそのまま実行します。

▼サンプル13_04.xlsm

```
1 Public Sub ClearHistories()
2     Erase MessageHistories
3 End Sub
```

最後に、正常に削除されたことを確認するため、もう一度テスト用のSubプロシージャーHistoryTestを実行してみましょう。履歴の保持数が今回追加した分の1件のみとなっており、先ほど追加した10件は正しく削除されていることがわかりました。

▼応答メッセージ

```
履歴保持数: 1 / 先頭メッセージ: 0 / 末尾メッセージ: 0
履歴保持数: 2 / 先頭メッセージ: 0 / 末尾メッセージ: 1
```

ChatGPT APIの利用を簡易化する

最後に文脈の維持に加えて、要件❺の簡単に利用できるようにするための対応を検討します。簡単かどうかというのは主観的なものですが、利用の際に必要となる技術的要素を少なくすることが簡易化に繋がるため、ここではChatGPT APIの仕様を知らなくても利用できることを以て簡易化とします。

- **プロンプトをmessageの形式ではなく文字列として受け取る**
- **戻り値をmessageのコレクションではなく応答文言の文字列として返却する**

それでは、先ほど作成した履歴管理プロシージャーを使ってChatGPT APIと文脈を維持した対話を、上記で定義したように簡単に利用できるようなFunctionプロシージャーChatCompletionContextを以下の通り作成しましょう。

ChatCompletionContextでは、引数としてmessagesのようなDictionary型の配列ではなく、userMessageContentやsystemMessageContentといったString型の値を受け取っています。また戻り値もString型の値であるため、このプロシージャーの利用者はChatGPTのメッセージ構造を理解することなく利用できるようになっています。

▼サンプル13_05.xlsm

```
1  Public Function ChatCompletionContext( _
2      userMessageContent As String, _
3      Optional systemMessageContent As String, _
4      Optional model As String = "gpt-3.5-turbo", _
5      Optional temperature As Single = 1, _
6      Optional max_tokens As Integer = 0 _
7  ) As String
8
9      Dim messages() As Dictionary          ─┐
10     Dim maxIndex As Integer                ❶
11     maxIndex = -1                         ─┘
12
```

```
13      If systemMessageContent <> "" Then
14          ReDim Preserve messages(0)
15          maxIndex = 0
16
17          Dim systemMessage As New Dictionary
18          systemMessage.Add "role", "system"
19          systemMessage.Add "content", systemMessageContent
20          Set messages(0) = systemMessage
21      End If
22
23      If GetHistoryCount > 0 Then
24          Dim i As Integer
25          For i = 0 To UBound(MessageHistories)
26              ReDim Preserve messages(maxIndex + 1)
27              maxIndex = UBound(messages)
28              Set messages(UBound(messages)) = MessageHistories(i)
29          Next
30      End If
31
32      ReDim Preserve messages(maxIndex + 1)
33      Dim userMessage As New Dictionary
34      userMessage.Add "role", "user"
35      userMessage.Add "content", userMessageContent
36      Set messages(UBound(messages)) = userMessage
37
38      Dim choices As Collection
39      Set choices = ChatCompletion(messages, model, temperature, 1, max_tokens)
40      Dim assistantMessage As Dictionary
41      Set assistantMessage = choices(1)("message")
42
43      AddHistory userMessage
44      AddHistory assistantMessage
45
46      ChatCompletionContext = assistantMessage("content")
47  End Function
```

(❷: lines 13–21, ❸: lines 23–30, ❹: lines 32–36, ❺: lines 38–41, ❻: lines 43–44)

❶……配列の初期化：ChatGPTに送信するメッセージを格納する変数messagesや、配列初期化用のインデックスとして使う変数を宣言・初期化します。

❷……systemメッセージの格納：引数systemMessageContentが渡された場合、roleをsystemとするメッセージを作成し、変数messagesに追加します。

❸……メッセージ履歴の格納：先ほど作成したGetHistoryCountプロシージャーを使用してメッセージ履歴配列の要素数を取得し、要素がある場合にはすべて変数messagesに追加します。

❹……今回送信するユーザー入力メッセージの格納：変数messagesの末尾に今回のユーザーからの入力を格納します。

❺……ChatGPTの呼び出し：作成したパラメーターを使用して、本節の最初に作成したFunctionプロシージャーChatCompletionを呼び出しています。ターンごとに含める履歴には選択肢を含めず1件とするため、引数として渡すnの値は常に1にしています。

❻……履歴に追加：先ほど作成したAddHistoryプロシージャーを使用して履歴にユーザーからの入力とChatGPTからの応答をメッセージ履歴配列に格納しています。ユーザーからの入力の履歴への追加を❹の直後ではなくここで行っている理由は、❺の処理でエラーとなった際にユーザーからの入力だけが履歴に残ってしまうことを防ぐためです。必ずペアで1ターンとして保持するようにしています。

動作確認のために、ChatCompletionContextを呼び出すためのテスト用のプロシージャーを以下の通り作成しましょう。

実行してテキストボックスが表示されたらメッセージを入力します。しばらくすると入力した内容とChatGPT APIからの応答メッセージがイミディエイトウィンドウに表示されます。

▼サンプル13_05.xlsm

```
1  Private Sub ChatCompletionContextTest()
2      Dim inputText As String
3
4      Do
5          inputText = InputBox("ChatGPTへの入力")
6          If inputText = "" Then
7              Exit Do
8          End If
9
10         Debug.Print "User: " & inputText
11         Debug.Print "Assistant: " & ChatCompletionContext(inputText)
12     Loop
13 End Sub
```

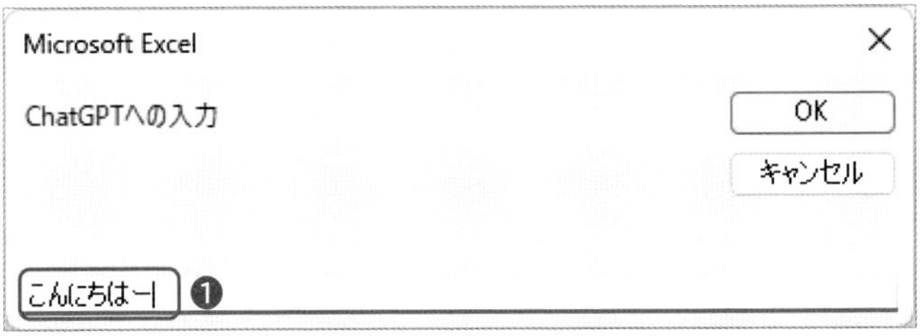

Microsoft Excel

ChatGPTへの入力

OK

キャンセル

こんにちはー ❶

❶テキストボックスにメッセージを入力すると❷イミディエイトウィンドウに応答メッセージが表示される

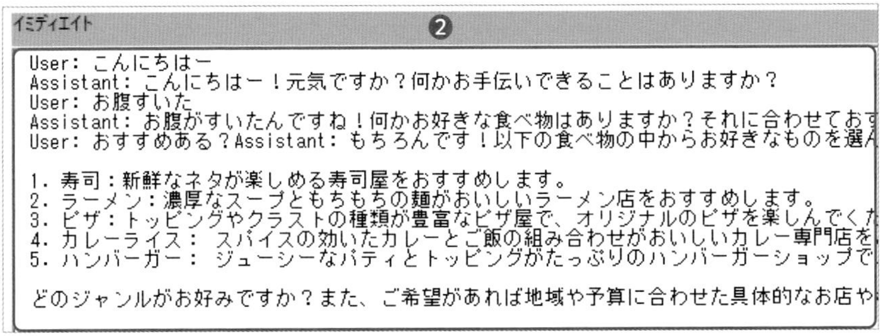

イミディエイト ❷

```
User: こんにちはー
Assistant: こんにちはー！元気ですか？何かお手伝いできることはありますか？
User: お腹すいた
Assistant: お腹がすいたんですね！何かお好きな食べ物はありますか？それに合わせておす
User: おすすめある？Assistant: もちろんです！以下の食べ物の中からお好きなものを選ん

1. 寿司：新鮮なネタが楽しめる寿司屋をおすすめします。
2. ラーメン：濃厚なスープともちもちの麺がおいしいラーメン店をおすすめします。
3. ピザ：トッピングやクラストの種類が豊富なピザ屋で、オリジナルのピザを楽しんでくだ
4. カレーライス： スパイスの効いたカレーとご飯の組み合わせがおいしいカレー専門店を
5. ハンバーガー： ジューシーなパティとトッピングがたっぷりのハンバーガーショップで

どのジャンルがお好みですか？また、ご希望があれば地域や予算に合わせた具体的なお店や
```

※この画像では後述の応答メッセージとは異なる内容が表示されています。

▼応答メッセージ

```
User: こんにちはー
Assistant: こんにちは！私はAIアシスタントです。何かお手伝いできることがあります
か？
User: お腹すいた
Assistant: お腹が空いたとのことですね。ご飯を食べる時間でしょうか？それとも軽食を摂
るだけで済ませたいですか？もしご飯を食べる時間だったら、おすすめのレストランや料理など
ありますか？教えていただければ、お役に立てるかもしれません。
User: おすすめある？
Assistant: どのようなタイプの料理が好きですか？例えば、和食、イタリアン、中華料理、
フレンチなどがあります。また、予算によってもおすすめできる店舗が異なります。教えていた
だければ、より具体的なアドバイスを差し上げることができます。
User: 500円以内で
Assistant: 500円以内でお腹を満たすなら、コンビニやパン屋さんがおすすめです。コン
ビニではおにぎりやサンドイッチ、カップ麺、お弁当などが手軽に買えます。また、パン屋さん
ではクロワッサンやメロンパン、食パンなどがおいしいです。定食屋やラーメン店でも500円
以下のメニューがある場合がありますので、周辺を探してみると良いでしょう。
```

3ターン目以降はユーザーからは食事に関する文言を伝えていないにも関わらず、ChatGPTからは食事に関する応答が得られていることから、正しく履歴管理できているといえるでしょう。

以上で、要件定義したすべての機能を実装したChatGPT部品の完成です。ここまでの内容で皆さんが得たものは、Excel VBAからChatGPT APIを活用する準備だけではありません。ChatGPT APIの操作について、実践を通じた確かな理解が得られているはずです。業務への活用はChapter 3からが本番ですが、現時点でも職場におけるChatGPT APIの第一人者として自信を持っても良いでしょう。

Column

技術の活用において一番大切なこと

2023年現在、あらゆる企業で生成AIの活用について活発な議論が行われています。そこにはデジタルトランスフォーメーションのコンサルタントや、AIの専門家を名乗る方々が多数参画していたり、難解な専門用語で大仰なビジネス戦略が議論されていたりして、やや気後れしてしまうかもしれません。しかしながら、確かに彼／彼女らは様々な技術情報や海外の事例に精通しているのかもしれませんが、技術の活用において一番大切なのはそれを触ったことがある経験、とりわけ、自身の業務に役立てようと壁にぶつかりながらも本気で取り組み乗り越えてきた経験です。したがって、本書に沿って学習を進められている読者の皆さんにとっては、全く恐れる必要はありません。Chapter 3以降はExcelとChatGPTを繋いで様々な実用性重視のテクニックをご紹介していきます。経験値のボーナスステージに、いざ飛び込みましょう！

Chapter

3

ChatGPTを Excelと組み合わせる 基本テクニック

表計算ソフトであるExcelは、一覧表形式での数値計算や分析といったデータ管理のみならず、ドキュメントや申請フォームの作成などマルチな用途で活躍する業務の中心的なツールのひとつです。このChapterではExcelの代表的な機能や利用方法とChatGPTとを組み合わせる基本的なテクニックについて具体的な例を通じて解説します。

Section

14 ChatGPTアシスタントの作成

一番使うツールの土台を作る

ChatGPT APIを利用することでExcel VBAのあらゆる処理にChatGPTを組み合わせることができるようになりますが、それでもやはり、一番利用するのは対話形式による質問や相談でしょう。特に文脈を保持したやり取りの中で段階的に目的を達成していける点は、従来の検索エンジンとは一線を画しています。

そこでこのSectionでは、ChatGPTをWebブラウザー以外から利用するはじめてのツールとして、Webブラウザーからの利用と同じような対話型のChatGPTアシスタントツールを作ります。まずは基本機能のみを実装しますが、後のSectionでExcel VBAで作成するからこその機能を拡充するための土台となります。

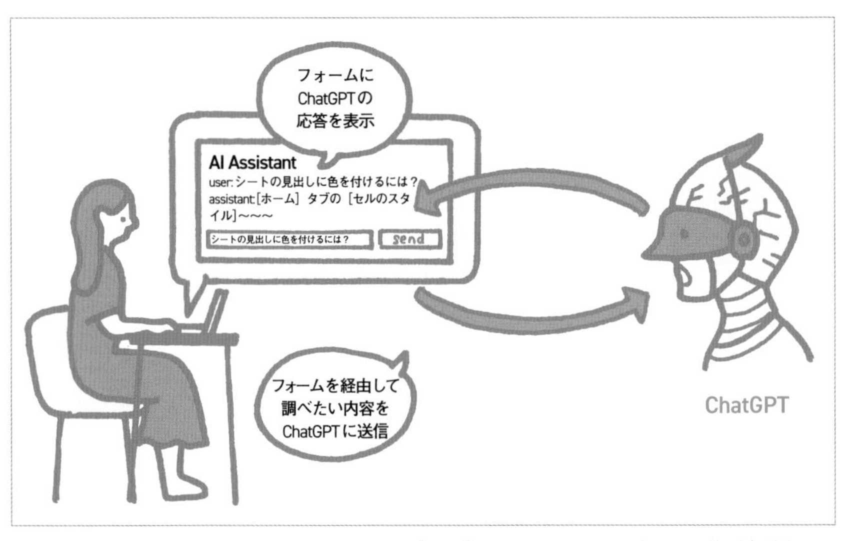

ChatGPTへの質問をテキストボックスに入力し、［Send］ボタンをクリックすると回答が表示されるユーザーフォームを作成する

ユーザーフォームの作成

ユーザーフォームは、コントロールと呼ばれる部品を配置して、オリジナルのユーザーインターフェイスを作成できる機能です。配置したフォームやコントロールの初期設定はプロパティウィンドウで行います。まずはプロジェクトエクスプローラーでユーザーフォームを作成しましょう。フォームの名前をプロシージャー内で指定するため、オブジェクト名はわかりやすい名前を設定します。任意で構いませんが、ここでは「AIAssistant」としました。フォームの大きさは、テキストを入力したり応答を閲覧したりしやすい大きさにしましょう。

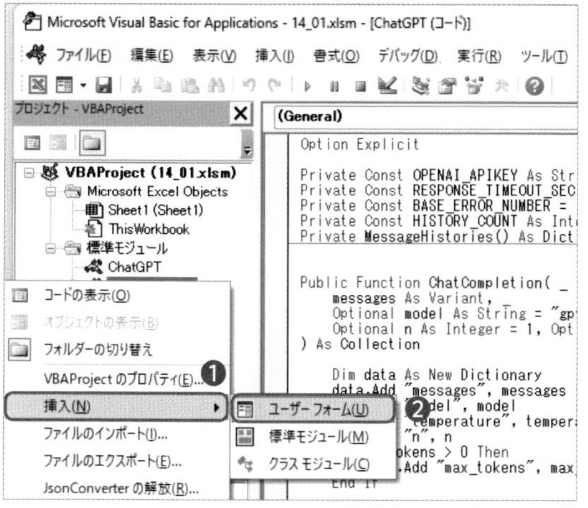

プロジェクトエクスプローラーを右クリックし❶［挿入］-❷［ユーザーフォーム］をクリック

ユーザーフォームが挿入されたら、❸右端にマウスポインターを合わせ、ドラッグしてサイズを調整

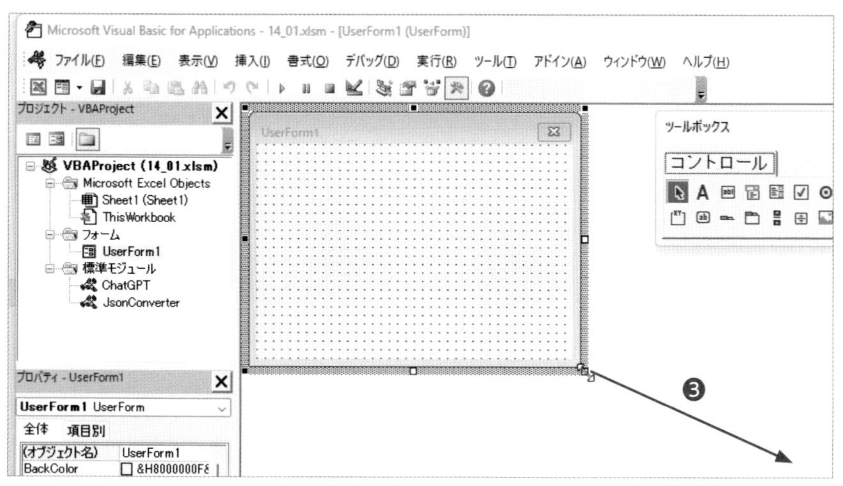

プロパティウィンドウで❹［(オブジェクト名)］を「AIAssistant」に、❺［Caption］を「AI Assistant」に変更。

コントロールの配置

続いてフォーム上にテキストボックスやボタンなどの部品を配置していきます。ここで配置する部品は以下の通りです。コントロールは、フォームをクリックすると表示されるツールボックスから配置したい部品を選び、フォーム上でドラッグして追加します。ツールボックスが表示されない場合は、［表示］-［ツールボックス］をクリックしましょう。

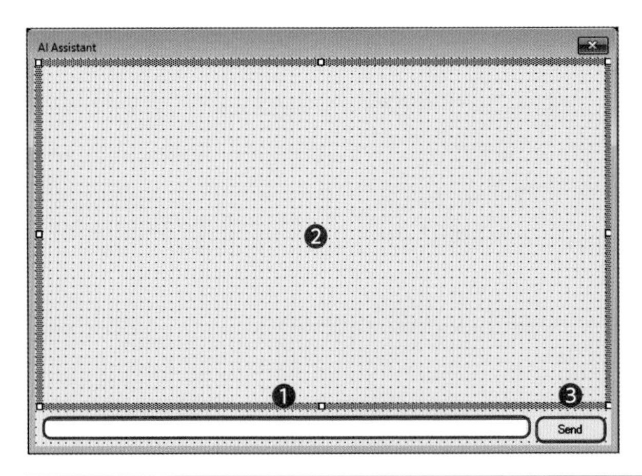

番号	コントロール	説明
❶	TextBox1	入力テキストボックス。ChatGPT への要求文言を入力します
❷	TextBox2	会話履歴テキストボックス。要求と ChatGTP からの応答を履歴として表示します
❸	CommandButton1	送信ボタン。入力した文言を ChatGPT に送信します

プロパティの変更点

■ **UserForm**

プロパティ名	設定	説明
(オブジェクト名)	AIAssitant	わかりやすい名前に変更します
Caption	AI Assitant	タイトルバーに表示される文字列。わかりやすいものに変更します
ShowModal	False	ユーザーフォームをモーダルウィンドウで表示しないようにします。これにより、ウィンドウを表示したままExcel ワークシート等の操作が可能です

■ **TextBox1**

変更点なし

■ **TextBox2**

プロパティ名	設定	説明
BackStyle	0	標準の白背景ではなく透明にし、フォームの色をそのまま表示します
Locked	True	ユーザーにより編集できないようにします。選択やコピーはできます
MultiLine	True	複数行の表示に対応します
ScrollBars	2	垂直スクロールバーのみ表示します
SpecialEffect	0	奥行きを表現せず平らにします

■ **CommandButton1**

プロパティ名	設定	説明
Caption	Send	送信ボタンとしてふさわしい文言を設定します

フォームを表示する処理の作成

ユーザーフォームは作成しただけでは利用できません。Excelのアプリケーション上に表示するための処理が必要です。これには、表示される側であるユーザーフォームと、表示させる側である標準モジュールの両方に処理を追加します。

ユーザーフォーム側に処理を作成するにはフォームのコードウィンドウを表示します。プロジェクトエクスプローラーでユーザーフォームを右クリックして、［コードの表示］を選択しましょう。なお、同じメニュー内の［オブジェクトの表示］をクリックするとフォームウィンドウが表示されます。

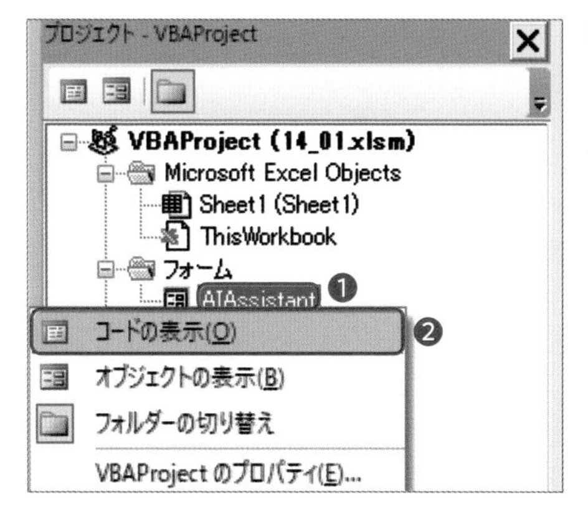

❶ユーザーフォームを右クリックし❷［コードの表示］をクリック。［オブジェクトの表示］をクリックするとフォームウィンドウが表示される

コードウィンドウが表示されたら、以下の通りアシスタントツールのユーザーフォームを表示するSubプロシージャーShowAssistantを作成します。初期化処理として以前の会話内容が今回の会話に影響を与えないように会話の履歴を削除しています。このプロシージャーはこの後作成する標準モジュールから呼び出されます。

▼サンプル14_01.xlsm

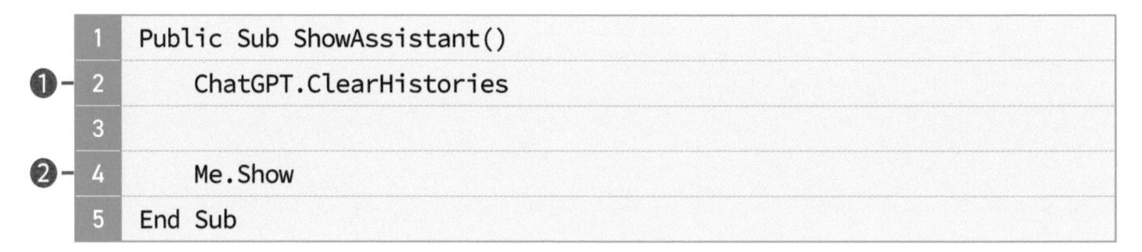

```
1  Public Sub ShowAssistant()
2      ChatGPT.ClearHistories        ' ❶
3
4      Me.Show                       ' ❷
5  End Sub
```

❶……履歴の削除：新たに開始する会話が以前の会話の内容に影響されないように、ツールを起動する前に履歴を削除します

❷……フォームの表示：フォームのShowメソッドを使用してフォームを表示します。ここではMeはユーザーフォームのインスタンスを指します

次に標準モジュール側の処理を作成します。プロジェクトエクスプローラーを右クリックして表示されるメニューから［挿入］-［標準モジュール］を選択してください。追加された標準モジュールの名称はChapter3に変更しましょう。

ここに先ほど作成したShowAssistantを呼び出すSubプロシージャーShowAIAssistantを作成します。実行してユーザーフォームが表示されることを確認してください。

▼サンプル14_01.xlsm

```
1  Public Sub ShowAIAssistant()
2      AIAssistant.ShowAssistant
3  End Sub
```

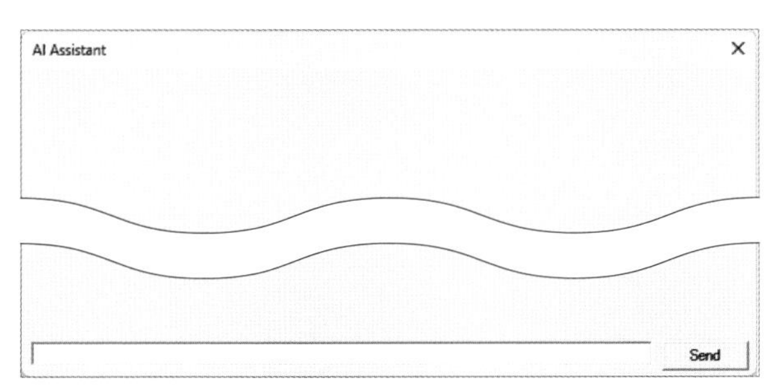

ShowAIAssistantを実行するとユーザーフォームが表示される

対話機能の作成

このツールのメイン処理ともいえるChatGPTの呼び出し部分やその結果の表示する部分を作りましょう。フォームに配置したコマンドボタン「CommandButton1」がクリックされたときに実行するプロシージャーを以下の通り作成します。また、フォームモジュールの冒頭に利用モデルを指定する定数CHATGPT_MODELを宣言します。

▼サンプル14_02.xlsm

```
1  Private Const CHATGPT_MODEL As String = "gpt-3.5-turbo"
```

```
1  Private Sub CommandButton1_Click()
2      CommandButton1.Caption = "Thinking..."    ❶
3      CommandButton1.Enabled = False            ❶
4
5      Dim inputText As String
6      inputText = TextBox1.Text                 ❷
7      TextBox1.Text = ""                        ❷
8
```

```
9        If inputText = "" Then
10           GoTo Finally
11       End If
12
13       Dim systemContent As String
14       systemContent = "あなたはExcelに詳しいアシスタントです。ユーザーがやりたいことについて、Excelでの実現方法を答えます。"
15
16       On Error GoTo Finally
17       Dim responseText As String
18       responseText = ChatGPT.ChatCompletionContext( _
19           inputText, systemContent, CHATGPT_MODEL)
20
21       TextBox2.Text = TextBox2.Text & _
22           "user: " & inputText & vbCrLf & _
23           "assistant: " & responseText & vbCrLf
24
25   Finally:
26       If Err.Number <> 0 Then
27           MsgBox "エラー(" & CStr(Err.Number) & "): " & _
28            Err.description, vbExclamation
29       End If
30
31       CommandButton1.Caption = "Send"
32       CommandButton1.Enabled = True
33       TextBox1.SetFocus
34   End Sub
```

(❸: 18〜23行目、❹: 26〜33行目)

❶……フォームの表示切替：ChatGPTからの応答待ちの間、繰り返しボタンが押せないようにし、処理中であることがわかるようにボタンのキャプションを「Thinking...」変更します。

❷……ユーザー入力文言の取得：TextBox1に入力された内容を変数inputTextに代入し、次の入力が迅速に行えるようにTextBox1の内容をクリアします。何も入力されていない場合はこのSubプロシージャーを終了します。

❸……ChatGPTの呼び出しと結果表示：ChatGPTを呼び出して、その結果をTextBox2の画面に表示しています。入力文言を❶ではなく応答と合わせてここで表示するようにしたのは、送信結果がエラーになってしまったときに入力文言だけが履歴画面に残ってしまうのを避けるためです。

❹……最終化・エラー処理：ここにはラベルFinally:が付されており、正常に処理が進んでいる場合も❷や❸でエラーが発生した場合も必ず行われる処理を定義しています。もしエラーが起こってここに到達した場合は、エラー内容をメッセージボックスでユーザーに表示します。また、エラー有無に関わらず❶で変更したボタンの状態を元に戻す他、入力テキストボックスにフォーカスを移動して、次の入力が迅速に行えるようにしています。

ツールの準備が整いました。標準モジュールChapter3のShowAIAssistantを実行して動作確認をしてみましょう。テキストボックスに何か入力して［Send］ボタンをクリックしてしばらく待つと、入力文言と応答内容が画面上部に表示されます。さらに、会話を続けてみましょう。文脈を維持しながら対話できていることが確認できます。

▼実行結果

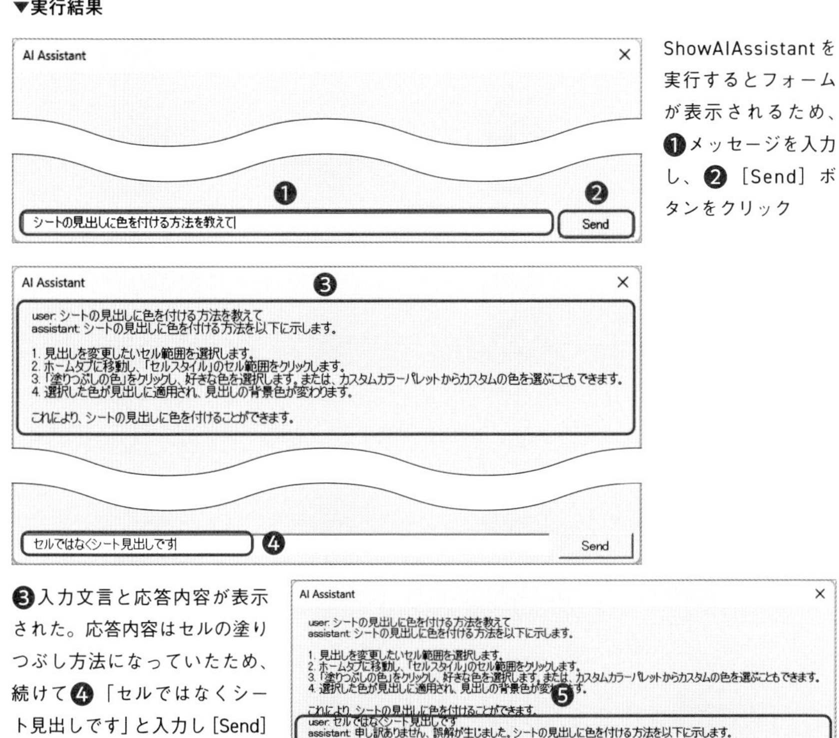

ShowAIAssistantを実行するとフォームが表示されるため、❶メッセージを入力し、❷［Send］ボタンをクリック

❸入力文言と応答内容が表示された。応答内容はセルの塗りつぶし方法になっていたため、続けて❹「セルではなくシート見出しです」と入力し［Send］ボタンをクリックすると、❺別の操作が示された。1回目の入力に引き続き、シート見出しに色を付ける方法が生成されたため、文脈を維持していることがわかる

ここまで作成したプログラムであれば、Webブラウザーで ChatGPTを利用する場合と比べて大きなメリットはありません。そこで、コンソールを自作するからこそのメリットとして、用途別プロンプトの登録・切替機能を実装していきましょう。

ChatGPTアシスタントの改良

プロンプト管理機能の追加

Webブラウザーで利用できるChatGPTと全く同じものを作るだけでは面白みがありません。せっかくExcel VBAで作るのですから、プロンプトエンジニアリングの補助機能などExcelの作業において痒いところに手が届くような機能も追加しましょう。

Webブラウザーで ChatGPT を利用する場合、異なるタイプの要求をする度に、文脈を隔離するために新しいチャットを開始してからプロンプトを入力する必要があります。そこで、前の Section で作成したツールを改良し、プルダウンで用途を選択することによってこれらの手順を省略できるような機能を具備してみましょう。この機能追加によって、例えば翻訳の後に文章の要約をお願いする場合、意図せず翻訳されてしまうことなく要約の結果を得ることができます。

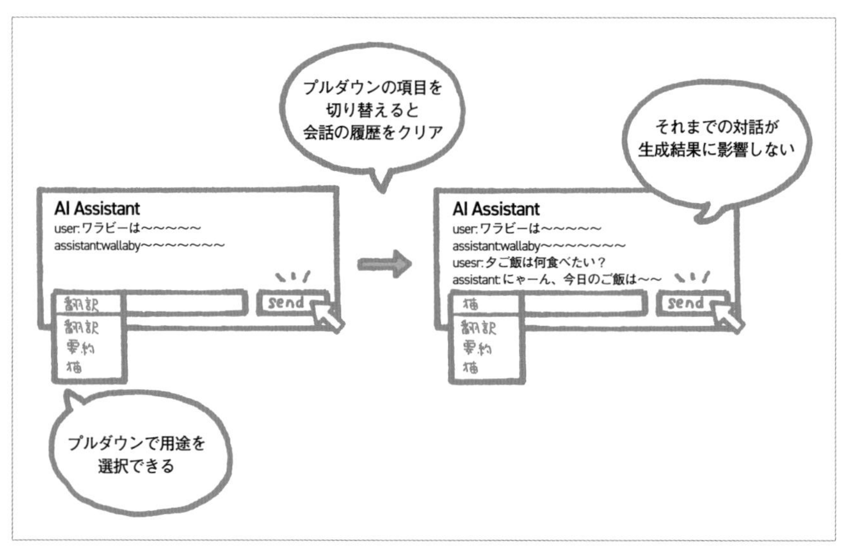

例えば、プルダウンで［翻訳］を選んだ後に用途を［猫］に切り替えても、それ以前に行ったやり取りが会話に影響しない

この機能を実現するためには、以下のようにワークシートとユーザーフォームがそれぞれの役割を果たすようにします。

❶ ワークシート：用途別のプロンプトを定義
❷ ユーザーフォームAIAssistant：用途別のプロンプト定義を利用してプロンプトを切り替え

これによってプロンプトの変更や追加にあたってVBAコードを修正する必要がなくなり、ユーザーの利便性が向上することに加えてメンテナンスが容易になります。

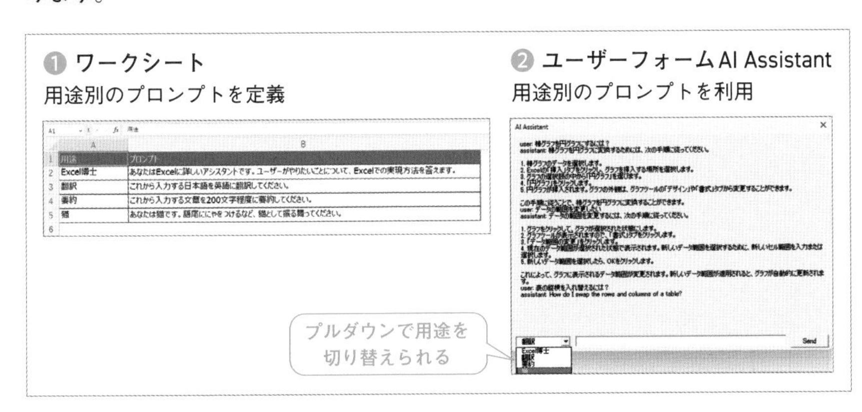

用途別にプロンプトを表形式にまとめる

まずは用途別にプロンプトの一覧をワークシートに作成します。ここではシートの名称を［Sheet1］から［用途別プロンプト管理表］に変更し、以下のように用途別の見出しとプロンプトの内容の2列で定義します。用途やその内容は例の通りでも良いですし、ご自身の業務に関係ありそうな内容にカスタマイズしても良いでしょう。

▼サンプル15_01.xlsm

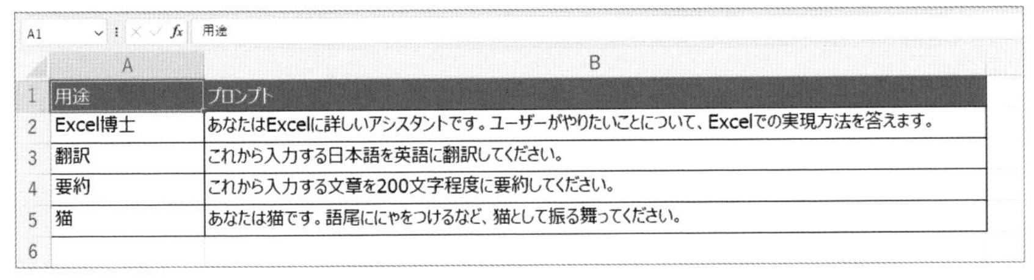

用途	プロンプト
Excel博士	あなたはExcelに詳しいアシスタントです。ユーザーがやりたいことについて、Excelでの実現方法を答えます。
翻訳	これから入力する日本語を英語に翻訳してください。
要約	これから入力する文章を200文字程度に要約してください。
猫	あなたは猫です。語尾ににゃをつけるなど、猫として振る舞ってください。

［用途］列に各用途の見出しを、［プロンプト］列に用途の内容を入力する

用途を選択するコンボボックスを配置

今度は再びVBEに戻って、ユーザーフォームを改修します。ユーザーフォーム上の操作でワークシートに定義したプロンプトを選択できるようにするため、ここではコンボボックスを配置します。プロジェクトエクスプローラーでユーザーフォーム［AIAssistant］を選択して、右クリックして表示されるメニューから［オブジェクトの表示］を選択してください。次に以下のように入力テキストボックスの長さを縮めて、空いたスペースにコンボボックスを配置します。**名称は「ComboBox1」としてください。また、配置したコンボボックスのStyleプロパティを［2 - fmStyleDropDownList］に変更して、選択した値を編集できないようにします。**

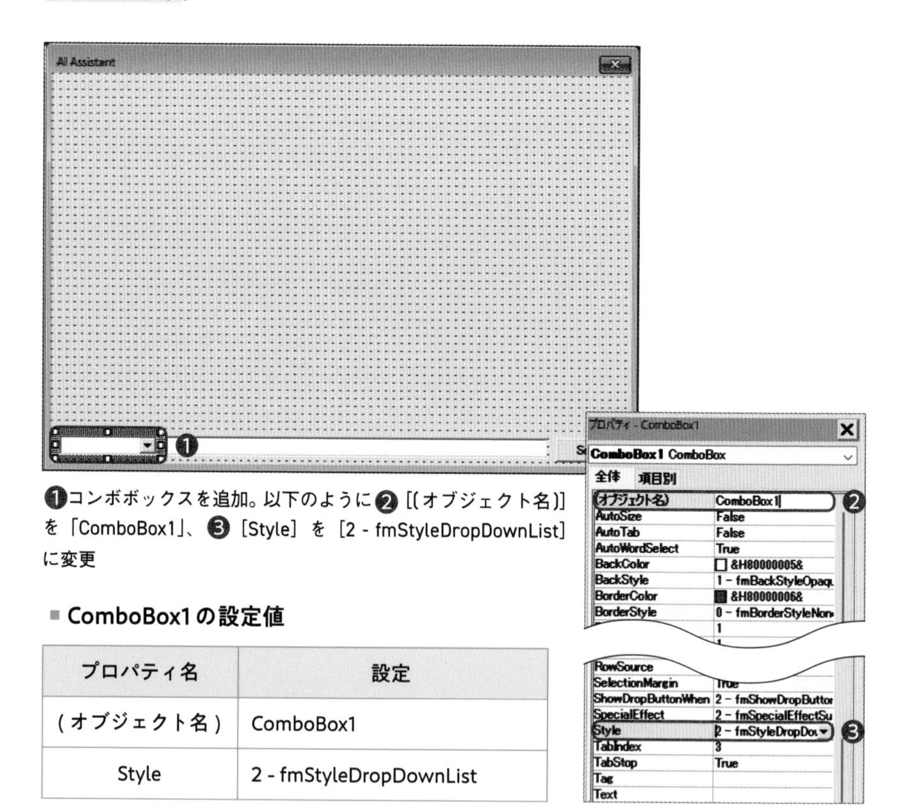

❶コンボボックスを追加。以下のように❷［(オブジェクト名)］を「ComboBox1」、❸［Style］を［2 - fmStyleDropDownList］に変更

■ ComboBox1の設定値

プロパティ名	設定
(オブジェクト名)	ComboBox1
Style	2 - fmStyleDropDownList

タスク変更時の文脈情報の削除

ここで、併せて配置したコンボボックスでアイテムを選択した際の処理を作成します。アイテムの変更はタスクの変更になりますので、変更前の会話の影響を受けないように会話履歴を削除します。例えば日本語から英語への翻訳からExcelに関する助言にタスクを変更したとき、履歴を削除することによって回答が英語になってしまうことを防止します。

コンボボックスの値を変更したときの処理を追加するには、［ComboBox1］をダブルクリックするとコードエディターに切り替わり、ComboBox1で選択されたアイテムのValueプロパティが変更したときに実行されるSubプロシージャーComboBox1_Changeが作成されます。ここに、以下のコードを追加しましょう。

▼サンプル15_01.xlsm

```
1 Private Sub ComboBox1_Change()
2     ChatGPT.ClearHistories
3 End Sub
```

フォームの表示と会話履歴を初期化する処理を作成

続いて、フォームの表示・初期化処理を変更しましょう。ワークシートに定義されたプロンプト一覧を取得して、コンボボックスにデータを設定する処理を加えます。また、フォームモジュールの冒頭に用途別プロンプト管理表のワークシート名を指定する定数PROMPT_SHEETを宣言します。

▼サンプル15_01.xlsm

```
1 Private Const PROMPT_SHEET As String = "用途別プロンプト管理表"
```

```
1 Public Sub ShowAssistant()
2     Dim sht As Worksheet
3     On Error Resume Next
4     Set sht = Sheets(PROMPT_SHEET)
5     If Err.Number <> 0 Then
6         MsgBox "用途別プロンプト管理表が見つかりません。systemメッセージなしで起動します"
7         Me.Show False
8         Exit Sub
```

❶（3〜8行目）

```
9         End If
10        On Error GoTo 0
11
12        Dim prompts()
13        prompts = sht.UsedRange.Value
14
15        ComboBox1.List = prompts
16        ComboBox1.BoundColumn = 2
17        ComboBox1.RemoveItem 0
18
19        ComboBox1.ListIndex = 0
20
21        ChatGPT.ClearHistories
22
23        Me.Show
24    End Sub
```

❶……ワークシートの取得：［用途別プロンプト管理表］のワークシートを格納する変数shtを宣言し、定数PROMPT_SHEETで指定した名称のワークシートの取得を試みます。On Error Resume Nextを使用することでワークシートが取得できない場合にもエラーにせず、systemメッセージ無しでAIAssistantを起動するようにします。

❷……プロンプトの取得：UsedRangeプロパティを使用してプロンプトの見出しと内容を二次元配列として一括して取得します。

❸……ComboBox1へのプロンプト定義の反映：Listプロパティに❷で取得したプロンプト定義を設定することで、ComboBox1に一括して選択肢を追加します。またBoundColumnプロパティにプロンプトの内容が書かれた列番号として2を設定することで、ComboBox1のValueプロパティで選択された見出しに対応するプロンプトの内容を取得できるようにします。

❹……見出し行の削除：用途別プロンプト管理表の1行目は見出し行のため、ComboBox1から先頭要素を削除します。

❺……先頭要素の選択：ComboBox1に登録されている先頭のアイテムを選択します。

対話処理の中で選択されたプロンプトを使用する

ワークシートからAIAssistantツールへのプロンプト定義の連携ができるようになったので、最後に［Send］ボタンをクリックしてChatGPTを呼び出す際にコンボボックスで選択されたモードに対応するプロンプトの内容をsystemメッセージに設定するようにします。［Send］ボタンをクリックした際に実行されるSubプロシージャーCommandButton1_Clickを以下の通り修正しましょう。

▼サンプル15_01.xlsm

```
13        Dim systemContent As String
14        systemContent = ComboBox1.Value
```

❶……プロンプト内容の取得：ComboBox1で選択されたアイテムに対応するValueプロパティの値を取得し、systemメッセージに使用する変数systemContentに設定します。

プロンプト切り替えの動作確認

これでAIAssistantツールの改修が完了しましたので、プロンプトを手軽に切り替えられることを確認してみましょう。標準モジュールのプロシージャーShowAIAssistantを実行してAIAssistantツールを起動し、まずは以下のようにExcelの機能について質問するとふさわしい回答が返ってくることを確認してください。

続いてコンボボックスを翻訳に切り替えて、別の質問をしてみましょう。Excelの質問にもかかわらず、これまでの会話に影響されることなく質問内容を英語に翻訳したものが応答メッセージとして返ってきました。その他、猫や要約を選択した場合にもふさわしい応答が得られることでしょう。

▼実行結果

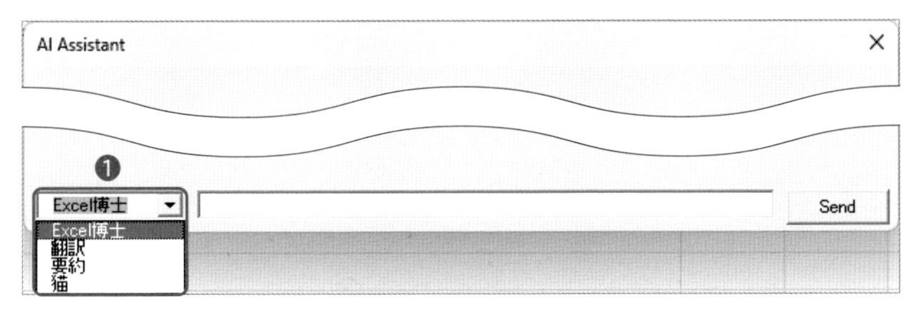

❶コンボボックスのプルダウンから用途を選択できる

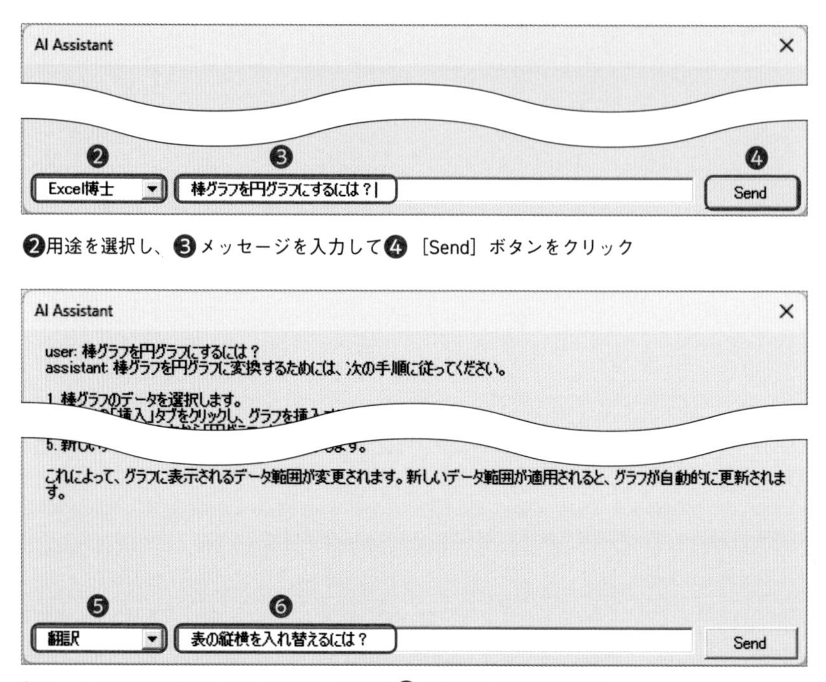

❷用途を選択し、❸メッセージを入力して❹［Send］ボタンをクリック

何ターンかやり取りをしたところで、用途を❺［翻訳］に切り替えて、❻別のメッセージを入力

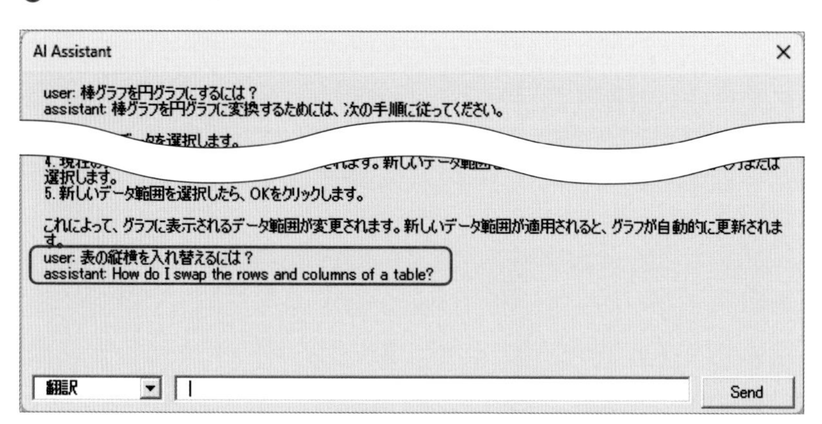

これまでの会話に影響されることなく、質問内容を英語に翻訳した応答が表示された

このように、VBAコードを変更することなくワークシートの定義を使って手軽にプロンプトを切り替えられるようになりました。操作手順が効率的になるだけではなく、業務に役立つプロンプトを継続的に改善できる他、ChatGPTを使いこなすための工夫を言伝ではなく実際に動くツールとして共有できることも大きなメリットでしょう。

Section 16 一覧表の一括処理

一覧表は業務の基本形

Excelの一覧表の内容を読み取って別の欄に入力する作業は、業界や職種を問わず多くの方が日常的に行っていることでしょう。このような作業もChatGPT APIを利用して自動化することができます。ChatGPTをWebブラウザーで利用した場合は1件ずつ要求を入力しますが、APIなら一括でできます。これはAPIを使ってこその強みです。ここではAI活用セミナーのアンケート結果を分析してその結果を入力するようなシナリオを例に解説します。

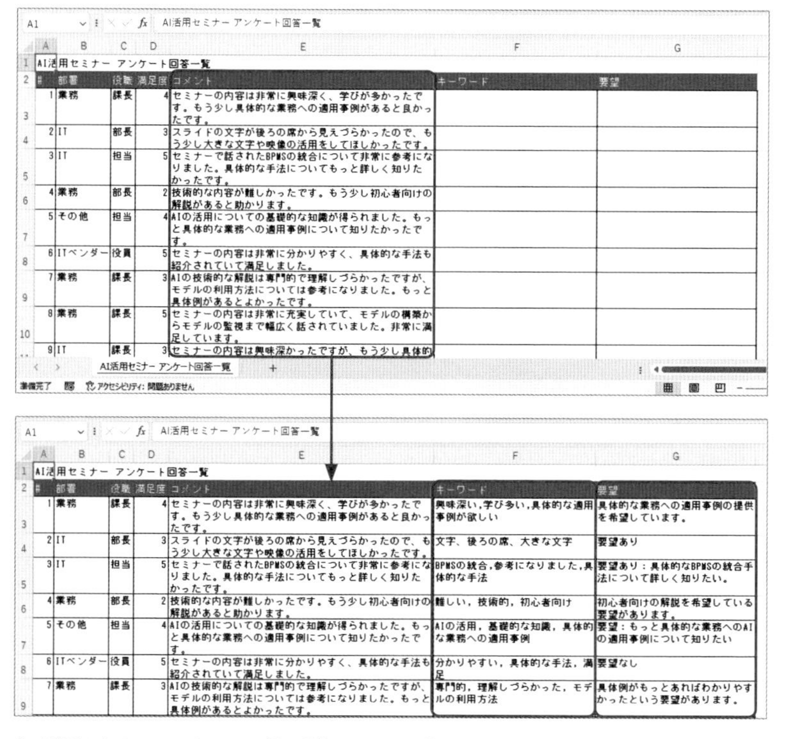

AI活用セミナー アンケート回答一覧

#	部署	役職	満足度	コメント	キーワード	要望
1	業務	課長	4	セミナーの内容は非常に興味深く、学びが多かったです。もう少し具体的な業務への適用事例があると良かったです。		
2	IT	部長	3	スライドの文字が後ろの席から見えづらかったので、もう少し大きな文字や映像の活用をしてほしかったです。		
3	IT	担当	5	セミナーで話されたBPMSの統合について非常に参考になりました。具体的な手法についてもっと詳しく知りたかったです。		
4	業務	部長	2	技術的な内容が難しかったです。もう少し初心者向けの解説があると助かります。		
5	その他	担当	4	AIの活用についての基礎的な知識が得られました。もっと具体的な業務への適用事例について知りたかったです。		
6	ITベンダー	役員	5	セミナーの内容は非常に分かりやすく、具体的な手法も紹介されていて満足しました。		
7	業務	課長	3	AIの技術的な解説は専門的で理解しづらかったですが、モデルの利用方法については参考になりました。もっと具体例があるとよかったです。		
8	業務	課長	5	セミナーの内容は非常に充実していて、モデルの構築からモデルの監視まで幅広く話されていました。非常に満足しています。		
9	IT	課長	3	セミナーの内容は興味深かったですが、もう少し具体的		

AI活用セミナー アンケート回答一覧

#	部署	役職	満足度	コメント	キーワード	要望
1	業務	課長	4	セミナーの内容は非常に興味深く、学びが多かったです。もう少し具体的な業務への適用事例があると良かったです。	興味深い,学び多い,具体的な適用事例が欲しい	具体的な業務への適用事例の提供を希望しています。
2	IT	部長	3	スライドの文字が後ろの席から見えづらかったので、もう少し大きな文字や映像の活用をしてほしかったです。	文字、後ろの席、大きな文字	要望あり
3	IT	担当	5	セミナーで話されたBPMSの統合について非常に参考になりました。具体的な手法についてもっと詳しく知りたかったです。	BPMSの統合,参考になりました,具体的な手法	要望あり：具体的なBPMSの統合手法について詳しく知りたい。
4	業務	部長	2	技術的な内容が難しかったです。もう少し初心者向けの解説があると助かります。	難しい，技術的，初心者向け	初心者向けの解説を希望している要望があります。
5	その他	担当	4	AIの活用についての基礎的な知識が得られました。もっと具体的な業務への適用事例について知りたかったです。	AIの活用，基礎的な知識，具体的な業務への適用事例	要望：もっと具体的な業務へのAIの適用事例について知りたい
6	ITベンダー	役員	5	セミナーの内容は非常に分かりやすく、具体的な手法も紹介されていて満足しました。	分かりやすい，具体的な手法，満足	要望なし
7	業務	課長	3	AIの技術的な解説は専門的で理解しづらかったですが、モデルの利用方法については参考になりました。もっと具体例があるとよかったです。	専門的，理解しづらかった，モデルの利用方法	具体例がもっとあればわかりやすかったという要望があります。

[AI活用セミナーアンケート回答一覧] シートの [コメント] 列の内容を読み取り、重要なキーワードを [キーワード] 列に、聴講者の要望を [要望] 列に入力する作業を自動化する

キーワードの抽出

聴講者の関心を把握しやすくするために、まずはコメントからキーワードを抽出していきます。従来であれば1件ずつ読んで手作業でキーワードを書き込むため、時間が掛かる上に一定の基準を保つのが難しい作業です。そこで、まずはこの作業をChatGPTにより一括処理するためのプログラムを作成します。

▼サンプル16_01.xlsm

```
1  Public Sub AnalyzeQuestionnaire()
2      Dim colComment As Integer
3      colComment = 5
4
5      Dim colKeywords As Integer
6      colKeywords = 6
7
8      Dim rowStart As Long
9      rowStart = 3
10
11     Dim messages(1) As New Dictionary
12     messages(0).Add "role", "system"
13     messages(0).Add "content", "これはセミナーのアンケート結果のコメント欄に
       書かれた文章です。ここから聴講者が感じたこととして特に重要なキーワードを最大3つ
       抽出して、"","" 区切りで列挙してください。"
14     messages(1).Add "role", "user"
15
16     Dim row As Long
17     row = rowStart
18
19     Do While ActiveSheet.Cells(row, colComment).Value <> ""
20         If ActiveSheet.Cells(row, colKeywords).Value = "" Then
21             messages(1)("content") = ActiveSheet.Cells(row,
               colComment).Value
22             ActiveSheet.Cells(row, colKeywords).Value = _
23             ChatGPT.ChatCompletion(messages)(1)("message")("content")
24         End If
25         DoEvents
26         row = row + 1
27     Loop
28 End Sub
```

❶ 2〜9行目
❷ 11〜14行目
❸ 19〜27行目

20行目：値がある場合はスキップ

❶……レイアウトの定義：[コメント] 列、[キーワード] 列、データの開始行を定義しています。

❷……メッセージの準備：systemメッセージはすべてのレコードに共通するためここで設定しているのに対し、userメッセージはレコードごとに異なるためここでは空文字列を仮に代入しています。ポイントはプロンプトで、「聴講者が感じたこととして特に重要な」という条件を付けていることです。これを削除すると多くのレコードで「セミナー」がキーワードに抽出されるなど、アンケート分析として有用ではない結果に繋がります。

❸……ChatGPTの繰り返し処理：[コメント] 列に値がある限り各行に対して繰り返しChatGPTを呼び出し、抽出されたキーワードを出力します。[キーワード] 列のセルに値がある場合はスキップすることで、ChatGPT APIの呼び出しが失敗して処理が中断された場合でも再度実行すれば一覧表の未入力部分から処理が再開されます。特にChatGPT APIの場合はアクセスの混雑等によるエラーが発生しがちであるため、ツールを開発する際はこのような呼び出しが失敗した場合の配慮を欠かさないようにしましょう。

実行すると、以下のように順次 [キーワード] 列のセルに入力されます。もしエラーが発生した場合は単純に再度実行することで途中から処理が再開されることを確認してください。エラーが発生しない場合は、Esc キーを押し続けることで処理を中断することができます。

▼実行結果

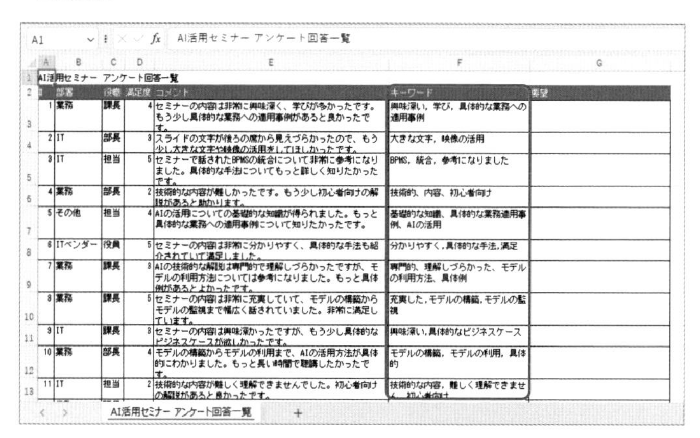

AI活用セミナー アンケート回答一覧

	部署	役職	満足度	コメント	キーワード	要望
1	業務	課長	4	セミナーの内容は非常に興味深く、学びが多かったです。もう少し具体的な業務への適用事例があると良かったです。	興味深い，学び，具体的な業務への適用事例	
2	IT	部長	3	スライドの文字が後ろの席から見えづらかったので、もう少し大きな文字や映像の活用をしてほしかったです。	大きな文字，映像の活用	
3	IT	担当	5	セミナーで話されたBPMSの統合について非常に参考になりました。具体的な手法についてもっと詳しく知りたかったです。	BPMS，統合，参考になりました	
4	業務	部長	2	技術的な内容が難しかったです。もう少し初心者向けの解説があると助かります。	技術的、内容、初心者向け	
5	その他	担当	4	AIの活用についての基礎的な知識が得られました。もっと具体的な業務への適用事例について知りたかったです。	基礎的な知識、具体的な業務適用事例、AIの活用	
6	ITベンダー	役員	5	セミナーの内容は非常に分かりやすく、具体的な手法も紹介されていて満足しました。	分かりやすく，具体的な手法，満足	
7	業務	課長	3	AIの技術的な解説は専門的で理解しづらかったですが、モデルの利用方法については参考になりました。もっと具体例があるとよかったです。	専門的、理解しづらかった、モデルの利用方法、具体例	
8	業務	課長	5	セミナーの内容は非常に充実していて、モデルの構築からモデルの監視まで幅広く話されていました。非常に満足しています。	充実した，モデルの構築，モデルの監視	
9	IT	課長	3	セミナーの内容は興味深かったですが、もう少し具体的なビジネスケースが欲しかったです。	興味深い，具体的なビジネスケース	
10	業務	部長	4	モデルの構築からモデルの利用まで、AIの活用方法が具体的にわかりました。もっと長い時間で聴講したかったです。	モデルの構築，モデルの利用，具体的	
11	IT	担当	2	技術的な内容が難しく理解できませんでした。初心者向けの解説があると良かったです。	技術的な内容，難しく理解できません、初心者向け	

AnalyzeQuestionnaireを実行すると [キーワード] 列に特に重要なキーワードと判断されたものが最大3つ入力される

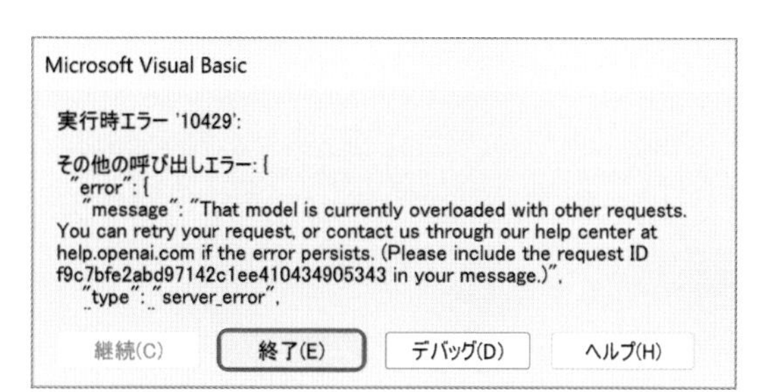

このようなエラーが表示された場合は、[終了] をクリックして再度実行すると処理が再開される

複数項目の抽出

続いて要望の抽出も行うようにします。要望抽出用のプロンプトに変更した上でもう一度各行に対する処理を作成することでも実現できますが、**今後項目が追加された場合でも処理の見通しをよくするために1つのループ処理の中でレコードに対するすべての処理を行うようにします。**

▼サンプル16_02.xlsm

```
1  Public Sub AnalyzeQuestionnaireMulti()
2      Dim colComment As Integer
3      colComment = 5
4
5      Dim colKeywords As Integer
6      colKeywords = 6
7
8      Dim colRequest As Integer      ← 要望列の定義を追加
9      colRequest = 7
10
11     Dim rowStart As Long
12     rowStart = 3
13
14     Dim messages(1) As New Dictionary
15     messages(0).Add "role", "system"
16     messages(1).Add "role", "user"
17
18     Dim row As Long
19     row = rowStart
20
21     Do While ActiveSheet.Cells(row, colComment).Value <> ""
22         messages(1)("content") = ActiveSheet.Cells(row, colComment).Value
23                                                      ← コメントの内容は共通
24         If ActiveSheet.Cells(row, colKeywords).Value = "" Then
25             messages(0)("content") = "これはセミナーのアンケート結果のコメント欄に書かれた文章です。ここから聴講者が感じたこととして特に重要なキーワードを最大３つ抽出して、"","" 区切りで列挙してください。"
26             ActiveSheet.Cells(row, colKeywords).Value = _
27             ChatGPT.ChatCompletion(messages)(1)("message")("content")
28         End If
29
```

❶ 8〜9行目　❷ 14〜16行目

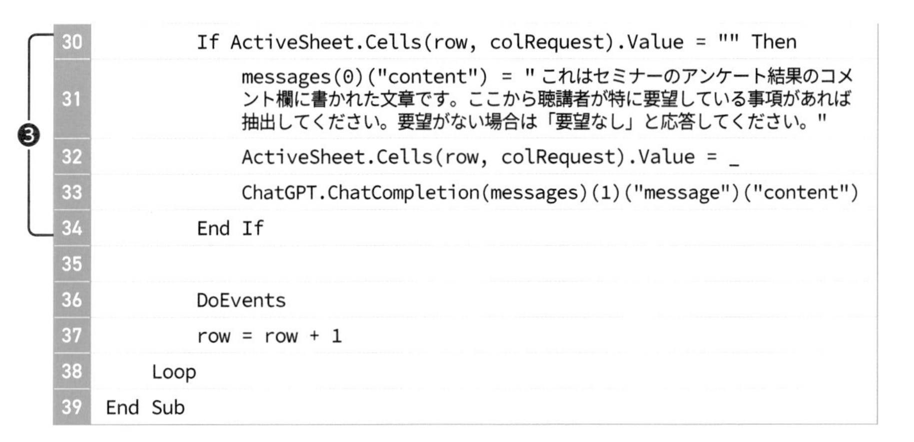

```
30            If ActiveSheet.Cells(row, colRequest).Value = "" Then
31                messages(0)("content") = "これはセミナーのアンケート結果のコメント欄に書かれた文章です。ここから聴講者が特に要望している事項があれば抽出してください。要望がない場合は「要望なし」と応答してください。"
32                ActiveSheet.Cells(row, colRequest).Value = _
33                ChatGPT.ChatCompletion(messages)(1)("message")("content")
34            End If
35
36            DoEvents
37            row = row + 1
38        Loop
39    End Sub
```

❶……レイアウト定義の追加：[要望] 列を追加しています。

❷……メッセージ定義内容の変更：systemメッセージのcontent要素はChatGPTに抽出を依頼する項目ごとに異なるため、ここでは定義しません。

❸……繰り返し処理内でのChatGPT呼び出しの追加：各行に対する処理の中で、キーワード抽出と要望抽出の2回のChatGPT呼び出しを行うようにします。列ごとにsystemメッセージの内容を切り替えているのに対し、userメッセージはそれぞれの列に共通であるためループ処理の冒頭で値を設定しています。

実行して、各行ごとにキーワード抽出と要望抽出が連続して行われることを確認しましょう。中断後に再開できることは複数項目になっても同様です。一覧表に対する一括処理はExcel VBAとChatGPTを組み合わせる際の基本形です。ここで扱ったような情報の抽出の他、要約や質問への回答下書きの作成などにも役立ちます。ChatGPTの能力を早速ご自身の業務に活用してみると良いでしょう。

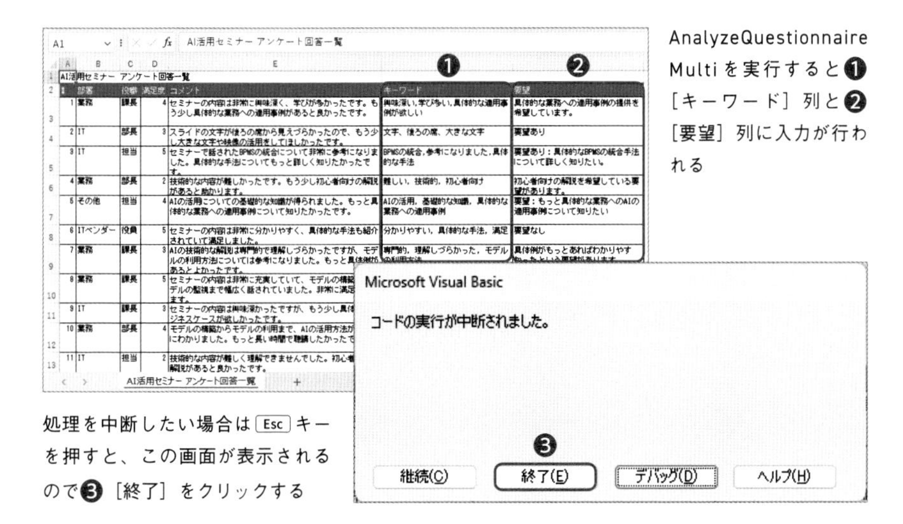

AnalyzeQuestionnaireMultiを実行すると❶[キーワード] 列と❷[要望] 列に入力が行われる

処理を中断したい場合はEscキーを押すと、この画面が表示されるので❸[終了] をクリックする

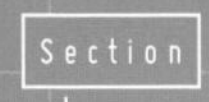

17 ワークシートからユーザー定義関数としてChatGPTを利用する

表計算ソフトらしいChatGPTの使い方

これまでの内容でアシスタントを使って都度マクロを作成することなく質問したり、マクロを組んで一覧表を一括処理したりすることができるようになりました。しかし、その中間として都度マクロを作成することなく一覧表を処理したいこともあるでしょう。

そこで、このSectionではExcelが表計算ソフトであるという基本に立ち戻り、ChatGPTをワークシートから関数として使用する方法について解説します。

▼今回作成するChatGPTを呼び出すワークシート関数

```
=GPT(inputCell, promptName, systemContent)
```

■ 引数

引数	説明
inputCell	入力対象のセル。必須。指定されたセルの内容をuserメッセージとしてChatGPTで処理
promptName	プロンプト名。省略可。inputCellの処理方法として適切なものをプロンプト管理表から指定
systemContent	systemメッセージに設定する内容。省略可。プロンプト管理表からの指定ではなく数式の中で直接設定

B4　=GPT(A2, ,"フランス語に翻訳してください。")

	A	B	C	D	E	F	G	H
1								
2	うなぎとあなごの違いは？	うなぎとあなごの違いは、生息地や体の形状、味わいなどです。うなぎは淡水で暮らし、細長						
3		What is the difference between eel and conger eel?						
4		Quelle est la différence entre l'anguille et l'anguille de rivière ?						
5								
6								

数式を入力すると、ChatGPTの応答をセルに表示するユーザー定義関数を作成する

GPT関数を使う場合は再計算に留意しよう

Excelには数式の参照先の値が変化した場合などに再計算する機能が備わっています。大変便利な反面、これから作成するGPT関数では内部でChatGPTを呼び出すため実行に時間が掛かる他、トークン数に応じて課金もされるため相性が良くありません。特に参照先のセルに間接的にでも日付や時刻を含む場合はワークシートを開いたり変更したりする度にGPT関数の再計算が行われてしまいます。そのためGPT関数の使用は一時的なものとし、得られた応答結果をコピーして数式は削除するなど工夫しましょう。

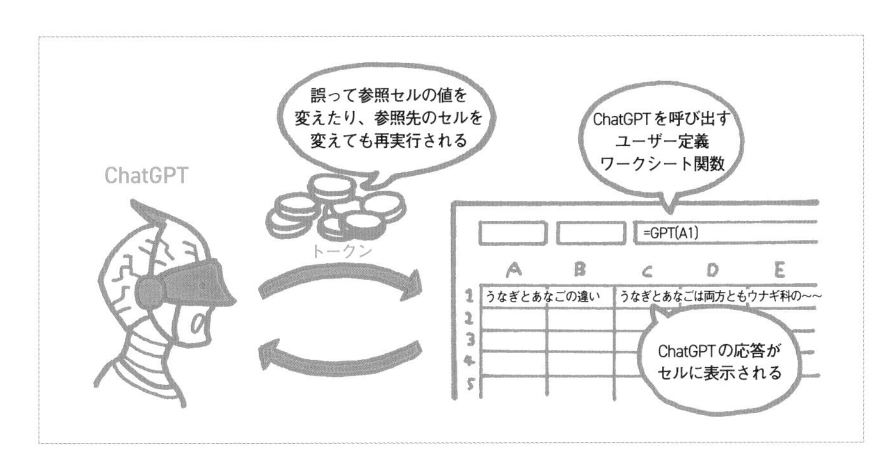

ワークシートからのユーザー定義関数の利用

Excelには選択したセルの値を合計するSUM関数、平均値を算出するAVERAGE関数など様々な関数が備わっています。これらの関数に加えて、VBAによってユーザー独自の関数を作成し、ワークシートから利用することができます。簡単な例として、指定された2つのセルの値を合計する関数を作成してみましょう。一般的なFunctionプロシージャーを作成するのと同様の手順で、以下の通り2つのセルを引数として受け取り、その値の合計値を戻り値とするFunctionプロシージャーCustomSumを作成します。

▼サンプル17_01.xlsm

```
Public Function CustomSum(cell1 As Range, cell2 As Range) As Integer
    CustomSum = cell1.value + cell2.value
End Function
```

❶…合計値のリターン：cell1とcell2の値の和をFunctionプロシージャーの戻り値に設定します。

プロシージャーを作成したら、任意のワークシートのセルA1に1、セルB1に2を入力し、セルC1に以下の通りCustomSum関数の呼び出しを入力しましょう。

▼実行結果

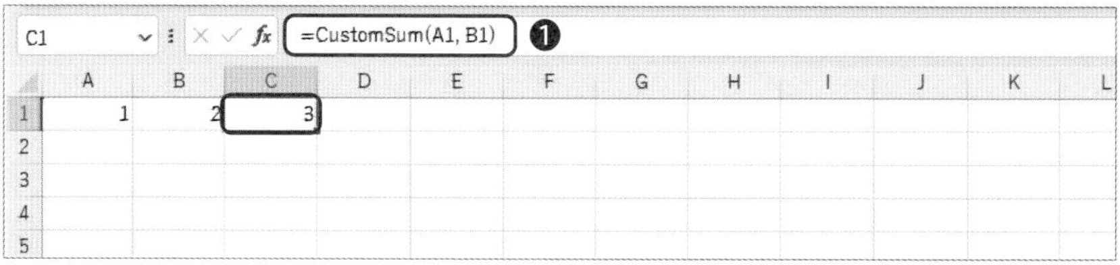

C1	=CustomSum(A1, B1) ❶										
	A	B	C	D	E	F	G	H	I	J	K
1	1	2	3								
2											
3											
4											
5											

❶セルC1に数式を入力すると、セルA1とセルB2の合計が表示される

■ セルC1の式

```
=CustomSum(A1, B1)
```

関数を入力したセルC1に2つのセルの合計値である3が表示されます。このようにFuncitonプロシージャーをワークシートから関数として呼び出せることを応用して、ChatGPTの呼び出し結果を返すユーザー定義関数を作成することもできるというわけです。

ChatGPTを呼び出すユーザー定義関数の作成

セルに入力された値をただChatGPTに送信するだけでは物足りないので、ここでは、ユーザーフォームで作成したAI Assistantのように用途別のsystemメッセージを自由に設定できるようにしていきます。そのため、まずは［用途別プロンプト管理表］シートからsystemメッセージを取得するFunctionプロシージャーGetSystemContentを作成します。用途の名前を引数nameとして渡し、一覧表の用途名と合致するものが見つかったときプロンプトの雛型を返すような処理としています。

▼サンプル17_02.xlsm

❶
```
1  Private Const PROMPT_SHEET As String = "用途別プロンプト管理表"
```

```
1  Private Function GetSystemContent(name As String) As String
2      On Error Resume Next
3      Dim sht As Worksheet
4      Set sht = Sheets(PROMPT_SHEET)
5      If Err.Number <> 0 Then
6          GetSystemContent = ""
7          Exit Function
8      End If
9      On Error GoTo 0
10
11     Dim prompts()
12     prompts = sht.UsedRange.value
13
14     Dim i As Integer
15     For i = 1 To UBound(prompts)
16         If prompts(i, 1) = name Then
17             GetSystemContent = prompts(i, 2)
18             Exit Function
19         End If
20     Next
21
22     GetSystemContent = ""
23 End Function
```
（❷: 2〜9行目、❸: 12行目、❹: 15〜20行目）

❶……用途別プロンプト管理表の定義：用途別プロンプト管理表のワークシート名を定数PROMPT_SHEETとして宣言します。

❷……ワークシートの取得：用途別プロンプト管理表のワークシートを格納する変数shtを宣言し、定数PROMPT_SHEETで指定した名称のワークシートの取得を試みます。On Error Resume Nextを使用することでワークシートが取得できない場合にもエラーにせず、空文字列をリターンします。

❸……プロンプト一覧の取得：UsedRangeプロパティを使用してプロンプトの見出しと内容を二次元配列として一括して取得します。

❹……用途に対応するプロンプトの検索：取得したプロンプト一覧の配列について、見出し行を飛ばしたインデックス番号1番から末尾の要素まで各要素について評価を行い、1列目の値が用途名と一致するとき、systemメッセージの内容が書かれた2列目の値をリターンします。

処理を作成したら、以下のテスト用プロシージャーを作成して実行してみましょう。翻訳用のsystemメッセージの内容がイミディエイトウィンドウに表示されることを確認してください。

▼サンプル17_02.xlsm

```
1  Private Sub TestGetSystemContent()
2      Debug.Print GetSystemContent("翻訳")
3  End Sub
```

▼実行結果

```
これから入力する日本語を英語に翻訳してください。
```

次に、ワークシートから呼び出す関数としてのFunctionプロシージャーGPTを作成します。必須の引数としてuserメッセージに設定する値が入力されたセルをinputCell、省略可能な引数として先ほど作成したGetSystemContentプロシージャーに渡すプロンプト用途名のpromptName、また、管理表にないsystemメッセージをインラインで指定するためのsystemContentを受け取れるようにし、VBAはもちろん［用途別プロンプト管理表］シートの変更も行わずにユーザー側で柔軟に利用できるようにしているところがポイントです。

▼サンプル17_02.xlsm

```
1  Public Function GPT(inputCell As Range, _
2      Optional promptName As String, Optional systemContent As String _
3  ) As String
4      Dim messages(1) As New Dictionary
5      messages(0).Add "role", "system"
6      If systemContent <> "" Then                                    ❶
7          messages(0).Add "content", systemContent
8      ElseIf promptName <> "" Then
9          messages(0).Add "content", GetSystemContent(promptName)
10     Else
11         messages(0).Add "content", "ユーザーの入力に対して50字程度で応答してください。"
12     End If
13     messages(1).Add "role", "user"
14     messages(1).Add "content", inputCell.value
15 
```

```
16        Dim choices As Collection
17        Set choices = ChatGPT.ChatCompletion(messages)
18
19        GPT = choices(1)("message")("content")
20    End Function
```

❶……条件に応じたsystemメッセージの設定：systemContentでインラインの指定がある場合はsystemContentの値を最優先し、次にpromptNameで用途名が指定されている場合はGetSystemContentプロシージャーを使用して取得した値、それ以外の場合はデフォルトとしてGPTプロシージャー内で指定する値をmessagesに設定します。なおデフォルトのsystemメッセージでは、短い文字列を指定することで応答メッセージが過剰に長くならないようにしています。

❷……ChatGPTの呼び出し：作成したmessagesを引数としてChatGPTを呼び出します。

❸……戻り値の設定：ChatGPTからの応答メッセージをGPTプロシージャーの戻り値に設定します。

それでは、ワークシートのセルA2に「うなぎとあなごの違いは？」と入力し、引数を変えながら関数の呼び出しを行ってみましょう。

まずはセルB2に、A2セルのみを指定して関数を呼び出します。しばらくすると、B2セルにはうなぎとあなごの違いを説明する文章が表示されます。

B2　=GPT(A2)

	A	B	C	D	E	F
1						
2	うなぎとあなごの違いは？	=GPT(A2)				
3						
4						
5						
6						

セルA2に「=GPT(A2)」と入力

■ セルB2の式

```
=GPT(A2)
```

▼実行結果

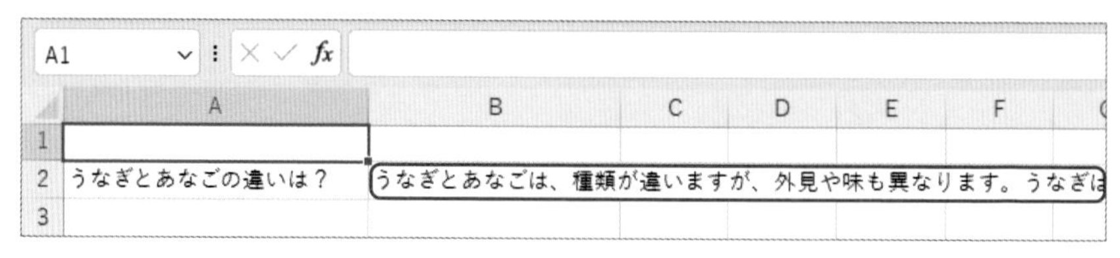

セルA2に入力された質問に対するChatGPTの回答が表示された

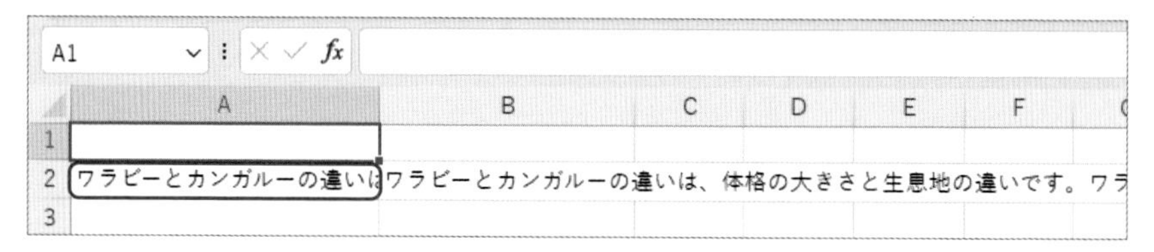

セルA2の内容を変更（ここでは「ワラビーとカンガルーの違いは？」と入力）すると、再計算が行われセルB2の内容も変わる

次にセルB3に、用途として翻訳を指定して関数を呼び出します。今度は質問に答えるのではなく、うなぎとあなごの違いを問う質問を英語に翻訳したものが表示されます。

▼実行結果

B3 fx =GPT(A2, "翻訳")

	A	B	C	D	E	F
1						
2	うなぎとあなごの違いは？	うなぎとあなごの違いは、生息地や体の形状、味わいなどです。うなぎ				
3		What is the difference between eel and conger eel?				
4						
5						

セルA2に入力した内容がChatGPTによって翻訳された

■ セルB3の式

```
=GPT(A2, "翻訳")
```

最後にセルB4に、インラインでフランス語への翻訳を指示する内容のsystemメッセージを指定して関数を呼び出します。指示通り英語ではなくフランス語に翻訳したものが表示されます。

▼実行結果

	A	B	C	D	E	F
1						
2	うなぎとあなごの違いは？	うなぎとあなごの違いは、生息地や体の形状、味わいなどです。うなぎ				
3		What is the difference between eel and conger eel?				
4		Quelle est la différence entre l'anguille et l'anguille de rivière ?				
5						

B4 =GPT(A2, ,"フランス語に翻訳してください。")

セルA2に入力した内容がChatGPTによってフランス語に翻訳された

■ セルB4の式

```
=GPT(A2, , "フランス語に翻訳してください。")
```

これで、VBAを編集することなくワークシートの中で効率的にChatGPTを活用することができるようになりました。ただし前述の通り、再計算によって意図せずChatGPTを大量に呼び出してしまう可能性がある点には注意が必要です。以下のように応答内容をテキストとして貼り付けることで、数式が残らないようにすることをお勧めします。

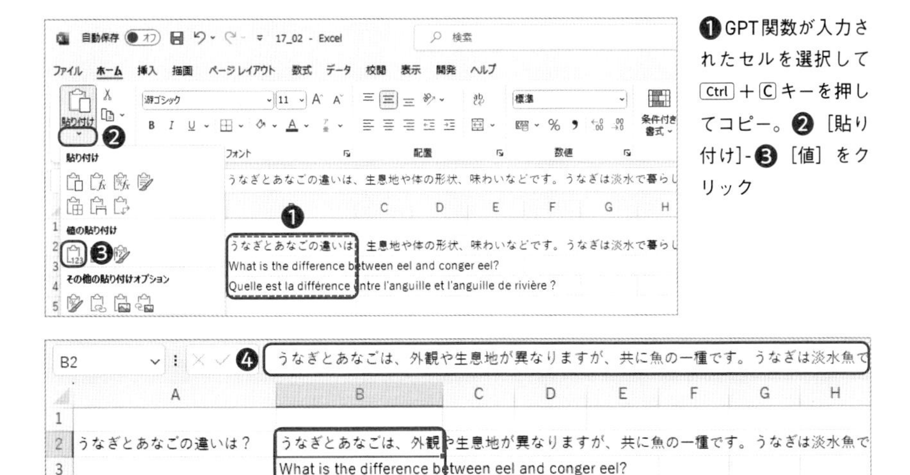

❶GPT関数が入力されたセルを選択して Ctrl ＋ C キーを押してコピー。❷［貼り付け］-❸［値］をクリック

❹文字列の値として貼り付けられた。この状態にしておくことで、意図せぬ再計算によってGPT関数が実行されてしまうことを避けられる

18 自然言語による数式作成

業務のゴールから数式を割り出す

ChatGPTはExcelの数式にも精通しており、正答率も高いことから検索エンジンで調べるよりも早くゴールにたどり着くことも多く効率的です。例えばChapter3の最初に作ったAIAssistantを開いてB列の合計値を求める数式を聞くと、正しい数式を教えてもらうことができます。

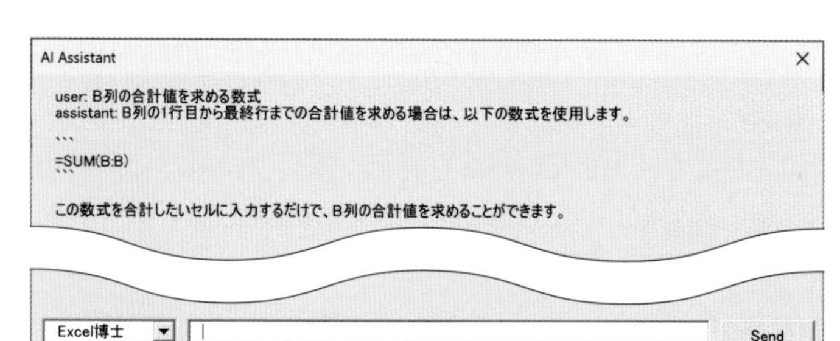

AI Assistant
user: B列の合計値を求める数式
assistant: B列の1行目から最終行までの合計値を求める場合は、以下の数式を使用します。
```
=SUM(B:B)
```
この数式を合計したいセルに入力するだけで、B列の合計値を求めることができます。
Excel博士
Send

AIAssistantで数式を聞くこともできるが、このSectionでは「営業利益率」など指標を元に数式を教えてもらえるようにする

しかしながら実際の業務にあたっては、個々の数式ではなく業務上の指標、例えば営業利益率などを求めたいのではないでしょうか。そこで、**このSectionではChatGPT APIに求めたい指標を伝えることでその計算に必要な数式を教えてもらえるようにしてみます。**サンプルデータとしては採算管理表を使用します。

採算管理表

年月	売上	売上原価	販管費	営業外費用
2023年4月	12,000,000	4,000,000	2,100,000	1,000,000
2023年5月	11,500,000	3,800,000	1,800,000	1,100,000
2023年6月	12,300,000	3,900,000	1,900,000	900,000
2023年7月	13,800,000	4,300,000	2,200,000	1,300,000
2023年8月	10,500,000	3,500,000	1,400,000	800,000
2023年9月	11,200,000	3,700,000	1,600,000	1,000,000
2023年10月	12,200,000	4,100,000	1,700,000	900,000
2023年11月	13,500,000	4,800,000	2,200,000	1,300,000
2023年12月	16,700,000	5,900,000	2,700,000	1,400,000
2024年1月	15,800,000	5,500,000	2,300,000	1,200,000
2024年2月	15,700,000	5,400,000	2,400,000	1,000,000
2024年3月	16,200,000	6,000,000	2,500,000	1,300,000

［採算管理表］シートの表を算出元となるデータとしてChaGPTに渡す

意図せず再計算されない方式にする

Section17で解説したように、ユーザー定義ワークシート関数の中で直接ChatGPTを呼び出す場合、再計算が行なわれることで入力されていた内容が置き換わったり、大量に入出力を行ってしまったりする可能性があります。これを避けるために、このSectionではAIAssistantのフォーム上で教えてもらった数式を手動で入力する安全な方式を採用します。

■ 作成する対話型コンソールの場合

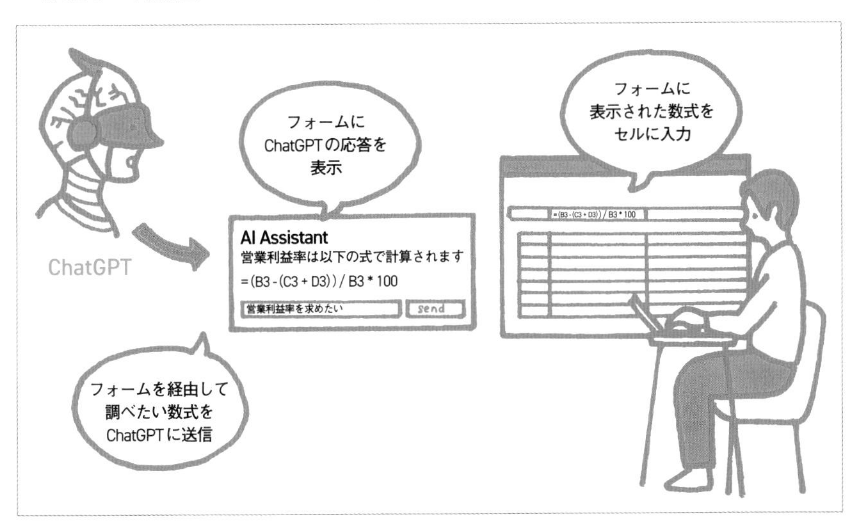

フォームに
ChatGPTの応答を
表示
フォームに
表示された数式を
セルに入力
AI Assistant
営業利益率は以下の式で計算されます
=(B3-(C3+D3))/B3*100
営業利益率を求めたい
send
ChatGPT
フォームを経由して
調べたい数式を
ChatGPTに送信

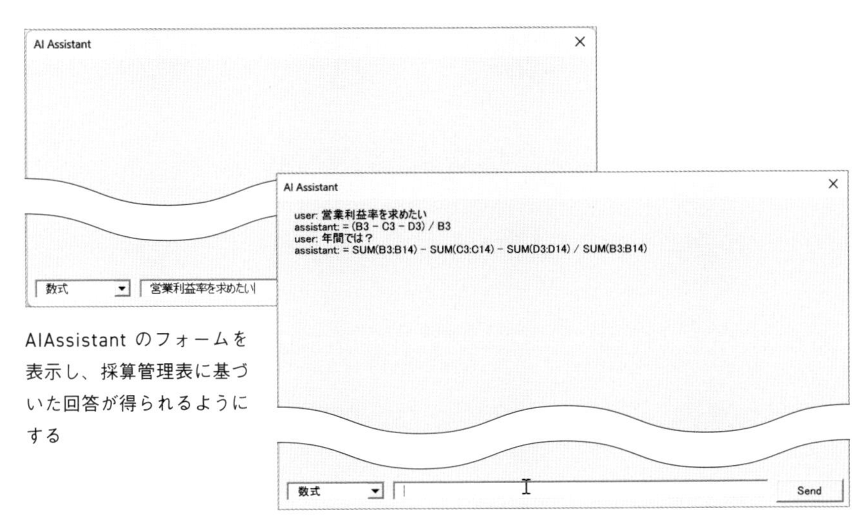

AI Assistant
数式
営業利益率を求めたい
AI Assistant
user: 営業利益率を求めたい
assistant: = (B3 - C3 - D3) / B3
user: 年間では？
assistant: = SUM(B3:B14) - SUM(C3:C14) - SUM(D3:D14) / SUM(B3:B14)
数式
Send

AIAssistant のフォームを表示し、採算管理表に基づいた回答が得られるようにする

データ埋め込みの準備

ChatGPTが指標の名前から数式を検討できるようにするには、算出元となるデータをChatGPTに伝える必要があります。しかしながらChatGPTにはRangeオブジェクトをそのまま渡すことはできないため、文字列としてデータを表現したものを渡す必要があります。そこでマークダウン記法と呼ばれる文章を構造的に記述するための形式に変換して、対象データの範囲をsystemメッセージに含めるようにします。まずはそのために必要となるワークシートの選択範囲をマークダウンに変換するFunctionプロシージャーとを作成しましょう。

▼サンプル18_01.xlsm

```
1  Private Function ToMarkdown(selectedRange As Range)
2      Dim md As String
3
4      Dim col As Integer                                        ❶
5      md = "|Excel行番号"
6      For col = 1 To selectedRange.Columns.count
7          md = md & "|" & _
8              selectedRange.Cells(1, col).Value & _
9              ":" & Split(selectedRange.Cells(1, col).Address, "$")(1) & "列"
10     Next
11     md = md & "|" & vbCrLf
12
13     md = md & "|----"                                         ❷
14     For col = 1 To selectedRange.Columns.count
15         md = md & "|----"
16     Next
17     md = md & "|" & vbCrLf
18
19     Dim row As Long                                           ❸
20     For row = 2 To selectedRange.Rows.count
21         md = md & "|" & selectedRange.Cells(row, 1).row
22         For col = 1 To selectedRange.Columns.count
23             md = md & "|" & selectedRange.Cells(row, col).Value
24         Next
25         md = md & "|" & vbCrLf
26     Next
```

```
27
28      ToMarkdown = md
29  End Function
```

❶……見出し行の変換：選択範囲のすべての列について、その1行目を見出し行とみなしてセルの値を取得し、列の区切り文字である|を先頭に付します。また、見出しに続いて:で区切ってワークシート上でのアルファベットの列番号を追加します。これはChatGPTが数式を考える上で、このマークダウン化された表とExcelワークシート上の表との関係を理解するのに役立ちます。また、同様の理由で先頭列として本来ワークシートには存在しないExcel行番号の列を追加し、以降の処理で行番号を表示するようにします。

❷……区切り行の追加：マークダウン記法のルールに従い、表の見出し行とデータ行との境目に-ハイフンで区切り線を挿入します。

❸……データ行の変換：選択範囲のすべての行について、変換処理を行っていきます。先頭列に行番号を挿入し、その後各列のセルの値を|区切りで接続します。

作成したら、以下のテスト用のSubプロシージャーを作成して選択範囲の変換ができることを確認しましょう。ワークシート採算管理表の表を選択して実行すると、プロシージャーToMarkdownの実行結果がイミディエイトウィンドウに表示されます。

▼サンプル18_01.xlsm

```
1  Sub TestConvertRange()
2      Debug.Print ToMarkdown(Selection)
3  End Sub
```

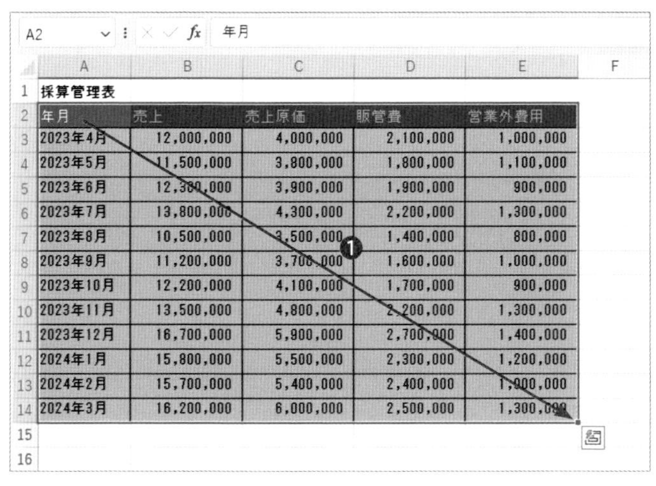

年月	売上	売上原価	販管費	営業外費用
2023年4月	12,000,000	4,000,000	2,100,000	1,000,000
2023年5月	11,500,000	3,800,000	1,800,000	1,100,000
2023年6月	12,300,000	3,900,000	1,900,000	900,000
2023年7月	13,800,000	4,300,000	2,200,000	1,300,000
2023年8月	10,500,000	3,500,000	1,400,000	800,000
2023年9月	11,200,000	3,700,000	1,600,000	1,000,000
2023年10月	12,200,000	4,100,000	1,700,000	900,000
2023年11月	13,500,000	4,800,000	2,200,000	1,300,000
2023年12月	16,700,000	5,900,000	2,700,000	1,400,000
2024年1月	15,800,000	5,500,000	2,300,000	1,200,000
2024年2月	15,700,000	5,400,000	2,400,000	1,000,000
2024年3月	16,200,000	6,000,000	2,500,000	1,300,000

❶セルA2～E14を選択してToMarkdownを実行する

▼実行結果

```
イミディエイト
|Excel行番号|年月:A列|売上:B列|売上原価:C列|販管費:D列|営業外費用:E列|
-----|-----|-----|-----|-----|-----|
3|2023年4月|12000000|4000000|2100000|1000000|
4|2023年5月|11500000|3800000|1800000|1100000|
5|2023年6月|12300000|3900000|1900000|900000|
6|2023年7月|13800000|4300000|2200000|1300000|
7|2023年8月|10500000|3500000|1400000|800000|
8|2023年9月|11200000|3700000|1600000|1000000|
9|2023年10月|12200000|4100000|1700000|900000|
10|2023年11月|13500000|4800000|2200000|1300000|
11|2023年12月|16700000|5900000|2700000|1400000|
12|2024年1月|15800000|5500000|2300000|1200000|
13|2024年2月|15700000|5400000|2400000|1000000|
|14|2024年3月|16200000|6000000|2500000|1300000|
```

Column

これからはAIによる情報アクセシビリティが大切

Excelワークシートで帳票を作成する際に見た目を整えるためにセルの結合を行ったり、Wordで文書を作成する際にフォントの大きさや太さで見出しを表現したりすることがあると思います。情報の読み手を人間に限定するとこれまで大きな問題にはならなかったかもしれませんが、AIにとっては見た目よりも情報の構造が重要になるため、AIがうまく解釈できないことに繋がります。

これからはAIに情報を与えて処理をさせたり考えを引き出すことが生産性に直結する時代になると筆者は考えており、データ構造の明確化や格納場所の集約、APIアクセスの提供等のAIから見た情報アクセシビリティを高めることが今からはじめられる重要な取り組みとして位置付けられます。

情報基盤を整備すればするほどAIが業務を効率化し、業務が効率化されればされるほど情報基盤を整備し続けたくなるような好循環を作り出すことが今後の競争力のために有効でしょう。

プロンプトテンプレートの変数対応

Section15で作成したAIAssistantは翻訳や要約など用途別のプロンプトを管理表に事前登録しておき、これをプルダウンで素早く切り替えられる機能を備えています。今回は新たに「数式」という用途を追加します。しかし、Section15で作成したで作成したままではsystemメッセージに埋め込む［プロンプト］のセルの値が用途毎に固定であるため、数式作成の対象範囲の情報を埋め込むことができません。そこで、プロンプト管理表に定義された雛形に別途値を埋め込めるように機能を拡張します。

はじめに、［用途別プロンプト管理表］シートに数式のプロンプトを追加します。ここでは、変数に格納された値が変数名の部分に入力されるようにテンプレート化します。変数の埋め込み箇所は変数名を中括弧で囲みましょう。

	A	B
1	用途	プロンプト
2	Excel博士	あなたはExcelに詳しいアシスタントです。ユーザーがやりたいことについて、Excelでの実現方法を答えます。
3	翻訳	これから入力する日本語を英語に翻訳してください。
4	要約	これから入力する文章を200文字程度に要約してください。
5	猫	あなたは猫です。語尾ににゃをつけるなど、猫として振る舞ってください。
6	数式	* 以下に示すデータはExcelワークシートの選択範囲をCSV形式で表現したものです。 * ワークシートの選択範囲は{selectedRangeAddress}です。 * あなたはこれを分析した上で、Excelワークシートに入力すべき数式を答えます。回答は数式だけとし、説明文や囲み文字は不要です。 データ """" {data} """" * 列の項目名は以下の通りです。 {columns}
7		

シート上で選択された範囲のアドレスが格納された変数selectedRangeAddress、選択範囲のデータをマークダウン形式のテキストに変換した結果を格納する変数dataを{}で囲んだものをプロンプトの挿入したい位置に配置

次に、AIAssistantをこれらの変数に対応していきます。プロジェクトエクスプローラーでAIAssistantのコードを表示したら、テンプレートに埋め込む変数を渡すための引数paramsとAssistant起動時の用途を指定する引数initialTextをプロシージャーShowAssistantに省略可能な引数として追加します。また、それらの引数を使用してプロンプトに値を埋め込む処理を追加します。

▼サンプル18_02.xlsm

```
1  Public Sub ShowAssistant( _
2      Optional initialText As String, Optional params As Dictionary _   ❶
3  )
```

```
15     prompts = sht.UsedRange.Value
16 
17     Dim i As Integer
18     For i = 1 To UBound(prompts)
19         If prompts(i, 1) = initialText Then
20             If Not params Is Nothing Then
21                 Dim key
22                 For Each key In params
23                     prompts(i, 2) = Replace( _
24                     prompts(i, 2), "{" & key & "}", params(key))
25                 Next
26             End If
27             Exit For
28         End If
29     Next
30 
31 
32     ComboBox1.List = prompts
33     ComboBox1.BoundColumn = 2
34     ComboBox1.RemoveItem 0
35 
36     If initialText = "" Then
37         ComboBox1.ListIndex = 0
38     Else
39         ComboBox1.Text = initialText
40     End If
```
❷ (19–28)
❸ (36–40)

❶……起動時の用途を指定するinitialTextとテンプレートに埋め込む変数paramsを省略可能な引数として追加します。

❷……テンプレート変数埋め込み:起動時の用途に一致するプロンプト定義が見つかり、また、テンプレート埋め込み用の変数をプロシージャーが受け取った場合、すべての変数をテンプレートに埋め込みます。埋め込みはテンプレートに含まれる{テンプレート変数名}をテンプレート変数の値に置換することで行います。

❸……起動時の用途への切り替え:起動時の用途が指定されている場合、コンボボックスで当該用途を選択します。指定がない場合は修正前同様に先頭要素の用途を選択します。

数式ヘルパー起動処理の作成

選択範囲からsystemメッセージに埋め込むデータを作成してAIAssistantを起動するための処理を、SubプロシージャーFunctionHelperとして作成します。

▼サンプル18_02.xlsm

```
1  Public Sub FunctionHelper()
2      Dim selectedRange As Range
3      Set selectedRange = Selection
4
5      If selectedRange.Rows.count < 2 Then
6          MsgBox "2行以上選択してください。見出しとデータが必要です"
7          Exit Sub
8      End If
9
10     Dim systemMessageParams As New Dictionary            ❶
11     systemMessageParams.Add "selectedRangeAddress", _
12                             selectedRange.Address(False, False)
13     systemMessageParams.Add "data", ToMarkdown(selectedRange)
14
15     AIAssistant.ShowAssistant "数式", systemMessageParams  ❷
16 End Sub
```

❶……テンプレート変数の格納：プロンプト管理表の{ }の中の文字列と一致させた変数名をDictionaryのキーとして変数の値を格納します。ここで格納しているのは、selectedRangeAddressとして選択範囲を行列ともに絶対参照で表現したものとdataとして選択範囲をマークダウン文字列化したものの2つです。

❷……AIAssistantの起動：新たに追加した引数として、起動時に選択されているべきデフォルトの用途名とテンプレート変数を追加します。

それでは実行してみましょう。A2からE14までを選択し、SubプロシージャーFunctionHelperを実行します。フォームが表示されたら求めたい指標として営業利益率と入力します。下の例では、売上から売上原価と販管費を差し引いたものが営業利益であることを踏まえて数式を提案しています。初回の要求では期間を指定していないため4月の営業利益率を求める数式になっていますが、次に年間のものを求めたいことを伝えると、今度はそれを踏まえた数式を得ることができました。

A2 | fx 年月

	A	B	C	D	E
1	採算管理表				
2	年月	売上	売上原価	販管費	営業外費用
3	2023年4月	12,000,000	4,000,000	2,100,000	1,000,000
4	2023年5月	11,500,000	3,800,000	1,800,000	1,100,000
5	2023年6月	12,300,000	3,900,000	1,900,000	900,000
6	2023年7月	13,800,000	4,300,000	2,200,000	1,300,000
7	2023年8月	10,500,000	3,500,000	1,400,000	800,000
8	2023年9月	11,200,000	3,700,000	1,600,000	1,000,000
9	2023年10月	12,200,000	4,100,000	1,700,000	900,000
10	2023年11月	13,500,000	4,800,000	2,200,000	1,300,000
11	2023年12月	16,700,000	5,900,000	2,700,000	1,400,000
12	2024年1月	15,800,000	5,500,000	2,300,000	1,200,000
13	2024年2月	15,700,000	5,400,000	2,400,000	1,000,000
14	2024年3月	16,200,000	6,000,000	2,500,000	1,300,000
15					

❶セルA〜E14までを選択し、SubプロシージャーFunctionHelperを実行する

▼実行結果

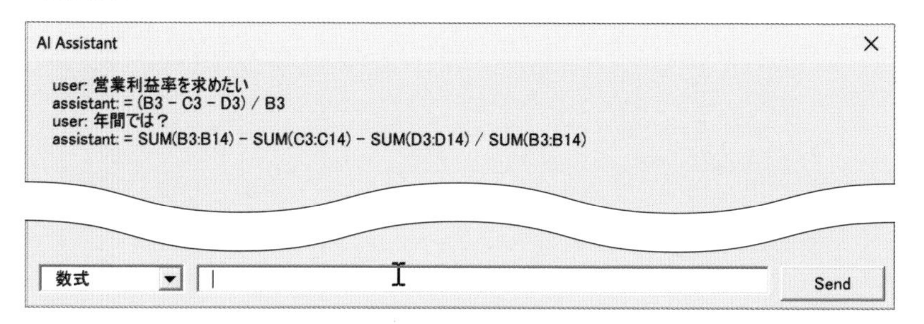
AI Assistant
user: 営業利益率を求めたい
assistant: = (B3 - C3 - D3) / B3
user: 年間では？
assistant: = SUM(B3:B14) - SUM(C3:C14) - SUM(D3:D14) / SUM(B3:B14)
数式
Send

結果を見ると、「売上」から「売上原価」と「販管費」を差し引いた値が営業利益であることを踏まえた数式が表示された

このように、Excel VBAとChatGPT APIを連携することで、ただExcelの数式を聞くだけではなく集計業務の力強いパートナーとして利用することができるようになります。なお繰り返しになりますがChatGPTは正確さが担保されているものではありません。このツールで得られた数式をヒントにしつつ、自身や有識者等の知識でチェックしながら活用するようにしましょう。

Chapter

4

ChatGPT業務適用の実践的テクニック

Excel VBAとChatGPTを組み合わせる方法について一通り理解できたら、ここから先はより実践的なケースで徹底的に業務効率化を追求していきます。このChapterでは、ChatGPTと業務処理を連携した自律制御や外部プログラムとの連携、事実に基づく応答メッセージの生成など、ChatGPTの高度な活用テクニックについて解説します。

19 ChatGPT APIと業務処理を連携させる

応答メッセージのフォーマットをJSONにする

ChatGPTを業務でより実践的に活用するためには、「応答メッセージをいかにプログラムが理解しやすいものにするか」が課題です。例えばChatGPTの応答メッセージに複数の情報が含まれていて、その情報に応じてプログラムの処理を変化させるとき、応答メッセージが話し言葉のような自然言語だと明示的なルールに基づいた情報抽出が難しくなります。

そこで、ChatGPTからの応答メッセージをJSONなど構造化された形式で受け取り、プログラムが理解しやすいようにするテクニックを見ていきましょう。

話し言葉の場合

ユーザーが確認したいのは、佐賀の天気予報です。

抽出手順のロジック化が難しい

構造化形式（JSON）の場合

{"依頼内容":"天気予報", :"地域":"佐賀"}

JSONを解析して"依頼内容"と"地域"をキーに抽出できる
→安定して抽出できれば、ChatGPTからの応答を受けて天気予報取得処理を実行させることも可能

出力形式を委ねた場合と指定した場合の違いを検証

実際に試してみましょう。以下は、指定された都市に関する質問です。

- **佐賀の天気は？**
- **佐賀の鳥めしの美味しいお店は？**
- **佐賀を舞台としたアイドルアニメは？**

これらのメッセージから照会内容の種類と都市名、必要に応じて関連する検索条件を抽出するには、以下のようなsystemメッセージを設定してChatGPTを呼び出します。まずは情報の抽出のしやすさを考慮することなく、ChatGPTに出力形式を委ねてみましょう。

▼サンプル19_01.xlsm

```
1  Private Sub ExtractIntentAndEntities()
2      Dim messages(1) As New Dictionary
3      messages(0).Add "role", "system"
4      messages(0).Add "content", _
5      "* メッセージから照会内容と関連する都市名を分析して列挙します。" & vbCrLf & _
6      "* 照会内容の種類は天気予報、飲食店検索、作品情報検索です。" & vbCrLf & _
7      "* 照会内容の種類が飲食店検索の場合は、お店の種類など検索条件をあわせて抽出して
       ください。" & vbCrLf & _
8      "* 照会内容の種類が作品情報検索の場合は、作品ジャンルなど検索条件をあわせて抽出
       してください。"
9      messages(1).Add "role", "user"
10     messages(1).Add "content", "佐賀の天気は？"
11
12     Dim completion As Collection
13     Set completion = ChatGPT.ChatCompletion(messages)
14
15     Debug.Print completion(1)("message")("content")
16 End Sub
```

❶……照会内容と都市名を抽出する指示：systemメッセージに分析・列挙の指示と、照会内容の種類を指定します。

❷……自然言語による照会：例示した照会内容を自然言語で入力します。

これを実行すると、以下のようにイミディエイトウィンドウに表示されます。

▼応答メッセージ

```
イミディエイト
照会内容: 天気予報
関連都市名: 佐賀
```

ExtractIntentAndEntitiesを実行するとイミディエイトウィンドウに応答メッセージが表示される

応答メッセージはある程度整った形式となったものの、形式を指定していないためある日気まぐれに見出しの文言や項目と値の区切り文字が変わってしまうかもしれません。応答メッセージからプログラムにより安定して「天気予報」「佐賀」を抽出するために、今度は応答メッセージの出力フォーマットをJSONにするように、systemメッセージに指示を追加します。また、抽出した照会内容に応じて適切な処理を実行するようにプログラムを追加します。

▼サンプル19_02.xlsm

```
1  Private Sub ExtractIntentAndEntitiesJSON()
2      Dim messages(1) As New Dictionary
3      messages(0).Add "role", "system"
4      messages(0).Add "content", _
5      "* メッセージから照会内容と関連する都市名を分析して列挙します。" & vbCrLf & _
6      "* 照会内容の種類は天気予報、飲食店検索、作品情報検索です。" & vbCrLf & _
7      "* 照会内容の種類が飲食店検索の場合は、お店の種類など検索条件をあわせて抽出して
       ください。" & vbCrLf & _
8      "* 照会内容の種類が作品情報検索の場合は、作品ジャンルなど検索条件をあわせて抽出
       してください。" & vbCrLf & _
❶ 9      "* 出力形式は次のJSONフォーマットにしてください：{""intent"": 依頼内容,
       ""city"": 都市名, ""condition"": 条件}"
10     messages(1).Add "role", "user"
11     messages(1).Add "content", "佐賀の天気は？"
12
13     Dim completion As Collection
14     Set completion = ChatGPT.ChatCompletion(messages)
15
16     Debug.Print completion(1)("message")("content")
17
18     Dim extracted As Dictionary
❷ 19     Set extracted = JsonConverter.ParseJson(completion(1)("message")("content"))
20
❸ 21     If extracted("intent") = "天気予報" Then
22         '天気予報の処理
23         Debug.Print extracted("city") & "は風が強く吹くでしょう。"
24     ElseIf extracted("intent") = "飲食店検索" Then
25         '飲食店検索の処理
26         Debug.Print extracted("city") & "の「" & _
27             extracted("condition") & "」のお店は、ドライブイン鳥です。"
```

```
28        ElseIf extracted("intent") = "作品情報検索" Then
29            '情報検索の処理
30            Debug.Print extracted("city") & "の「" & _
31                extracted("condition") & "」といえば、ゾンビランドサガです。"
32        End If
33    End Sub
```

❶…出力形式の指示：JSON形式にすべきことと、その項目名をsystemメッセージで指定します。
❷…JSONの解釈：応答メッセージをJSON文字列として扱い、Dictionaryに変換します。
❸…照会内容に応じた処理：intentをキーに照会内容を取得し、cityやconditionなど他の抽出されたデータを利用して依頼内容に応じた処理を行います。

これを実行すると、今度はJSON形式で応答メッセージを受け取ることができました。JSONになったことでVBA-JSONを使用して簡単に照会内容や都市名等を抽出することができ、それらに応じた処理を行うことができます。

▼応答メッセージ

```
{"intent": "天気予報", "city": "佐賀"}
佐賀は風が強く吹くでしょう。
```

イミディエイト

```
{"intent": "天気予報", "city": "佐賀"}
佐賀は風が強く吹くでしょう。
```

ExtractIntentAndEntitiesJSONを実行するとイミディエイトウィンドウに応答メッセージが表示される

他の依頼でも期待するJSON形式の応答が得られるかを確認するため、試してみましょう。以下の通りuserメッセージを変更して実行します。

▼サンプル19_03.xlsm

```
11        messages(1).Add "content", "佐賀の鳥めしの美味しいお店は？"
```

▼応答メッセージ

```
{"intent": "飲食店検索", "city": "佐賀", "condition": "鳥めし"}
佐賀の「鳥めし」のお店は、ドライブイン鳥です。
```

▼サンプル19_04.xlsm

```
11        messages(1).Add "content", "佐賀を舞台としたアイドルアニメは？"
```

▼応答メッセージ

```
{"intent": "情報検索", "city": "佐賀", "condition": "舞台としたアイドルアニメ"}
佐賀の「舞台としたアイドルアニメ」といえば、ゾンビランドサガです。
```

このようなシンプルな依頼内容であればある程度安定してJSON形式で応答を得ることができます。しかし、今回の依頼内容でも何度か実行しているうちにcondition項目が含まれなかったり、以下のようにJSON形式の応答メッセージの前後に文言が挿入されてしまったり、そもそも応答内容がJSON形式でないことや、一部ではDictionaryへの変換でエラーとなってしまうこともあります。

▼応答メッセージ

```
{"intent": "作品情報検索", "city": "佐賀", "condition": "アイドルアニメ"}

上記の条件に基づいて作品情報を検索します。
```

安定してJSONで応答メッセージを得る手法は、ChatGPTを利用するユーザーによって広く研究が進んでいるものの、確実な対応方法が見つかっていない状況です。このような課題を解決する機能として注目を集めているのが、gpt-3.5-turbo-0613のモデルで新たに追加されたFunction Callingという機能です。

Function Callingとは

Function Callingとは、gpt-3.5-0613およびgpt-4-0613で追加された新機能です。任意の機能とその引数の仕様をChatGPT APIを呼び出す際に指定することで、ユーザーからの入力に基づいてChatGPTが自律的に実行されるべき機能を選択し、抽出した引数と併せてJSON形式で応答メッセージを受け取ることができます。これによってChatGPTから外部のツールや他のAPIはもちろん、自身で作成したExcel VBAのプロシージャーを、出力形式のゆらぎを心配することなく実行させることができるようになります。

■ Function Callingに関連するChatGPT APIの仕様

パラメーター名	データ型	説明	例
functions	配列	ユーザーの発話内容に応じて実行すべき処理の一覧	
function_call	文字列または JSON	処理の実行要否または実行する処理名。none は実行不要、auto は必要に応じて実行すべき処理を選択、構造体が指定されているときは name キーの値で指定された処理を選択	{"name": "get_weather"}

■ functionsの要素

パラメーター名	データ型	説明	例
name	文字列	必須。処理の名前	get_weather
description	文字列	処理の説明	現在の天気情報を取得する
parameters	JSON	処理が受け取るパラメーター。JSON Schema と呼ばれる記法で表現	{"type": "object", "properties": {"location": { "type": "string" }}

■ Function Callingに関連するmessagesの要素

パラメーター名	データ型	説明	例
function_call	JSON	実行すべき処理の名前と引数	{"name": "get_weatger", "arguments": "{¥"location¥": ¥" 東京 ¥"}}

Function Callingの活用イメージ

Function Callingの活用方法について、具体的なイメージを確認していきましょう。ChatGPTは通常、ユーザーからの入力に応じてもっともらしい文章を作成して応答します。しかし、天気予報などについては、「外部の情報にアクセスしないとわからない」といった応答することが多くなっているようです。

■ 通常の会話

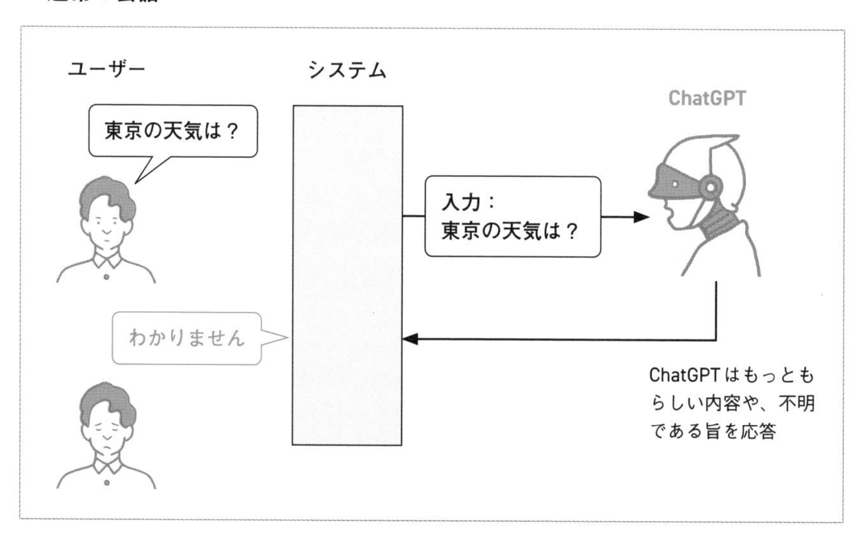

▼要求メッセージ（抜粋）

```
{
    "messages": [
        {"role": "user", "content": "東京の天気は？"}
    ]
}
```

▼応答メッセージ（抜粋）

```
{
    "messages": [
        {"role": "assistant", "content": "わかりません。"}
    ]
}
```

これに対して、ユーザーからの入力に合わせて対話の中で処理したい機能をパラメーターfunctionsに設定してChatGPT APIを呼び出すことで、ChatGPTがfunctionsに設定されたいずれかの機能を使用して処理すべきと判断した場合、対応する機能の名称とその引数をJSON形式で応答します。図の例の場合、天気情報取得がその対応する機能に該当します。

■ Function Callingを使用した会話

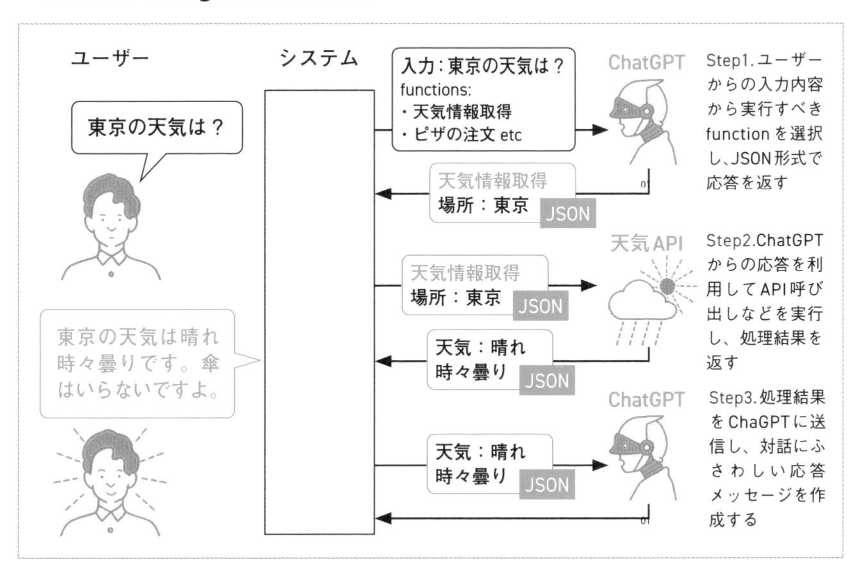

▼要求メッセージ（抜粋）

```
{
    "messages": [
        {"role": "user", "content": "東京の天気は？"}
    ],
    "functions": [
        {
        ❶-"name": "get_weather",
          "parameters": {
              "type": "object",
        ❷-    "properties": { "location": { "type": "string" } }
          }
        }
    ]
}
```

❶ …… functions要素：ユーザーの発話内容に基づき、ChatGPTが処理が必要と判断した場合に選択できる機能を定義します。ここでは天気予報を取得する機能としてget_weatherを定義しています。

❷ …… parameters要素：機能が受け取る引数の仕様を定義します。ここではget_weatherの引数として文字列型のlocationを定義しています。構造やデータ型の種類等の定義方法は、JSON Schemaと呼ばれる仕様に則ります。

▼応答メッセージ（抜粋）

```
{
    "messages": [
        {
            "role": "assistant",
        ❶- "content": null,
            "function_call": {
                "name": "get_weather",
        ❷-      "arguments": {"name": "get_weather", "arguments":
                "{¥"location¥": ¥"東京¥"}"}
            }
        }
    ]
}
```

❶ …… content要素：Function Callingが使用された場合、値はnullになります。

❷ …… function_call要素：Function Callingが使用された場合、応答メッセージの中にこの要素が追加されます。子要素のnameには選択された機能、argumentsには当該機能を実行する際の引数が、それぞれ発言内容から判断・抽出されて設定されます。ここではnameにget_weather、argumentsには要求のparameters要素で指定したJSON形式で都市名が設定されています。

Function Callingを利用する

仕組みの解説や仕様を確認しても、手足のないChatGPTが処理を実行するという概念になかなかピンと来ないという方も多いようです。実際のコードを確認して理解を深めていきましょう。

Function Callingの機能を利用できるように、ChatGPT連携モジュールのFunctionプロシージャーChatCompletionを次の通り修正します。functionsとfunction_callの2つの引数を受け取り、それらをAPIのパラメーターに追加しています。

▼サンプル19_05.xlsm

```
Public Function ChatCompletion( _
    messages As Variant, _
    Optional model As String = "gpt-3.5-turbo", _
    Optional temperature As Single = 1, _
    Optional n As Integer = 1, Optional max_tokens As Integer = 0, _
    Optional functions As Variant = Nothing, Optional function_call As String _
) As Collection

    Dim data As New Dictionary
    data.Add "messages", messages
    data.Add "model", model
    data.Add "temperature", temperature
    data.Add "n", n
    If max_tokens > 0 Then
        data.Add "max_tokens", max_tokens
    End If

    If Not IsNull(functions) Then
        data.Add "functions", functions
    End If
    If function_call <> "" Then
        data.Add "function_call", New Dictionary
        data("function_call").Add "name", function_call
    End If
```

❶……引数の追加：Variant型の省略可能な引数functionsと、String型の省略可能な引数function_callを追加します。

❷……パラメーターfunctionsの追加：引数functionsが渡されたかどうかをIsNull関数を使用して判定し、渡されている場合はfunctionsをキーにパラメーターに追加します。ChatGPT APIはユーザーからの入力に応じてfunctionsとして渡されたものの中から実行すべき機能を選択します。

❸……パラメーターfunction_callの追加：引数function_callが渡されたかどうかを空文字列か否かで判定し、渡されている場合は、nameをキーにfunction_callの値を設定したDictionary型のインスタンスを生成し、function_callをキーにパラメーターに追加します。指定されている場合、ChatGPT APIはユーザーからの入力に応じてfunctionsから選択するのではなく、functionsの中からname属性がfunction_callと一致するものを選択します。

これでFunction CallingのAPIを使用する準備が整いました。まずは天気予報のfunctionだけに対応したプログラムを以下の通り作成し、動作を確認します。Function Callingを使用しない例ではsystemメッセージで依頼内容の種類やJSON形式について指定していましたが、このプログラムではsystemメッセージ自体の定義をしていません。代わりにパラメーターfunctionsを作成してChatGPT APIに渡すようにし、モデルにgpt-3.5-turbo-0613を指定しています。

▼サンプル19_05.xlsm

```
1  Private Sub HelloFunctionCalling()
2      Dim messages(0) As New Dictionary
3      messages(0).Add "role", "user"
4      messages(0).Add "content", "佐賀の天気は？"
5  
6      Dim functions(0) As New Dictionary
7      functions(0).Add "name", "get_weather"
8      functions(0).Add "description", "指定された都市の天気予報を取得します"
9      functions(0).Add "parameters", New Dictionary
10     functions(0)("parameters").Add "type", "object"
11     functions(0)("parameters").Add "properties", New Dictionary
12     functions(0)("parameters")("properties").Add "city", New Dictionary
13     functions(0)("parameters")("properties")("city").Add "type", "string"
14 
15     Dim completion As Collection
16     Set completion = ChatGPT.ChatCompletion(messages, _
17     model:="gpt-3.5-turbo-0613", functions:=functions)
18 
19     If IsNull(completion(1)("message")("content")) Then
20         Debug.Print completion(1)("message")("function_call")("name")
21         Debug.Print completion(1)("message")("function_call")("arguments")
22     Else
23         Debug.Print completion(1)("message")("content")
24     End If
25 End Sub
```

❶ 2〜4行目　❷ 6〜13行目　❸ 16行目　❹ 19〜24行目

❶……メッセージの作成：userメッセージのみを含むmessagesを作成します。systemメッセージを含むこともできますが、先の例との違いを際立たせるためにここではあえてsystemメッセージを設定しないことにします。

❷……functionsの作成：get_weatherという名前でstring型のcityを引数にとるfunctionを定義し、これを含むfunctionsを作成します。Function Callingの仕様に基づき、functionはJSON schemaの記述法で表現しています。

❸……ChatGPT APIの呼び出し：Function Callingに対応したモデルgpt-3.5-turbo-0613と❷で作成したfunctionsを指定してChatGPT APIを呼び出します。

❹……応答メッセージの表示：ChatGPTがfunctionの呼び出しと判定したかどうかを応答メッセージの中のcontent要素の値が設定されているかどうかで確認します。IsNull関数の戻り値がTrueのときcontent要素には値が設定されていないことを意味しますので、代わりにfunction_call要素からname要素とarguments要素を取得し、イミディエイトウィンドウに値を表示します。

実行すると、以下のように依頼内容に対応するfunction名としてget_weatherが選択され、引数としてcityをキーに佐賀を取得することが確認できます。

▼実行結果

```
get_weather
{
  "city": "佐賀"
}
```

```
イミディエイト
get_weather
{
"city": "佐賀"
}
```

HelloFunctionCallingを実行するとイミディエイトウィンドウにメッセージが表示される

また、自律的に機能が選択されることを確認するため、userメッセージを以下のように依頼とは無関係なものに変更して実行してみます。結果を見ると、functionは選択されず、入力メッセージを対話とみなした応答メッセージになりました。このように、ChatGPT API側でユーザーからの入力に応じてふさわしいものをfunctionsの中から選択してくれることがわかります。

▼サンプル19_06.xlsm

```
4        messages(0).Add "content", "こんにちは"
```

▼実行結果

```
こんにちは、ご用件は何でしょうか？
```

それでは、今度は先ほどの3種類の照会を処理するプログラムをFunction Callingを利用したものに置き換えてプロンプトによって出力形式をJSONにする場合と比べてみましょう。systemメッセージでJSON形式の指定や照会内容に関する説明が省略された代わりに、functionsを作成してChatGPTのAPIに渡しています。これは例えば問い合わせ内容を分類するだけではなく、その後続処理も併せて実行するようなケースで活用することができます。

▼サンプル19_07.xlsm

```
1  Private Sub ExtractIntentAndEntitiesFunction()
2      Dim messages(0) As New Dictionary
3      messages(0).Add "role", "user"
4      messages(0).Add "content", "佐賀の天気は？"
5
6      Dim functions(2) As New Dictionary
7
8      functions(0).Add "name", "get_weather"
9      functions(0).Add "description", "指定された都市の天気予報を取得します"
10     functions(0).Add "parameters", New Dictionary
11     functions(0)("parameters").Add "type", "object"
12     functions(0)("parameters").Add "properties", New Dictionary
13     functions(0)("parameters")("properties").Add "city", New Dictionary
14     functions(0)("parameters")("properties")("city").Add "type", "string"
15
16     functions(1).Add "name", "get_restaurant_info"
17     functions(1).Add "description", _
18         "指定された都市の指定された条件に基づく飲食店を検索します"
19     functions(1).Add "parameters", New Dictionary
20     functions(1)("parameters").Add "type", "object"
21     functions(1)("parameters").Add "properties", New Dictionary
22     functions(1)("parameters")("properties").Add "city", New Dictionary
23     functions(1)("parameters")("properties")("city").Add "type", "string"
24     functions(1)("parameters")("properties").Add "condition", New Dictionary
25     functions(1)("parameters")("properties")("condition").Add "type", "string"
26     functions(1)("parameters").Add "required", New Collection
27     functions(1)("parameters")("required").Add "condition"
28
29     functions(2).Add "name", "get_title_info"
30     functions(2).Add "description", _
```

❶ (8～14行目) ❷ (16～27行目) ❸ (29～30行目)

```
31        " 指定された都市の指定された条件に基づく作品情報を検索します "
32    functions(2).Add "parameters", New Dictionary
33    functions(2)("parameters").Add "type", "object"
34    functions(2)("parameters").Add "properties", New Dictionary
35    functions(2)("parameters")("properties").Add "city", New Dictionary
36    functions(2)("parameters")("properties")("city").Add "type", "string"
37    functions(2)("parameters")("properties").Add "condition", New Dictionary
38    functions(2)("parameters")("properties")("condition").Add "type", "string"
39    functions(2)("parameters").Add "required", New Collection
40    functions(2)("parameters")("required").Add "condition"
41
42    Dim completion As Collection
43    Set completion = ChatGPT.ChatCompletion(messages, _
44        model:="gpt-3.5-turbo-0613", functions:=functions)
45
46    If IsNull(completion(1)("message")("content")) Then
47        Debug.Print completion(1)("message")("function_call")("name")
48        Debug.Print completion(1)("message")("function_call")("arguments")
49    Else
50        Debug.Print completion(1)("message")("content")
51        Exit Sub
52    End If
53
54    Dim function_name As String
55    function_name = completion(1)("message")("function_call")("name")
56
57    Dim extracted As Dictionary
58    Set extracted = JsonConverter.ParseJson( _
59        completion(1)("message")("function_call")("arguments"))
60
61    If function_name = "get_weather" Then
62        ' 天気予報の処理
63        Debug.Print extracted("city") & " は風が強く吹くでしょう。"
64    ElseIf function_name = "get_restaurant_info" Then
65        ' 飲食店検索の処理
66        Debug.Print extracted("city") & "の「" & extracted("condition") & "」
          のお店は、ドライブイン鳥です。"
67    ElseIf function_name = "get_title_info" Then
```

❸ (31–40) ❹ (46–52) ❺ (55) ❻ (58) ❼ (61–67)

```
68            ' 情報検索の処理
69            Debug.Print extracted("city") & "の「" &
              extracted("condition") & "」といえば、ゾンビランドサガです。"
70        End If
71    End Sub
```

❶…… 天気予報functionの定義：get_weatherという名前でstring型のcityを引数にとるfunctionを定義します。

❷…… 飲食店検索functionの定義：get_restaurant_infoという名前でstring型のcityとconditionを引数にとるfunctionsを定義します。

❸…… 作品情報検索functionの定義：get_title_infoという名前でstring型のcityとconditionを引数にとるfunctionsを定義します。

❹…… 通常の対話への対応：応答メッセージのcontent要素に値が設定されていないときは、functionが選択されたと判断してfunctionの名前と引数をイミディエイトウィンドウに表示します。設定されているときは通常の対話として、content要素の内容をイミディエイトウィンドウに表示してプロシージャーを終了します。

❺…… 選択されたfunction名の取得：応答メッセージのfunction_call要素に含まれるname要素から、選択されたfunctionの名前を取得します。

❻…… 引数の取得：同じく取得したarguments要素のJSONデータを解析し、Dictionary型の変数extractedに代入します。

❼…… 依頼内容に応じた処理：ChatGPTが選択したfunctionの名前に応じて、cityやconditionなど他の抽出されたデータを利用して依頼内容に応じた処理を行います。

実行すると、以下のように天気予報が選択され、後続の処理が実行されます。

▼実行結果

```
get_weather
{
  "city": "佐賀"
}
佐賀は風が強く吹くでしょう。
```

```
イミディエイト
get_weather
{
  "city": "佐賀"
}
佐賀は風が強く吹くでしょう。
```

ExtractIntentAndEntitiesFunctionを実行するとイミディエイトウィンドウにメッセージが表示される

他の依頼も試してみましょう。userメッセージを変更して実行します。

▼サンプル19_08.xlsm

```
4        messages(0).Add "content", "佐賀の鳥めしの美味しいお店は？"
```

▼実行結果

```
get_restaurant_info
{
  "city": "佐賀",
  "condition": "鳥めし"
}
佐賀の「鳥めし」のお店は、ドライブイン鳥です。
```

▼サンプル19_09.xlsm

```
4        messages(0).Add "content", "佐賀を舞台としたアイドルアニメは？"
```

▼実行結果

```
get_title_info
{
  "city": "佐賀",
  "condition": "アイドル"
}
佐賀の「アイドル」といえば、ゾンビランドサガです。
```

他の依頼内容についても意図した通りの動作となりました。またrequiredを指定したことにより、conditionが省略されることなく抽出されていることも確認できるでしょう。このように、Function Callingを活用することでプロンプトの工夫によってChatGPTの応答メッセージをJSON形式にするよりも安定してプログラムで扱えるようになることがわかります。このSectionでは条件分岐して引数の値とともにイミディエイトウィンドウに表示するだけでしたが、Section20以降では実際の処理と繋げていきます。

functionsパラメーター作成支援プロシージャーの作成

functionsパラメーターに定義するfunctionは階層が深くなりがちなため、VBAコードとしても行数が多くなりがちです。行数の多さはツール開発の効率化を損なうだけではなく、プログラムの可読性を下げてしまい、不具合を見逃したりメンテナンス性を下げたりすることに繋がります。そこで、これを避けるために以下の2つの支援用のプロシージャーを標準モジュールChatGPTに作成し、複数行に渡る処理をメイン処理から切り出します。

- **functionの作成**
- **functionへのプロパティの追加**

はじめにfunctionの名前をname、説明をdescriptionとして引数にとり、新たに作成したfunctionをDictionary型として返すFunctionプロシージャーMakeFunctionを作成します。

▼サンプル19_10.xlsm

```
1  Public Function MakeFunction(name As String, description As String) As Dictionary
2      Dim func As New Dictionary
3  
4      func.Add "name", name              ❶
5      func.Add "description", description ❶
6      func.Add "parameters", New Dictionary ❷
7  
8      Set MakeFunction = func
9  End Function
```

❶……名前と説明の設定：引数nameと引数descriptionをそれぞれname、descriptionをキーにfuncに設定します。

❷……functionへのパラメーターを定義する項目parametersを追加します。ここでは新しいDictionary型のインスタンスを設定し、属性情報の追加はしません。

次に、functionのparametersに属性を追加するためのFunctionプロシージャーAddPropertyを作成します。引数としては属性を追加する対象のfunctionや要素をparent、設定する属性の名前をname、データ型をdataType、説明をdescriptionとして受け取り、また必須項目とするか否かをrequiredとして省略可能な引数として受け取るようにします。

▼サンプル19_10.xlsm

```
1  Public Function AddProperty(parent As Dictionary, name As String, dataType As String, _
2      description As String, Optional required As Boolean = False _
3  ) As Dictionary
4
5      Dim p As Dictionary                                        ❶
6      If parent.Exists("parameters") Then
7          Set p = parent("parameters")
8      Else
9          Set p = parent
10     End If
11
12     If Not p.Exists("properties") Then                         ❷
13         p.Add "type", "object"
14         p.Add "properties", New Dictionary
15     End If
16
17     p("properties").Add name, New Dictionary                   ❸
18     p("properties")(name).Add "type", dataType
19     p("properties")(name).Add "description", description
20
21     If dataType = "array" Then                                 ❹
22         p("properties")(name).Add "items", New Dictionary
23         Set AddProperty = p("properties")(name)("items")
24     ElseIf dataType = "object" Then                            ❺
25         p("properties")(name).Add "properties", New Dictionary
26         Set AddProperty = p("properties")(name)
27     Else
28         Set AddProperty = p                                    ❻
29     End If
30
31     If required Then                                           ❼
32         If Not p.Exists("required") Then
33             p.Add "required", New Collection
34         End If
35         p("required").Add name
36     End If
37 End Function
```

❶……要素の調整：引数parentにfunctionを渡した場合など子要素にparametersを含むとき、属性の追加対象を当該子要素に変更します。それ以外の場合は引数として受け取ったparent自体を属性追加対象とします。これによってMakeFunctionの戻り値をそのままAddPropertyに渡すことができるようになります。

❷……properties要素の追加：属性を定義するためのproperties要素が存在しない場合、ここで追加します。

❸……名前、データ型、説明の設定：引数name、引数dataType、引数descriptionをそれぞれname、dataType、descriptionをキーに追加対象のproperties要素に追加します。

❹……データ型が配列の場合の個別処理：配列の要素を定義するためのitems要素を追加します。また、プロシージャーの戻り値としてitems要素を返すようにして、このプロシージャーの利用者が配列の要素を定義しやすいようにしています。

❺……データ型がオブジェクトの場合の個別処理：属性情報を定義するためのpropeties要素を追加して新しいDictionary型のインスタンスを値に設定します。また、プロシージャーの戻り値として今回追加したオブジェクトを返すようにして、このプロシージャーの利用者がオブジェクトを定義しやすいようにしています。

❻……それ以外の場合：今回の属性追加対象のオブジェクトをそのまま戻り値に設定します。

❼……必須項目の設定：引数requiredの値がTrueのとき、属性追加対象のrequired項目に引数nameで指定されたプロパティの名前を追加します。もしrequired項目が未作成の場合は名前を追加する前にキーをrequiredとして新しいCollection型のインスタンスを追加しておきます。

これら2つのプロシージャーを用いるようにExtractIntentAndEntitiesFunctionを修正したものは以下の通りです。先ほどは指定していなかったpropertiesの各要素に対するdescriptionの指定も行っていますが、行数を大きく削減することができました。functionの内容や引数の内容が読み取りやすくなっていることにも注目してください。

▼サンプル19_10.xlsm

```
1  Private Sub ExtractIntentAndEntitiesFunctionWithHelpers()
2      Dim messages(0) As New Dictionary
3      messages(0).Add "role", "user"
4      messages(0).Add "content", "佐賀の天気は？"
5  
6      Dim functions(2) As New Dictionary
7      Set functions(0) = ChatGPT.MakeFunction("get_weather", _
8          "指定された都市の天気予報を取得します")
9      ChatGPT.AddProperty functions(0), "city", "string", "対象の都市", True
10 
11     Set functions(1) = ChatGPT.MakeFunction("get_restaurant_info", _
12         "指定された都市の指定された条件に基づく飲食店を検索します")
13     ChatGPT.AddProperty functions(1), "city", "string", "対象の都市", True
```

```
14        ChatGPT.AddProperty functions(1), "condition", "string", "飲食店の検索条件", True
15
16        Set functions(2) = ChatGPT.MakeFunction("get_title_info", _
17            "指定された都市の指定された条件に基づく作品情報を取得します")
18        ChatGPT.AddProperty functions(2), "city", "string", "対象の都市", True
19        ChatGPT.AddProperty functions(2), "condition", "string", "作品の検索条件", True
20
21        Dim completion As Collection
22        Set completion = ChatGPT.ChatCompletion(messages, _
23            model:="gpt-3.5-turbo-0613", functions:=functions)
24
25        If IsNull(completion(1)("message")("content")) Then
26            Debug.Print completion(1)("message")("function_call")("name")
27            Debug.Print completion(1)("message")("function_call")("arguments")
28        Else
29            Debug.Print completion(1)("message")("content")
30            Exit Sub
31        End If
32
33        Dim function_name As String
34        function_name = completion(1)("message")("function_call")("name")
35
36        Dim extracted As Dictionary
37        Set extracted = JsonConverter.ParseJson(completion(1)
          ("message")("function_call")("arguments"))
38
39        If function_name = "get_weather" Then
40            '天気予報の処理
41            Debug.Print extracted("city") & "は風が強く吹くでしょう。"
42        ElseIf function_name = "get_restaurant_info" Then
43            '飲食店検索の処理
44            Debug.Print extracted("city") & "の「" & _
45                extracted("condition") & "」のお店は、ドライブイン鳥です。"
46        ElseIf function_name = "get_title_info" Then
47            '情報検索の処理
48            Debug.Print extracted("city") & "の「" & _
49                extracted("condition") & "」といえば、ゾンビランドサガです。"
50        End If
51    End Sub
```

20 依頼リストの仕分けと処理の自動化

仕分けから実行まで自動化を目指す

コンタクトセンターに届くお問い合わせをリスト化して回答する業務を想定してみてください。従来であれば1件ずつメールを開いて内容を確認し、仕分けの上、システムやデータベース等を確認して回答するといった作業を繰り返し行っていることでしょう。このSectionではそのような問い合わせ内容の仕分けと、問い合わせ内容に応じたデータ取得や別シートへの情報転記などの後続処理を一括して自動化する実践的なユースケースを解説していきます。このSectionのプログラムを用いることで、複数種類の依頼や申請、照会等を受け付けて仕分けする、以下のような業務であれば広く自動化できるようになります。

- **情報システム部のサポート依頼受付**
- **総務部の購買申請受付**
- **営業推進部のキャンペーン申し込み受付**

▼［依頼一覧］シート

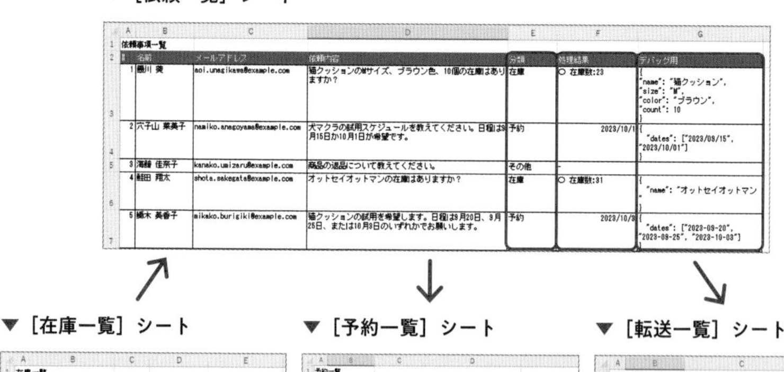

▼［在庫一覧］シート　▼［予約一覧］シート　▼［転送一覧］シート

お客さまからの問い合わせが一覧で入力されている［依頼一覧］シートを読み取り、［分類］列に問い合わせを「在庫」「予約」「その他」に振り分けた結果を、［処理結果］列には在庫の有無と在庫数、または商品サンプルの試用スケジュールを入力する。商品の試用や他部署への転送が必要な場合は［予約一覧］と［転送一覧］に内容を入力する

想定する業務と利用するデータ

このSectionで想定する業務や利用するデータは以下の通りとします。実際の業務に適用する場合は、問い合わせの種類を実際のものに変更し、問い合わせの種類に応じた処理内容や利用データを用意しましょう。

- **ユーザーは商社のスタッフで、お客さまからの問い合わせに対応**
- **問い合わせの種類は在庫確認、商品サンプル試用のスケジュール予約、その他の照会の3つに大別される**
- **在庫確認の場合、在庫一覧のシートから在庫を確認し、有無を回答する。それ以外の場合は他部署に問い合わせを転送する**
- **商品サンプル試用のスケジュール予約の場合、予約一覧にスケジュールを入力する**
- **商品は猫クッション、犬マクラ、オットセイオットマンの3種類を扱っており、それぞれS､M､Lの3サイズ、ブラウン、ピンク、ホワイトの3カラーで展開している**
- **利用するワークシートは次の通り。依頼一覧はお客さまからの問い合わせを一覧化したもの、在庫一覧は在庫確認の際に参照すべき商品別在庫情報、予約一覧はスケジュール予約の際の日程の入力先、転送一覧はその他の問い合わせの際に転送する情報の入力先**

▼［依頼一覧］シート

依頼事項一覧

#	名前	メールアドレス	依頼内容	分類	処理結果	デバッグ用
1	鰻川 葵	aoi.unagikawa@example.com	猫クッションのMサイズ、ブラウン色、10個の在庫はありますか？			
2	穴子山 菜美子	namiko.anagoyama@example.com	犬マクラの試用スケジュールを教えてください。日程は9月15日か10月1日が希望です。			
3	海猿 佳奈子	kanako.umizaru@example.com	商品の返品について教えてください。			
4	鮭田 翔太	shota.sakegata@example.com	オットセイオットマンの在庫はありますか？			
5	鰤木 美香子	mikako.burigiki@example.com	猫クッションの試用を希望します。日程は9月20日、9月25日、または10月3日のいずれかでお願いします。			
6	穴子原 勇太	yuta.anagihara@example.com	送料について教えてください。			
7	鮎沢 千尋	chihiro.ayusawa@example.com	犬マクラの在庫はありますか？			
8	鯛島 太一	taichi.taijima@example.com	オットセイオットマンの試用予約をお願いします。日程は8月25日、9月5日、または10月10日のいずれかでお願いします。			
9	鰻谷 さくら	sakura.unagidani@example.com	商品のカスタマイズについて教えてください。			
10	鮪野 祐介	yusuke.magurono@example.com	猫クッションの色は何種類ありますか？			
11	鰻沢 茜	akane.unagisawa@example.com	犬マクラの試用申し込みをしたいです。日程は8月30日か9月10日が希望です。			
12	鰭本 正義	masayoshi.kihon@example.com	お支払い方法について教えてください。			

お客さまからの問い合わせが一覧で入力されている

▼［在庫一覧］シート

在庫一覧

#	名前	サイズ	カラー	在庫数
1	猫クッション	L	ブラウン	3
	猫クッション	L	ピンク	7
	猫クッション	L	ホワイト	8
2	猫クッション	M	ブラウン	23
	猫クッション	M	ピンク	10
	猫クッション	M	ホワイト	3
3	猫クッション	S	ブラウン	5
	猫クッション	S	ピンク	7

各商品の在庫情報が入力されている

▼［予約一覧］シート

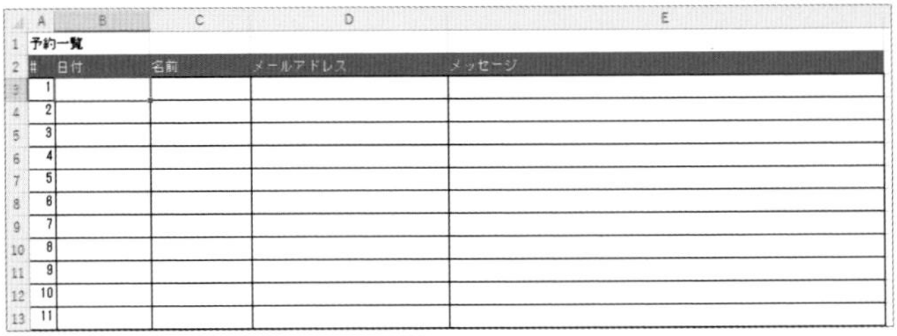

予約一覧

#	日付	名前	メールアドレス	メッセージ
1				
2				
3				
4				
5				
6				
7				
8				
9				
10				
11				

［依頼一覧］シートから読み取った商品サンプル試用のスケジュールや問い合わせしてきた顧客の情報を入力するためのシート

▼［転送一覧］シート

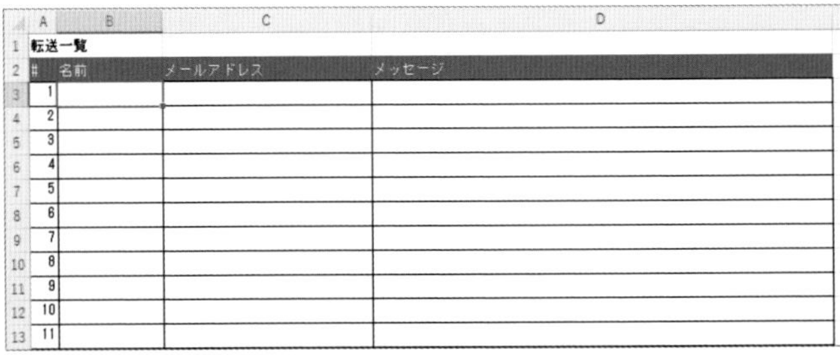

転送一覧

#	名前	メールアドレス	メッセージ
1			
2			
3			
4			
5			
6			
7			
8			
9			
10			
11			

他部署への転送が必要な、在庫確認と商品サンプル試用以外の問い合わせの情報を入力するためのシート

Column

ChatGPT APIはWeb版よりも遅い？

Web版のChatGPTは質問を入力するとすぐに応答メッセージが返ってくるのに対して、ChatGPT APIではしばらく待ってから応答が返ってくることを不思議に思う方もいらっしゃるのではないでしょうか。この差は特に文章が長い場合に顕著になります。

実際にWebとAPIとでは処理速度に違いがあるのかもしれませんが、この差の本質的な原因は体感上のものです。つまりWeb版は応答メッセージが返りはじめるまでが圧倒的に早く、また、シミュレーションゲームのセリフのようにどんどんメッセージが表示されていくことから、長文であっても待ち時間を感じさせないようになっています。APIは応答メッセージをすべて生成し終えてから一気に返すため、長くなればなるほど応答までに時間が掛かり、これを長い待ち時間として感じてしまうことになります。処理完了までの全体の時間で見ると、APIの処理速度は特に問題になるほど遅いわけではありません。

実はAPIでも応答メッセージを生成する度に順次受け取ることができるようになっており、streamパラメーターにtrueを設定することで利用することができます。残念ながらExcel VBAとServerXMLHTTPの組み合わせではstreamを利用することができませんが、ChatGPTを利用したサービスで応答が速いものを見かけたらこの機能を利用していると考えて間違いないでしょう。

仕分け処理の作成

まずは後続処理は行わず、問い合わせの仕分け処理までを作ってみましょう。ChatGPTに登録するfunctionは以下の通りです。

- **get_stock：指定された商品の在庫状況を取得します。商品名、サイズ、色、必要数を引数にとります。**
- **make_reservation：予約を作成します。日付を引数にとります。**

依頼一覧を読み取ってuserメッセージに設定し、これらのfunctionをパラメーターに指定してChatGPTを呼び出します。

▼サンプル20_01.xlsm

```
1  Public Sub JustRoute()
2      Dim sht As Worksheet
3      Set sht = ActiveSheet
4
5      Dim colName As Integer
6      Dim colMail As Integer
7      Dim colUserMessage As Integer
8      Dim colCategory As Integer
9      Dim colResult As Integer
10     Dim colDebug As Integer
11     colName = 2
12     colMail = 3
13     colUserMessage = 4
14     colCategory = 5
15     colResult = 6
16     colDebug = 7
17
18     Dim startRow As Long
19     startRow = 3
20
21     Dim messages(1) As New Dictionary
22     messages(0).Add "role", "system"
23     messages(0).Add "content", _
24     "* あなたは商社のスタッフで、お客さまからの依頼に対応しています。" & vbCrLf & _
```

❶（5〜19行目）
❷（20〜24行目）

```
25 "* 依頼の種類は在庫確認、商品サンプル試用のスケジュール予約、その他の照会や依頼
   の3つの種類に大別されます。" & vbCrLf & _
26 "* 依頼の種類に応じて処理しますが、処理方法が不明な場合は回答内容ではなく「処理
   対象外」と応答してください。" & vbCrLf & _
27 "* 現在の日付時刻は" & Now & "です。" & vbCrLf & _
28 "* 商品の種類は、猫クッション、犬マクラ、オットセイオットマンです。" & vbCrLf & _
29 "* 商品のサイズは、S、M、Lです。" & vbCrLf & _
30 "* 商品の色は、ブラウン、ピンク、ホワイトです。"
31 messages(1).Add "role", "user"
32 
33 Dim functions(1) As New Dictionary
34 Set functions(0) = ChatGPT.MakeFunction( _
35 "get_stock", "指定された商品の在庫状況を取得します。")
36 ChatGPT.AddProperty functions(0), "name", "string", "商品名", True
37 ChatGPT.AddProperty functions(0), "size", "string", "サイズ"
38 ChatGPT.AddProperty functions(0), "color", "string", "色"
39 ChatGPT.AddProperty functions(0), "count", "integer", "必要数"
40 
41 Set functions(1) = ChatGPT.MakeFunction("make_reservation", "予約を作成します。")
42 ChatGPT.AddProperty( _
43     functions(1), "dates", "array", "日程候補", True _
44 ).Add "type", "string"
45 
46 Debug.Print JsonConverter.ConvertToJson(functions)
47 
48 Dim row As Long
49 row = startRow
50 Do While sht.Cells(row, colUserMessage).Value <> ""
51     If sht.Cells(row, colResult).Value = "" Then
52         messages(1)("content") = sht.Cells(row, colUserMessage)
53         Dim completion As Collection
54         Set completion = ChatGPT.ChatCompletion( _
55             messages, model:="gpt-3.5-turbo-0613", functions:=functions)
56 
57         Dim message As Dictionary
58         Set message = completion(1)("message")
59 
60         If IsNull(message("content")) Then
61             Dim args As Dictionary
62             Set args = _
```

❷ (25–30) ❸ (34–39) ❹ (41–44) ❺ (54–55)

```
63                  JsonConverter.ParseJson(message("function_call")
                    ("arguments"))
64              sht.Cells(row, colDebug).Value = message("function_
                call")("arguments")
65
66              If message("function_call")("name") = "get_stock" Then
67                  sht.Cells(row, colCategory).Value = "在庫"
68
69              ElseIf message("function_call")("name") = "make_
                reservation" Then
70                  sht.Cells(row, colCategory).Value = "予約"
71
72              End If
73
74          Else
75              sht.Cells(row, colCategory).Value = "その他"
76          End If
77      End If
78
79      row = row + 1
80      DoEvents
81  Loop
82
83  MsgBox "依頼事項の処理を完了しました", vbInformation
84 End Sub
```

❶……レイアウト情報の設定：氏名、メールアドレス、要求本文、分類、処理結果、デバッグ確認用のそれぞれの列と開始行を格納する変数を宣言し、それぞれ値を代入します。

❷……systemメッセージの設定：想定する業務とデータで挙げた情報をChatGPTに知らせる内容にします。

❸……在庫確認functionの作成：指定された商品の在庫状況を取得するget_stockを作成し、パラメーターとして商品名、サイズ、色、必要数を定義します。

❹……予約作成functionの作成：予約を作成するmake_reservationを作成し、パラメーターとして日程候補を定義します。日程候補のデータ型は配列とし、その要素のデータ型を文字列型として追加します。

❺……ChatGPTの呼び出し：Function Callingに対応したモデルgpt-3.5-turbo-0613と❸❹で作成したfunctionsを指定してChatGPT APIを呼び出します。

❻……デバッグ情報の出力：応答メッセージのarguments要素の値として格納されているJSON文字列を解析し、Dictionary型変数argsに格納します。また、JSON文字列をそのままワークシートの［デバッグ用］欄に出力します。

❼……functionに応じた処理：ChatGPTにより選択された処理がget_stockの場合は在庫、make_reservationの場合は予約、それ以外の場合はその他とワークシートの分類欄に出力します。

プログラムを作成したら、ワークシートに戻って実行してみましょう。ChatGPTが依頼内容を読み取って自動的に振り分けを行った結果として、[分類]欄に「在庫」「予約」「その他」のいずれかの文字列が出力されていきます。また、[デバッグ用] の項目にChatGPTからの応答内容が出力されます。想定通りの結果にならなかったときはこの欄を確認することで、ChatGPTがどのように認識したのかを把握することができます。

▼実行結果

依頼事項一覧

#	名前	メールアドレス	依頼内容	分類	処理結果	デバッグ用
1	鰻川 葵	aoi.unagikawa@example.com	猫クッションのMサイズ、ブラウン色、10個の在庫はありますか？	在庫		{ "name": "猫クッション", "size": "M", "color": "ブラウン", "count": 10 }
2	穴子山 菜美子	namiko.anagoyama@example.com	犬マクラの試用スケジュールを教えてください。日程は9月15日か10月1日が希望です。	予約		{ "dates": ["2023-09-15", "2023-10-01"] }
3	海鰡 佳奈子	kanako.umizaru@example.com	商品の返品について教えてください。	その他		
4	鮭田 翔太	shota.sakegata@example.com	オットセイオットマンの在庫はありますか？	在庫		{ "name": "オットセイオットマン" }
5	鰤木 美香子	mikako.burigiki@example.com	猫クッションの試用を希望します。日程は9月20日、9月25日、または10月3日のいずれかでお願いします。	予約		{ "dates": ["2023-09-20", "2023-09-25", "2023-10-03"] }
6	穴子原 勇太	yuta.anagihara@example.com	送料について教えてください。	その他		
7	鮎沢 千尋	chihiro.ayusawa@example.com	犬マクラの在庫はありますか？	在庫		{ "name": "犬マクラ" }
8	鯛島 太一	taichi.taijima@example.com	オットセイオットマンの試用予約をお願いします。日程は8月25日、9月5日、または10月10日のいずれかでお願いします。	予約		{ "dates": ["2023-08-25", "2023-09-05", "2023-10-10"] }
9	鰻谷 さくら	sakura.unagidani@example.com	商品のカスタマイズについて教えてください。			

[依頼一覧] シートをアクティブにし、「JustRoute」を実行する。[分類] 列に依頼内容を読み取った結果として「在庫」「予約」「その他」のいずれかが入力され、[デバッグ用] 列にJSON形式の応答メッセージが表示される。処理を中断したい場合は Esc キーを押す

なお実際の業務に応用する場合、systemメッセージとしてChatGPTに渡す情報は当該業務に即した内容にしてください。また、functionやその引数の名称はChatGPTが理解しやすいように社内固有の用語を避け、一般的な名称を使用するようにしましょう。

Column

JSON SchemaはChatGPTに聞いてみよう

JSON Schemaを定義する際には頭の中が混乱してしまいがちです。そんなときは、argumentsとして受け取りたい値を例示してChatGPTに教えてもらいましょう。正解を見ながらVBAで定義すれば、ミスもなくなり負担も大幅に軽減されます。

```
次のデータを表現するためのJSON Schemaを教えてください。
```
{ "animals": [{"name": "unagi", "age": 38}, {"name": "anago",
"age": 4}] }
```
```

後続処理の作成

次に、分類に応じて実行する在庫数の取得処理、スケジュール予約処理、その他の問い合わせの転送処理を作成しましょう。

■ 在庫数の取得処理

▼サンプル20_02.xlsm

```
1  Private Function GetStockCount( _
2      name As String, Optional size As String, Optional color As String _
3  ) As Integer
4      Dim sht As Worksheet
5      Set sht = Sheets("在庫一覧")
6
7      Dim colName As Integer                                  ❶
8      Dim colSize As Integer
9      Dim colColor As Integer
10     Dim colCount As Integer
11     Dim rowStart As Long
12     colName = 2
13     colSize = 3
14     colColor = 4
15     colCount = 5
16     rowStart = 3
17
18     Dim count As Integer
19     count = 0
20
21     Dim row As Long
22     row = rowStart
23     Do While sht.Cells(row, colName).Value <> ""
24         If sht.Cells(row, colName) = name Then              ❷
25             If size = "" Or sht.Cells(row, colSize) = size Then
26                 If color = "" Or sht.Cells(row, colColor) = color Then
27                     count = count + sht.Cells(row, colCount)
28                 End If
29             End If
30         End If
```

```
31            row = row + 1
32            DoEvents
33        Loop
34
35        GetStockCount = count
36    End Function
```

❶…… レイアウト情報の定義：商品名、サイズ、色、在庫数の列とデータ開始行の変数を定義し、値を設定します。

❷…… 在庫数の加算：引数に応じて条件を絞り込んだ上で該当する商品の在庫数を足し上げます。

■ スケジュール予約処理

▼サンプル20_02.xlsm

```
1     Private Function MakeReserve( _
2         dates As Collection, name As String, mailAddress As String, body As String _
3     ) As String
4         Dim sht As Worksheet
5         Set sht = Sheets("予約一覧")
6
7         Dim colDate As Integer
8         Dim colName As Integer
9         Dim colMail As Integer
10        Dim colBody As Integer
11        Dim rowStart As Long
12        colDate = 2
13        colName = 3
14        colMail = 4
15        colBody = 5
16        rowStart = 3
17
18        Dim count As Integer
19        count = 0
20
21        Dim row As Long
22        row = rowStart
23
```

(❶: lines 7–16)

```
24      Do
25          If sht.Cells(row, colDate).Value = "" Then
26              sht.Cells(row, colDate).Value = dates(dates.count)
27              sht.Cells(row, colName).Value = name
28              sht.Cells(row, colMail).Value = mailAddress
29              sht.Cells(row, colBody).Value = body
30              MakeReserve = sht.Cells(row, colDate).Value
31              Exit Do
32          End If
33          row = row + 1
34          DoEvents
35      Loop
36  End Function
```

❶……レイアウト情報の定義：予約日、氏名、メールアドレス、要求本文の列とデータ開始行の変数を定義し、値を設定します。

❷……予約レコードの作成：引数として渡された日程や氏名、メールアドレス等を［予約一覧］シートに出力します。この例では複数の日程候補のうち最後の日程を選択するようにしていますが、実際の業務で同様の仕組みを作成する場合には実際に予約可能な日程を選択するようにしましょう。

■ その他の問い合わせの転送処理

▼サンプル20_02.xlsm

```
1   Private Sub TransferRequest(name As String, mailAddress As String, body As String)
2       Dim sht As Worksheet
3       Set sht = Sheets("転送一覧")
4
5       Dim colName As Integer
6       Dim colMail As Integer
7       Dim colBody As Integer
8       Dim rowStart As Long
9       colName = 2
10      colMail = 3
11      colBody = 4
12      rowStart = 3
13
14      Dim count As Integer
15      count = 0
16
```

```
17        Dim row As Long
18        row = rowStart
19
20        Do
21            If sht.Cells(row, colBody).Value = "" Then
22                sht.Cells(row, colName).Value = name
23                sht.Cells(row, colMail).Value = mailAddress
24                sht.Cells(row, colBody).Value = body
25                Exit Do
26            End If
27            row = row + 1
28            DoEvents
29        Loop
30    End Sub
```

❶……レイアウト情報の定義：氏名、メールアドレス、要求本文の列とデータ開始行の変数を定義し、値を設定します。

❷……転送レコードの作成：引数として渡された値を［転送一覧］シートに出力します。

後続処理の接続

最後に、Function Callingによる処理の分類判定結果に応じて、実際に後続処理を実行するようにします。応答メッセージのcontent要素の値のチェック以降を以下のように修正しましょう。

▼サンプル20_02.xlsm

```
58      If IsNull(message("content")) Then
59          Dim args As Dictionary
60          Set args = _
61              JsonConverter.ParseJson(message("function_call")("arguments"))
62          sht.Cells(row, colDebug).Value = message("function_call")("arguments")
63
```

```
64          If message("function_call")("name") = "get_stock" Then
65              sht.Cells(row, colCategory).Value = "在庫"
66
67              Dim count As Integer
68              count = GetStockCount(args("name"), args("size"), args("color"))
69
70              If count >= args("count") Then
71                  sht.Cells(row, colResult).Value = "○ 在庫数:" + CStr(count)
72              Else
73                  sht.Cells(row, colResult).Value = "× 在庫数:" + CStr(count)
74              End If
75
76          ElseIf message("function_call")("name") = "make_reservation" Then
77              sht.Cells(row, colCategory).Value = "予約"
78
79              sht.Cells(row, colResult).Value = MakeReserve( _
80                  args("dates"), _
81                  sht.Cells(row, colName).Value, _
82                  sht.Cells(row, colMail).Value, _
83                  sht.Cells(row, colUserMessage).Value)
84
85          End If
86
87      Else
88          sht.Cells(row, colCategory).Value = "その他"
89
90          TransferRequest _
91              sht.Cells(row, colName).Value, _
92              sht.Cells(row, colMail).Value, _
93              sht.Cells(row, colUserMessage).Value
94          sht.Cells(row, colResult).Value = "-"
95
96      End If
```

❶ (lines 65–74) ❷ (lines 77–83) ❸ (lines 88–94)

❶……在庫確認処理の実行：name要素、size要素、color要素の値を引数としてFunctionプロシージャーGetStockCountを実行し、条件に対応する在庫数を取得します。必要数以上の在庫があれば「○」を、下回っていれば「×」をぞれぞれ在庫数とともに［処理結果］欄に出力します。

❷……予約作成処理の実行：dates要素やワークシートの［氏名］欄、［メールアドレス］欄、［要求本文欄］の値を引数にFunctionプロシージャーMakeReserveを実行し、戻り値である予約日を［処理結果］欄に出力します。

❸……その他の処理の実行：ワークシートの［氏名］欄、［メールアドレス］欄、［要求本文］欄の値を引数にSubプロシージャーTransferRequestを実行し、［処理結果］欄に「-」を出力します。

実行して、処理の分類から実行まで自動的に行われることを確認しましょう。手作業で処理するよりも大幅に効率化されますが、いくつかの分類が誤っていることもあります。ChatGPTに限らずAIによる処理に100%の正確さを求めることはできませんので、ミスが許されない業務で利用する場合は処理結果を必ず人間がチェックするようにしましょう。

▼実行結果

D	E	F	G
オットセイオットマンのピンクは在庫はありますか？	在庫	○ 在庫数:8	{ "name": "オットセイオットマン", "color": "ピンク" }
猫クッションの試用スケジュールを確認したいです。日程は9月5日、9月20日、または10月3日のいずれかでお願いします。	予約	2023/10/3	{ "dates": ["2023-09-05", "2023-09-20", "2023-10-03"] }
商品の耐久性について教えてください。	その他	-	
犬マクラの在庫はありますか？	在庫	○ 在庫数:50	{ "name": "犬マクラ" }
オットセイオットマンの試用を希望します。日程は8月28日か9月8日が希望です。	予約	2023/9/8	{ "dates": ["2023-08-28", "2023-09-08"] }
配送先の変更手続きについて教えてください。	その他	-	
猫クッションのSサイズ、ホワイト色、10個あるかしら？	在庫	× 在庫数:3	{ "name": "猫クッション", "size": "S", "color": "ホワイト", "count": 10 }

必要数以上の在庫があれば「○」を、下回っていれば「×」が入力される。在庫がある場合は在庫数も入力される

予約一覧

#	日付	名前	メールアドレス	メッセージ
1	2023/10/1	穴子山 菜美子	namiko.anagoyama@example.com	犬マクラの試用スケジュールを教えてください。日程は9月15日か10月1日が希望です。
2	2023/10/3	鰤木 美香子	mikako.burigiki@example.com	猫クッションの試用を希望します。日程は9月20日、9月25日、または10月3日のいずれかでお願いします。
3	2023/10/10	鯛島 太一	taichi.taijima@example.com	オットセイオットマンの試用予約をお願いします。日程は8月25日、9月5日、または10月10日のいずれかでお願いします。
4	2023/9/10	鰻沢 茜	akane.unagisawa@example.com	犬マクラの試用申し込みをしたいです。日程は8月30日か9月10日が希望です。
5	2023/10/3	穴子島 悠太	yuta.anagishima@example.com	猫クッションの試用スケジュールを確認したいです。日程は9月5日、9月20日、または10月3日のいずれかでお願いします。
6	2023/9/8	鯉田 美咲	misaki.koida@example.com	オットセイオットマンの試用を希望します。日程は8月28日か9月8日が希望です。
7				
8				

転送一覧

#	名前	メールアドレス	メッセージ
1	海鰌 佳奈子	kanako.umizaru@example.com	商品の返品について教えてください。
2	穴子原 勇太	yuta.anagihara@example.com	送料について教えてください。
3	鰻谷 さくら	sakura.unagidani@example.com	商品のカスタマイズについて教えてください。
4	鯉本 正義	masayoshi.kihon@example.com	お支払い方法について教えてください。
5	鰤田 花子	hanako.burida@example.com	商品の耐久性について教えてください。
6	鯛川 拓海	takumi.taiokawa@example.com	配送先の変更手続きについて教えてください。
7			
8			
9			
10			

［予約一覧］シートと［転送一覧］シートにも商品サンプルの試用スケジュールや、他部署への転送が必要な問い合わせ情報が入力される

処理が完了するとメッセージボックスが表示される

Column

Function Callingによるチャットボット開発革命

依頼内容と関連する情報の抽出は、チャットボットを開発する際にも主要な論点のひとつとして扱われます。これには自然言語解析系のAIサービスを使用することが一般的ですが、依頼内容ごとに大量の例文をAIに学習させる負担が大きい他、「今日はいい天気ですね」という発言を天気予報ではなく雑談として判定させるにはかなりの工夫が必要でした。Function Callingを使うと事前準備なくこの両方に対応できるため、今後は安価で高品質なチャットボットがあらゆるシーンに登場してくることでしょう。

21 製品比較表の自動作成

製品比較表作成の手順

業務でもプライベートでも、私たちは製品やサービスを購入する際にそれらの比較検討を行います。特に業務の場合は購入や予算獲得のための稟議書の添付資料として比較表を作成することが多いでしょう。このSectionでは、製品比較表を文字通り完全自動作成するテクニックを解説します。

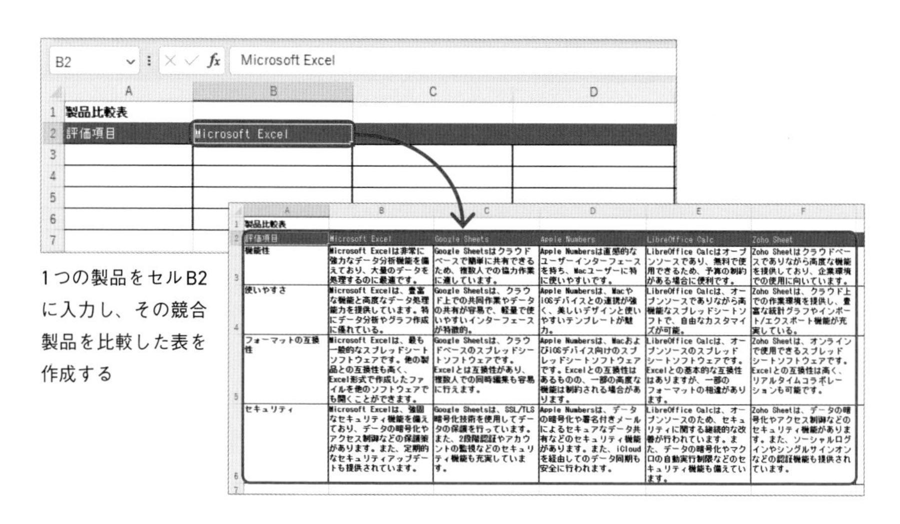

製品比較表

評価項目	Microsoft Excel	Google Sheets	Apple Numbers	LibreOffice Calc	Zoho Sheet
機能性	Microsoft Excelは非常に強力なデータ分析機能を備えており、大量のデータを処理するのに最適です。	Google Sheetsはクラウドベースで簡単に共有できるため、複数人での協力作業に適しています。	Apple Numbersは直感的なユーザーインターフェースを持ち、Macユーザーに特に使いやすいです。	LibreOffice Calcはオープンソースであり、無料で使用できるため、予算の制約がある場合に便利です。	Zoho Sheetはクラウドベースでありながら高度な機能を提供しており、企業環境での使用に向いています。
使いやすさ	Microsoft Excelは、豊富な機能と高度なデータ処理能力を提供しています。特にデータ分析やグラフ作成に優れている。	Google Sheetsは、クラウド上での共同作業やデータの共有が容易で、軽量で使いやすいインターフェースが特徴的。	Apple Numbersは、MacやiOSデバイスとの連携が強く、美しいデザインと使いやすいテンプレートが魅力。	LibreOffice Calcは、オープンソースでありながら高機能なスプレッドシートソフトで、自由なカスタマイズが可能。	Zoho Sheetは、クラウド上での作業環境を提供し、豊富な統計グラフやインポート/エクスポート機能が充実している。
フォーマットの互換性	Microsoft Excelは、最も一般的なスプレッドシートソフトウェアです。他の製品との互換性も高く、Excel形式で作成したファイルを他のソフトウェアでも開くことができます。	Google Sheetsは、クラウドベースのスプレッドシートソフトウェアです。Excelとは互換性があり、複数人での同時編集も容易に行えます。	Apple Numbersは、MacおよびiOSデバイス向けのスプレッドシートソフトウェアです。Excelとの互換性はあるものの、一部の高度な機能は制約される場合があります。	LibreOffice Calcは、オープンソースのスプレッドシートソフトウェアです。Excelとの基本的な互換性はありますが、一部のフォーマットの相違があります。	Zoho Sheetは、オンラインで使用できるスプレッドシートソフトウェアです。Excelとの互換性は高く、リアルタイムコラボレーションも可能です。
セキュリティ	Microsoft Excelは、強固なセキュリティ機能を備えており、データの暗号化やアクセス制御などの保護策があります。また、定期的なセキュリティアップデートも提供されています。	Google Sheetsは、SSL/TLS暗号化技術を使用してデータの保護を行っています。また、2段階認証やアカウントの監視などのセキュリティ機能も充実しています。	Apple Numbersは、データの暗号化や署名付きメールによるセキュアなデータ共有などのセキュリティ機能があります。また、iCloudを経由してのデータ同期も安全に行われます。	LibreOffice Calcは、オープンソースのため、セキュリティに関する継続的な改善が行われています。また、データの暗号化やマクロの自動実行制限などのセキュリティ機能も備えています。	Zoho Sheetは、データの暗号化やアクセス制御などのセキュリティ機能があります。また、ソーシャルログインやシングルサインオンなどの認証機能も提供されています。

1つの製品をセルB2に入力し、その競合製品を比較した表を作成する

一般的に、製品比較表を作成する際の流れは以下の通りです。

❶ 比較対象製品の列挙：製品やサービスのカテゴリーの中から主要なものをいくつかピックアップし、候補とする

❷ 比較軸の設定：購入の意思決定を左右する重要な要素を検討する

❸ 調査コメントの入力：各製品・評価項目について調査し、コメントを入力する

このSectionで作成するツールは、上記のいずれも自動化できるように処理を作成していきます。なお完全自動化とはいっても❸については正確性に対する保証がないため、記載内容のチェックは必須である点には注意が必要です。

比較対象製品の列挙

まずは比較対象製品を自動的に列挙する処理を作成します。製品カテゴリーを説明して列挙することもできますが、その特徴を詳細に説明することは難しいことに加え、比較を行う際には何らかの基準となる製品を念頭に置いていることが多いでしょう。このため、その製品を1つ挙げてその競合製品を列挙する方式とします。

はじめに、これから作成するプログラムで使用する定数をまとめて宣言しておきましょう。ROW_PRODUCTは製品名の見出し行、COL_CRITERIAは評価項目の見出し列を、COMPETITOR_COUNTは比較する競合製品の数、PROMPTはsystemメッセージに使用する文言です。

▼サンプル21_01.xlsm

```
1  Private Const ROW_PRODUCT As Long = 2
2  Private Const COL_CRITERIA As Integer = 1
3
4  Private Const COMPETITOR_COUNT As Integer = 4
5  Private Const CRITERIA_COUNT As Integer = 4
6
7  Private Const PROMPT As String = "あなたはIT分野に詳しいシンクタンクのリサーチャーです。"
```

systemメッセージに設定する値は、これから比較する製品カテゴリーに詳しい職業として振る舞わせるものにすることで、応答メッセージの中で使用される単語や言い回しが適したものになります。

次に競合製品名を列挙するプログラムを以下のように作成します。

▼サンプル21_01.xlsm

```
1  Public Sub ListCompetitors()
2      Dim sht As Worksheet
3      Set sht = ActiveSheet
4
5      Dim i As Integer
6
7      Dim mainProductName As String
8      mainProductName = sht.Cells(ROW_PRODUCT, COL_CRITERIA + 1).Value   ❶
```

```
9       If mainProductName = "" Then
10          Exit Sub
11      End If
12
13      Dim functions(0) As New Dictionary
14      Set functions(0) = ChatGPT.MakeFunction( _
15          "get_competitor", _
16          "与えられた製品の競合製品名を" & CStr(COMPETITOR_COUNT) & _
17          "つ取得します。")
18      For i = 0 To COMPETITOR_COUNT - 1
19          ChatGPT.AddProperty _
20              functions(0), _
21              "competitor_" & CStr(i), _
22              "string", CStr(i) & "つめの競合製品名", _
23              True
24      Next
25
26      Dim messages(1) As New Dictionary
27      messages(0).Add "role", "system"
28      messages(0).Add "content", PROMPT
29      messages(1).Add "role", "user"
30      messages(1)("content") = mainProductName & "の競合となる製品名を" & _
31          CStr(COMPETITOR_COUNT) & "つ挙げてください"
32
33      Dim completion As Collection
34      Set completion = ChatGPT.ChatCompletion( _
35          messages, model:="gpt-3.5-turbo-0613", _
36          functions:=functions, function_call:=functions(0)("name"))
37      Debug.Print completion(1)("message")("function_call")("arguments")
38
39      Dim products
40      products = JsonConverter.ParseJson( _
41          completion(1)("message")("function_call")("arguments")).Items
42
43      sht.Range( _
44          sht.Cells(ROW_PRODUCT, COL_CRITERIA + 2), _
45          sht.Cells(ROW_PRODUCT, COL_CRITERIA + COMPETITOR_COUNT + 1) _
46      ) = products
47  End Sub
```

❷ (lines 13–24) ❸ (lines 26–31) ❹ (line 34) ❺ (lines 39–46)

❶……基準製品名の取得：製品見出し行の左端の列、つまり評価項目見出し列の右隣の列から値を取得し、基準となる製品名とします。

❷……functionsの作成：競合製品名を取得するget_competitorを作成し、パラメーターとして定数COMPETITOR_COUNTで指定した数の競合製品名を定義します。

❸……messagesの作成：基準製品名と比較すべき競合製品の数をuserメッセージに設定します。

❹……ChatGPTの呼び出し：Function Callingに対応したモデルgpt-3.5-turbo-0613と❷で作成したfunctions、また、functionsに含まれる1つ目の処理を必ず選択するようにfunction_callに指定してChatGPT APIを呼び出します。

❺……製品名のワークシートへの書き出し：応答メッセージのarguments要素として戻された値を解析してVariant型の変数productsに代入し、ワークシートの範囲に対して一括して入力します。

実行すると以下のようにイミディエイトウィンドウに製品名が列挙されたJSONデータが表示されるとともに、ワークシートの製品名見出し行に製品名が列挙されます。

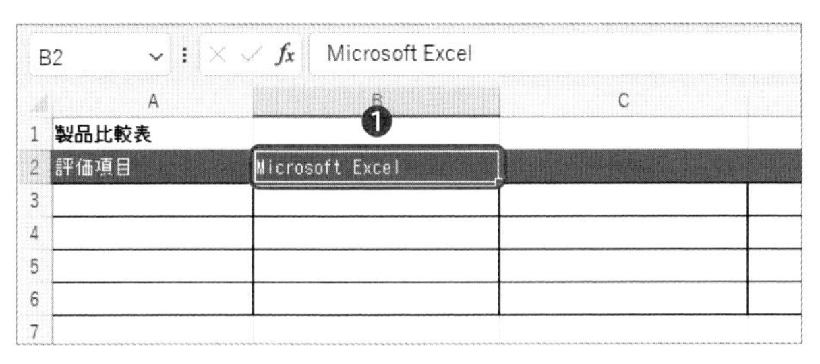

ここでは「Excel」を基に製品比較表を作成する。❶セルB2に「Microsoft Excel」と入力し、ListCompetitorsを実行

▼実行結果

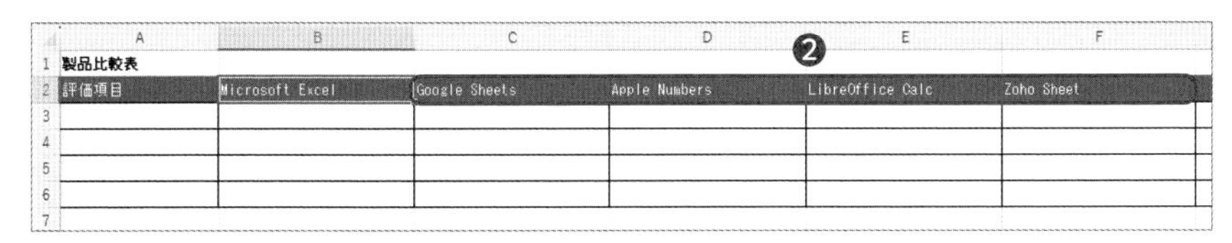

❷ChatGPTによって競合製品に挙げられたものが2行目の［評価項目］の行に入力される

イミディエイト

```
{
"competitor_0": "Google Sheets",
"competitor_1": "Apple Numbers",
"competitor_2": "LibreOffice Calc",
"competitor_3": "Zoho Sheet"
}
```

❸

❸イミディエイトウィンドウに製品名が列挙されたJSONデータが表示される

Section20では在庫数の確認処理などFunction Callingによって選択された処理を行うために利用していましたが、必ずしも選択された処理を行う必要はなく、応答メッセージを確実にJSON形式で受け取りたいケースにも役立てることができます。

このSectionでは受信したメッセージを適切に分割してセルに出力する必要があるため、プログラムで扱いやすいJSON形式で応答メッセージを受け取ることが特に重要となります。プロンプトエンジニアリングによって出力形式の固定化を試みるよりも効率的なため、このようなケースでもFunction Callingを積極的に活用していきましょう。

評価項目の設定

続いて、比較軸を設定する処理を作成します。ワークシートに列挙されている製品名をuserメッセージに含み、これらを評価するのにふさわしい評価項目を定数CRITERIA_COUNTで指定した数だけ列挙しています。

▼サンプル21_02.xlsm

```
1  Public Sub ListEvaluationCriteria()
2      Dim sht As Worksheet
3      Set sht = ActiveSheet
4
5      Dim i As Integer
6
7      Dim productNames() As String                                      ❶
8      Do While sht.Cells(ROW_PRODUCT, COL_CRITERIA + i + 1).Value <> ""
9          ReDim Preserve productNames(i)
10         productNames(i) = sht.Cells(ROW_PRODUCT, COL_CRITERIA + i + 1).Value
11         i = i + 1
12     Loop
13
14     Dim functions(0) As New Dictionary                                ❷
15     Set functions(0) = ChatGPT.MakeFunction( _
16         "get_evaluation_criteria", _
17         "与えられた競合製品を比較するためにふさわしい評価項目を" _
18         & CStr(CRITERIA_COUNT) & "つ取得します。")
```

```
19        For i = 0 To CRITERIA_COUNT - 1
20            ChatGPT.AddProperty _
21                functions(0), _
22                "evaluation_criteria_" & CStr(i), _
23                "string", _
24                CStr(i) & "つめの評価項目", _
25                True
26        Next
27
28        Dim messages(1) As New Dictionary
29        messages(0).Add "role", "system"
30        messages(0).Add "content", PROMPT
31        messages(1).Add "role", "user"
32        messages(1)("content") = Join(productNames, "、") & _
33            "を比較する評価項目としてふさわしいものを日本語で" _
34            & CStr(CRITERIA_COUNT) & "つ挙げてください。"
35
36        Dim completion As Collection
37        Set completion = ChatGPT.ChatCompletion( _
38            messages, model:="gpt-3.5-turbo-0613", _
39            functions:=functions, function_call:=functions(0)("name"))
40        Debug.Print completion(1)("message")("function_call")("arguments")
41
42        Dim criterias
43        criterias = JsonConverter.ParseJson( _
44            completion(1)("message")("function_call")("arguments")).Items
45        sht.Range( _
46            sht.Cells(ROW_PRODUCT + 1, COL_CRITERIA), _
47            sht.Cells(ROW_PRODUCT + CRITERIA_COUNT, COL_CRITERIA) _
48        ) = WorksheetFunction.Transpose(criterias)
49    End Sub
```

(❷: lines 19–26, ❸: lines 28–34, ❹: line 37, ❺: lines 42–48)

❶……製品名の取得：ワークシートの製品名見出し行から製品名を取得し、文字列型の配列の変数productNamesに要素として追加します。

❷……functionsの作成：評価項目を取得するget_evaluation_criteriaを作成し、パラメーターとして定数CRITERIA_COUNTで指定した数の評価項目を定義します。

❸……messagesの作成：Join関数を使用して製品名を「、」で繋げた文字列を作成し、それらを比較するための評価項目を取得するようなuserメッセージ作成します。

❹ ····· ChatGPTの呼び出し：Function Callingに対応したモデルgpt-3.5-turbo-0613と❷で作成したfunctions、また、functionsに含まれる1つ目の処理を必ず選択するようにfunction_callに指定してChatGPT APIを呼び出します。

❺ ····· 評価項目のワークシートへの書き出し：応答メッセージのarguments要素として戻された値を解析してVariant型の変数criteriasに代入し、ワークシートの範囲に対して一括して入力します。評価項目は縦に列挙するため、ワークシート関数のTransposeを使用しています。

実行するとイミディエイトウィンドウに以下のように評価項目が列挙されたJSONデータが表示されるとともに、ワークシートの［評価項目］列に評価項目が列挙されます。

▼実行結果

```
{
"evaluation_criteria_0": "機能性",
"evaluation_criteria_1": "使いやすさ",
"evaluation_criteria_2": "互換性",
"evaluation_criteria_3": "セキュリティ"
}
```

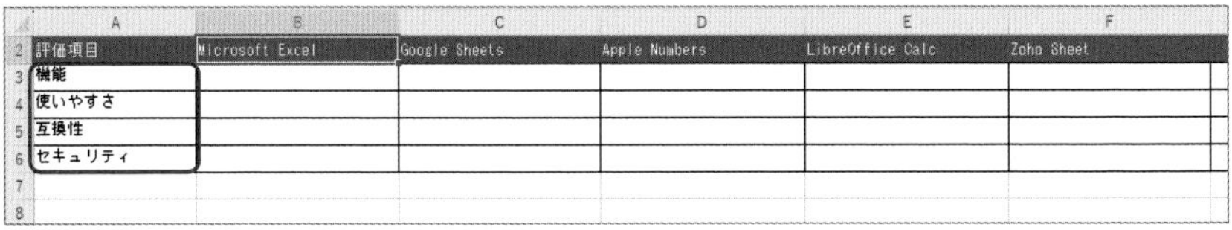

	A	B	C	D	E	F
2	評価項目	Microsoft Excel	Google Sheets	Apple Numbers	LibreOffice Calc	Zoho Sheet
3	機能					
4	使いやすさ					
5	互換性					
6	セキュリティ					
7						
8						

ListCompetitorsを実行した状態で、ListEvaluationCriteriaを実行すると［評価項目］列に評価項目が入力される

なお製品名や製品の数はワークシートから取得しているため、比較対象に加えたい製品があればそれを追加または上書きしたり、除外したい製品があれば削除したりできるようになっています。同様に次に作成する評価コメントを埋める処理もワークシートから評価項目を取得するようにするため、ChatGPTからは多めに評価項目を取得し、特に重要だと考えるものを残して評価コメントを埋めることもできるようになります。

評価コメントの入力

最後に完全自動化の総仕上げとして、評価項目を埋める処理を作成します。次のページのFillCommentは、ワークシートから製品名と評価項目を取得し、評価項目ごとに製品名を列挙したuserメッセージを作成してChatGPTを呼び出しています。これは、製品ごとに評価項目を列挙してChatGPTを呼び出すよりも製品ごとの評価の違いを際立たせるためです。例えば、うなぎの見た目と味について聞かれたとき、「細長くて美味しい魚」と答えることでしょう。これでは、あなごやさんまについて聞かれたときも同じ答えになり、違いが明らかになりません。一方でうなぎ、あなご、さんまの見た目上の違いを聞かれれば、それらの違いを際立たせて答えることでしょう。ChatGPTによる製品評価についても同様の効果を狙って評価項目ごとに各製品を評価するようにしています。

製品ごとに評価

評価軸	うなぎ	あなご	さんま
見た目	細長い	細長い	細長い
味	おいしい	おいしい	おいしい
価格	高い	やや高い	最近は高い

それぞれの評価は妥当だが、製品ごとの違いが際立たない

評価軸ごとに評価

評価軸	うなぎ	あなご	さんま
見た目	黒く細長い	茶色で細長い	銀色で細長い
味	脂がジューシー	たんぱく	香り高い
価格	高い	うなぎより安い	最近は高い

製品ごとの違いが際立つ

▼サンプル21_03.xlsm

```
Public Sub FillComment()
    Dim sht As Worksheet
    Set sht = ActiveSheet

    Dim i As Integer

    Dim productNames() As String
    Do While sht.Cells(ROW_PRODUCT, COL_CRITERIA + i + 1).Value <> ""
        ReDim Preserve productNames(i)
        productNames(i) = sht.Cells(ROW_PRODUCT, COL_CRITERIA + i + 1).Value
        i = i + 1
    Loop

    Dim functions(0) As New Dictionary
    Set functions(0) = ChatGPT.MakeFunction( _
        "get_product_comparison", "与えられた競合製品を比較した評価を取得します。")
    For i = 0 To UBound(productNames)
        ChatGPT.AddProperty _
            functions(0), _
            "comment_for_product_" & CStr(i), _
            "string", _
            CStr(i) & "つめの製品に関する評価コメント", _
            True
    Next

    Dim messages(1) As New Dictionary
    messages(0).Add "role", "system"
    messages(0).Add "content", PROMPT
    messages(1).Add "role", "user"

    i = 0
    Do While sht.Cells(ROW_PRODUCT + i + 1, COL_CRITERIA).Value <> ""
        Dim row As Long
        row = ROW_PRODUCT + i + 1
        Dim criteria As String
        criteria = sht.Cells(row, COL_CRITERIA).Value

```

❶ (7–11行目)　❷ (14–24行目)　❸ (32–37行目)

```
38        messages(1)("content") = Join(productNames, "、") & "を" &
          criteria & "の観点から比較して、特に重要な違いを明確にして評価コメントを
          日本語で200文字程度で作成してください。大きな違いがない場合はその旨コメン
          トしてください。"
39
40        Dim completion As Collection
41        Set completion = ChatGPT.ChatCompletion( _
42            messages, model:="gpt-3.5-turbo-0613", _
43            functions:=functions, function_call:=functions(0)("name"))
44        Debug.Print completion(1)("message")("function_call")("arguments")
45
46        Dim comments
47        comments = JsonConverter.ParseJson( _
48            completion(1)("message")("function_call")("arguments")).Items
49        sht.Range( _
50            sht.Cells(row, COL_CRITERIA + 1), _
51            sht.Cells(row, COL_CRITERIA + UBound(productNames) + 1) _
52        ) = comments
53
54        i = i + 1
55        DoEvents
56    Loop
57 End Sub
```

❶……製品名の取得：ワークシートの製品名見出し行から製品名を取得し、文字列型の配列の変数productNamesに要素として追加します。

❷……functionsの作成：競合製品を比較した評価を取得するget_product_comparisonを作成し、パラメーターとしてワークシートから取得した製品名の数だけコメントを定義します。

❸……評価項目毎に処理：ワークシートの評価項目見出し列に値がある限り、各行を処理します。Join関数を使用して製品名を「、」で繋げた文字列を作成し、それらを比較するための評価項目として評価項目見出し列の値を使用し、それらの製品群を現在の評価項目で比較するuserメッセージを作成します。比較表にふさわしい端的な表現にするための文字数制限や、無理に違いを説明しすぎないようにするための指示を与えている点がポイントです。

❹……ChatGPTの呼び出し：Function Callingに対応したモデルgpt-3.5-turbo-0613と❷で作成したfunctions、また、functionsに含まれる1つ目の処理を必ず選択するようにfunction_callに指定してChatGPT APIを呼び出します。

❺……評価コメントのワークシートへの書き出し：応答メッセージのarguments要素として戻された値を解析して、ワークシートの範囲に対して一括して入力します。

実行するとイミディエイトウィンドウに評価コメントのJSONデータが表示されるとともに、製品比較表のコメントが評価項目ごとに埋まっていきます。

▼実行結果

```
{
  "comment_for_product_0": "Microsoft Excelは強力な計算機能と高度なデータ分析機能を備えており、特にビジネス向けに優れています。",
  "comment_for_product_1": "Google Sheetsはクラウドベースの共同作業が容易で、複数のユーザーが同時に編集できます。",
  "comment_for_product_2": "Apple Numbersはシンプルで使いやすいインターフェースを提供し、MacやiOSデバイスとの連携が強化されています。",
  "comment_for_product_3": "LibreOffice Calcはオープンソースで無料で利用でき、多機能なスプレッドシートソフトウェアです。",
  "comment_for_product_4": "Zoho Sheetはオンラインでのデータ分析やビジネスワークフローとの連携が優れており、小規模ビジネスに適しています。"
}
```

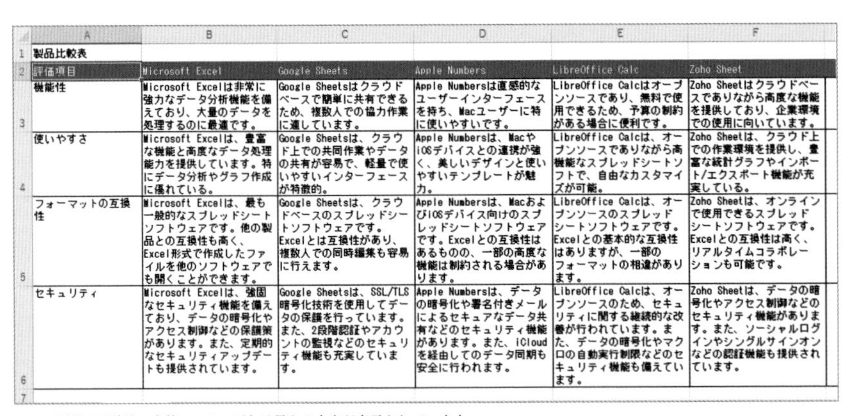

製品比較表

評価項目	Microsoft Excel	Google Sheets	Apple Numbers	LibreOffice Calc	Zoho Sheet
機能性	Microsoft Excelは非常に強力なデータ分析機能を備えており、大量のデータを処理するのに最適です。	Google Sheetsはクラウドベースで簡単に共有できるため、複数人での協力作業に適しています。	Apple Numbersは直感的なユーザーインターフェースを持ち、Macユーザーに特に使いやすいです。	LibreOffice Calcはオープンソースであり、無料で使用できるため、予算の制約がある場合に便利です。	Zoho Sheetはクラウドベースでありながら高度な機能を提供しており、企業環境での使用に向いています。
使いやすさ	Microsoft Excelは、豊富な機能と高度なデータ処理能力を提供しています。特にデータ分析やグラフ作成に優れている。	Google Sheetsは、クラウド上での共同作業やデータの共有が容易で、軽量で使いやすいインターフェースが特徴的。	Apple Numbersは、MacやiOSデバイスとの連携が強く、美しいデザインと使いやすいテンプレートが魅力。	LibreOffice Calcは、オープンソースでありながら高機能なスプレッドシートソフトで、自由なカスタマイズが可能。	Zoho Sheetは、クラウド上での作業環境を提供し、豊富な統計グラフやインポート/エクスポート機能が充実している。
フォーマットの互換性	Microsoft Excelは、最も一般的なスプレッドシートソフトウェアです。他の製品との互換性も高く、Excel形式で作成したファイルを他のソフトウェアでも開くことができます。	Google Sheetsは、クラウドベースのスプレッドシートソフトウェアです。Excelとは互換性があり、複数人での同時編集も容易に行えます。	Apple Numbersは、MacおよびiOSデバイス向けのスプレッドシートソフトウェアです。Excelとの互換性はあるものの、一部の高度な機能は制約される場合があります。	LibreOffice Calcは、オープンソースのスプレッドシートソフトウェアです。Excelとの基本的な互換性はありますが、一部のフォーマットの相違があります。	Zoho Sheetは、オンラインで使用できるスプレッドシートソフトウェアです。Excelとの互換性は高く、リアルタイムコラボレーションも可能です。
セキュリティ	Microsoft Excelは、強固なセキュリティ機能を備えており、データの暗号化やアクセス制御などの保護策があります。また、定期的なセキュリティアップデートも提供されています。	Google Sheetsは、SSL/TLS暗号化技術を使用してデータの保護を行っています。また、2段階認証やアカウントの監視などのセキュリティ機能も充実しています。	Apple Numbersは、データの暗号化や署名付きメールによるセキュアなデータ共有などのセキュリティ機能があります。また、iCloudを経由してのデータ同期も安全に行われます。	LibreOffice Calcは、オープンソースのため、セキュリティに関する継続的な改善が行われています。また、データの暗号化やマクロの自動実行制限などのセキュリティ機能も備えています。	Zoho Sheetは、データの暗号化やアクセス制御などのセキュリティ機能があります。また、ソーシャルログインやシングルサインオンなどの認証機能も提供されています。

※この画像では前述の応答メッセージとは異なる内容が表示されています。

ListCompetitorsとListEvaluationCriteriaを実行した状態で、FillCommentを実行すると評価項目ごとにコメントが入力される

完全自動化はできましたが、最後にこれら3つのプロシージャーを繋げることでワンクリックですべてが完結できるようにしておきましょう。

▼サンプル21_04.xlsm

```
1  Public Sub CompareProducts()
2      ListCompetitors
3      ListEvaluationCriteria
4      FillComment
5  End Sub
```

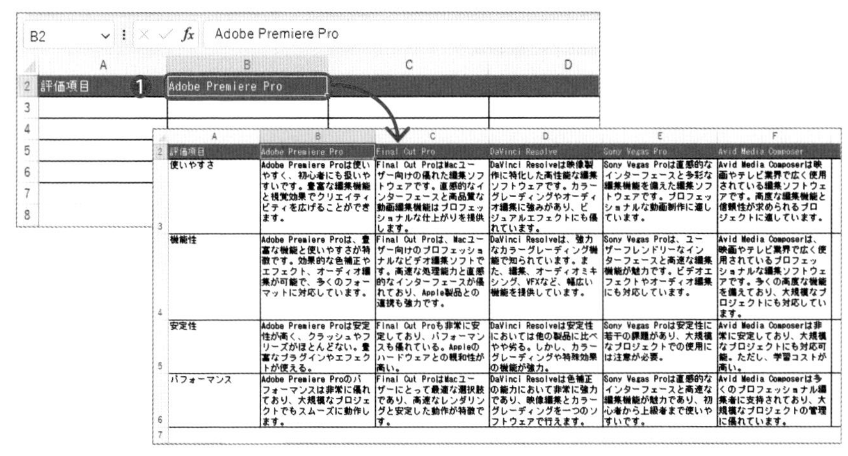

評価項目	Adobe Premiere Pro	Final Cut Pro	DaVinci Resolve	Sony Vegas Pro	Avid Media Composer
使いやすさ	Adobe Premiere Proは使いやすく、初心者にも扱いやすいです。豊富な編集機能と視覚効果でクリエイティビティを広げることができます。	Final Cut ProはMacユーザー向けの優れた編集ソフトウェアです。直感的なインターフェースと高品質な動画編集機能はプロフェッショナルな仕上がりを提供します。	DaVinci Resolveは映像製作に特化した高性能な編集ソフトウェアです。カラーグレーディングやオーディオ編集に強みがあり、ビジュアルエフェクトにも優れています。	Sony Vegas Proは直感的なインターフェースと多彩な編集機能を備えた編集ソフトウェアです。プロフェッショナルな動画制作に適しています。	Avid Media Composerは映画やテレビ業界で広く使用されている編集ソフトウェアです。高度な編集機能と信頼性が求められるプロジェクトに適しています。
機能性	Adobe Premiere Proは、豊富な機能と使いやすさが特徴です。効果的な色補正やエフェクト、オーディオ編集が可能で、多くのフォーマットに対応しています。	Final Cut Proは、Macユーザー向けのプロフェッショナルなビデオ編集ソフトです。高速な処理能力と直感的なインターフェースが優れており、Apple製品との連携も強力です。	DaVinci Resolveは、強力なカラーグレーディング機能で知られています。また、編集、オーディオミキシング、VFXなど、幅広い機能を提供しています。	Sony Vegas Proは、ユーザーフレンドリーなインターフェースと高速な編集機能が魅力です。ビデオエフェクトやオーディオ編集にも対応しています。	Avid Media Composerは、映画やテレビ業界で広く使用されているプロフェッショナルな編集ソフトウェアです。多くの高度な機能を備えており、大規模なプロジェクトにも対応しています。
安定性	Adobe Premiere Proは安定性が高く、クラッシュやフリーズがほとんどない。豊富なプラグインやエフェクトが使える。	Final Cut Proも非常に安定しており、パフォーマンスも優れている。Appleのハードウェアとの親和性が高い。	DaVinci Resolveは安定性においては他の製品に比べやや劣る。しかし、カラーグレーディングや特殊効果の機能が強力。	Sony Vegas Proは安定性に若干の課題があり、大規模なプロジェクトでの使用には注意が必要。	Avid Media Composerは非常に安定しており、大規模なプロジェクトにも対応可能。ただし、学習コストが高い。
パフォーマンス	Adobe Premiere Proのパフォーマンスは非常に優れており、大規模なプロジェクトでもスムーズに動作します。	Final Cut ProはMacユーザーにとって最適な選択肢であり、高速なレンダリングと安定した動作が特徴です。	DaVinci Resolveは色補正の能力において非常に強力であり、映像編集とカラーグレーディングを一つのソフトウェアで行えます。	Sony Vegas Proは直感的なインターフェースと高速な編集機能が魅力であり、初心者から上級者まで使いやすいです。	Avid Media Composerは多くのプロフェッショナル編集者に支持されており、大規模なプロジェクトの管理に優れています。

❶セルB2に製品名（ここでは「Adobe Premiere Pro」）を入力し、CompareProductsを実行すると製品と評価項目の列挙、評価項目ごとのコメントの入力が行われる

これで製品比較表を自動的に作成することができました。ただし正確性に対する保証がないため人間によるチェックは必要となる点についてはあらためて強調しておきます。それであっても、ゼロから比較表を作成するのは骨の折れる作業であるため、製品名や評価項目の候補を挙げてくれるだけでも精神的な負荷の軽減も含めてかなりの効率化が期待できます。また、評価コメントについては特に内容のチェックが必要な部分ですが、**評価項目の中でどのような観点で調査すれば良いかのヒントを得ることができます**。この恩恵も考慮すると、正確性に関する保証がなくても生産性が飛躍的に向上するといえるのではないでしょうか。

なお、あまり一般的に知られていない製品やサービスについて比較を行いたい場合や、正確な事実や最新の情報に基づいた比較を行いたい場合は、次のSection以降で扱うスクレイピングやグラウンディングのテクニックを組み合わせることで実現することができるでしょう。

Webブラウザーと連携する準備と注意点

Excel VBA×Webブラウザーは業務利用の二大アプリ

Excel VBAとWebブラウザーは業務で利用することが特に多いアプリケーションではないでしょうか。この2つを組み合わせて自動化することで、業務効率化の範囲が大幅に広がります。このSectionでは、その事前準備としてExcel VBAからWebブラウザーを操作するテクニックやその注意事項について解説します。

■ WebDriverのダウンロード

Webブラウザーのバージョンを確認してWebDriverをダウンロードする

■ 開発者ツールの操作方法

Webページ内の要素を［開発者ツール］で確認する

規約に違反したスクレイピングは厳禁

Webブラウザーをプログラムから操作してWebページから情報を取得することを「スクレイピング」と呼びます。情報収集やシステム連携等の自動化に役立つ手法として活用が広まっている反面、プログラムからの大量のアクセスによってWebページに過大な負荷を掛けてしまうなど、使い方次第で問題を引き起こしてしまうこともあります。特に以下の点に留意して、Webページの所有者に迷惑を掛けることなく利用しましょう。

❶ 利用規約の遵守

スクレイピングを利用規約で明示的に禁止している場合は、スクレイピングを行わないようにしましょう。Googleの検索画面やAmazon、X（旧Twitter）などの大手サービスもスクレイピングを禁止しています。

❷ robots.txtの確認

robots.txtは検索エンジンをはじめとしたプログラムがWebページを読み取ることの可否を定義したファイルです。Webサイトのトップページと同じ階層にrobots.txtが配置されていて、クロールが禁止されている場合は、スクレイピングを行わないようにしましょう。このファイルの中に記載されたAllowは読み取って良い場所、Disallowは読み取り不可の場所を定義しています。例としてインプレスのWebサイトの定義を見ると、あらゆるプログラムからの/searchの読み取りを禁止しています。

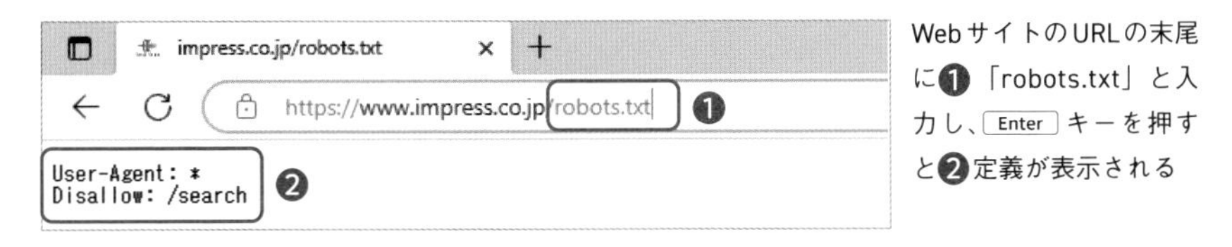

Webサイトの URLの末尾に❶「robots.txt」と入力し、Enter キーを押すと❷定義が表示される

❸ 数秒間のアクセス間隔の設定

上記の❶と❷でスクレイピングが許可されていることが確認できた場合であっても、短時間に大量にアクセスすることでWebページに過大な負荷を掛けてしまい、最悪の場合はサービスを利用できなくしてしまう場合があります。繰り返しアクセスする場合には必ず3秒以上程度の間隔を設けるようにプログラムを作成しましょう。

❹ 取得した情報の扱い

Webページから取得した情報の著作権は、すべて当該Webページまたはその引用元に帰属します。原則として情報を外部に公開しないようにしましょう。

これらは主にインターネットのWebページからスクレイピングすることを想定したものですが、特に❸については企業内のWebページにもあてはまります。ルールやマナーを守って技術を安全に使いこなしましょう。

WebDriverをインストールする

Microsoft EdgeやGoogle Chromeなどの主要なWebブラウザーは、外部のプログラムから自動操作するための機能をWebDriverというツールを通じて提供しています。このWebDriverはHTTP通信によるインターフェイスを提供しているため、Excel VBAをはじめ様々なプログラミング言語から利用することができます。

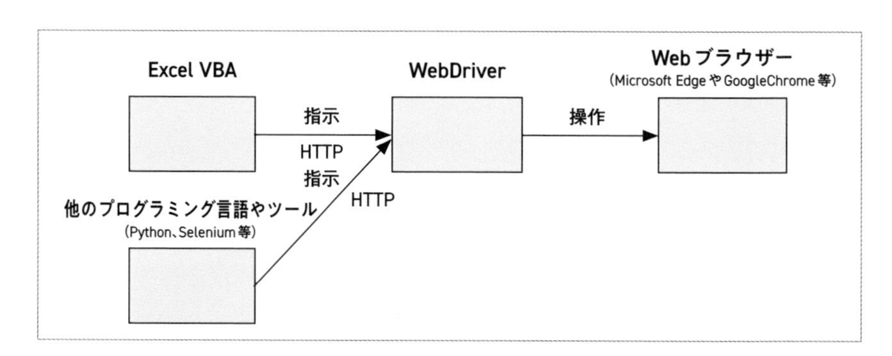

準備として、まずはWebDriverを入手しましょう。ここではMicrosoft Edgeを使用することを想定した手順とします。WebブラウザーのバージョンとWebDriverのバージョンが一致しないと動作しませんので、特に注意しましょう。

■ Microsoft Edgeのバージョンを確認する

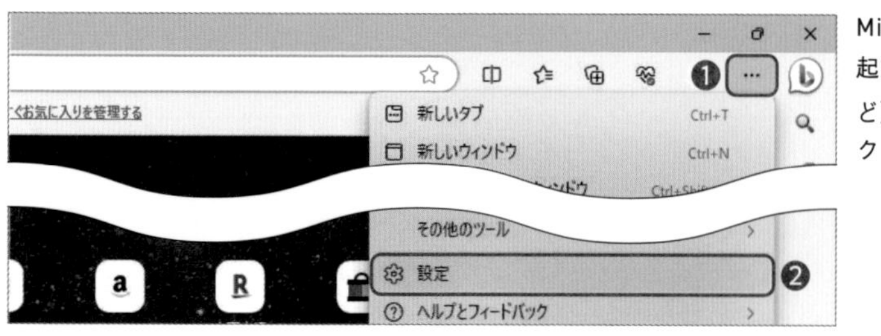

Microsoft Edgeを起動し❶［設定など］-❷［設定］をクリック

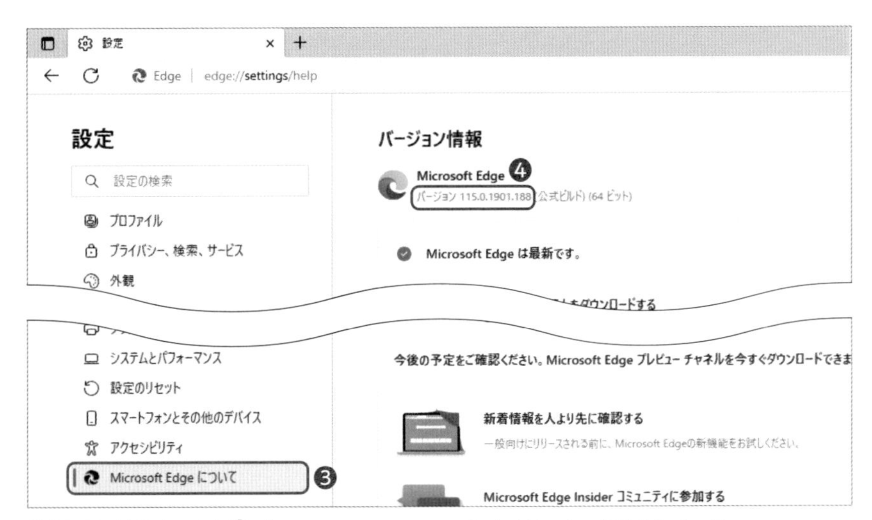

設定画面が表示されたら❸［Microsoft Edgeについて］をクリック、表示されている❹バージョン情報を確認する

Microsoft の WebDriver をダウンロードする

▼Microsoft の WebDriver ダウンロードページ
https://developer.microsoft.com/ja-jp/microsoft-edge/tools/webdriver/

上記URLにアクセス

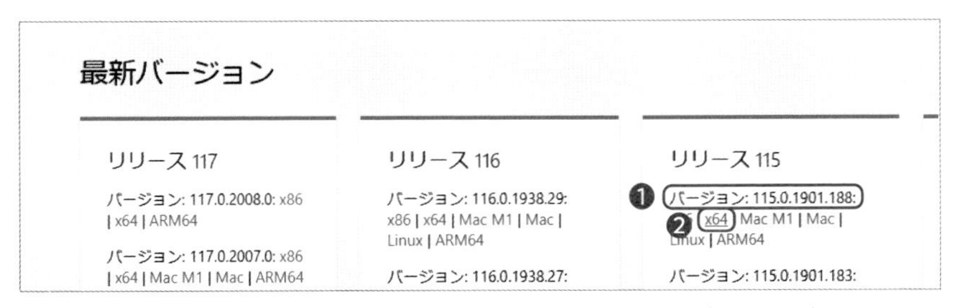

Microsoft Edgeのバージョン番号と一致するリンクをクリック。ここではバージョンが❶「115.0.1901.188」だったため、このバージョンの❷［x64］をクリック

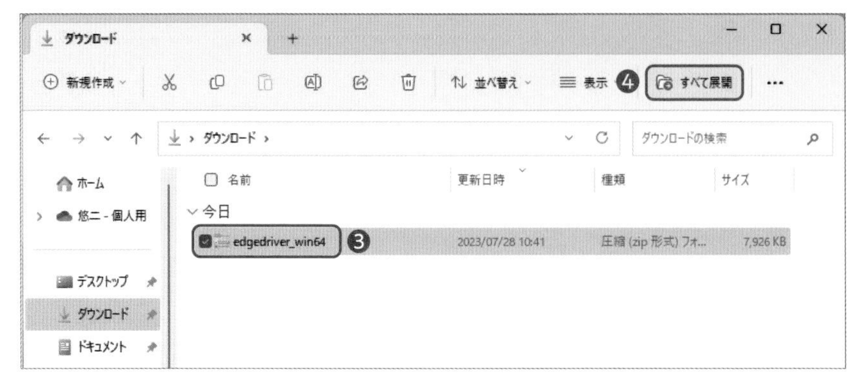

エクスプローラーでダウンロードした❸ZIPファイルを選択し❹［すべて展開］をクリック

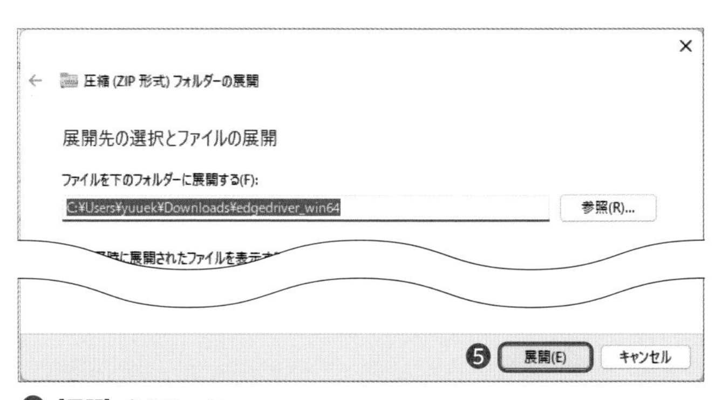

❺［展開］をクリック

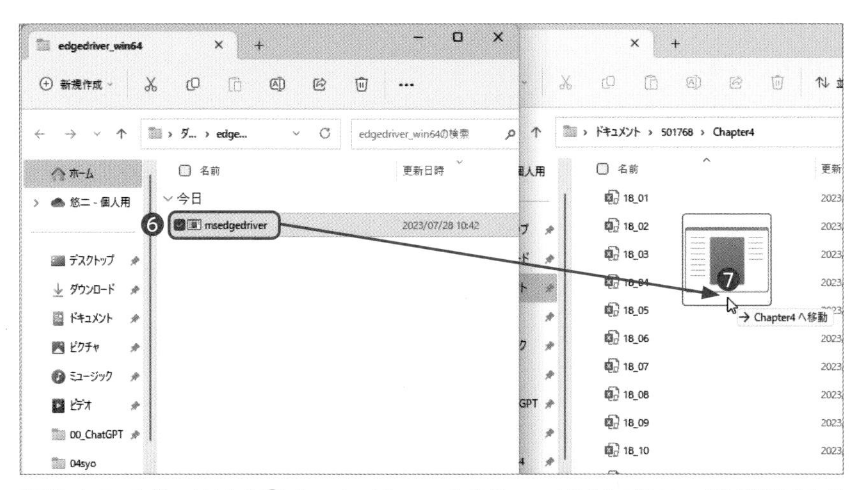

展開したフォルダー内にある❻「msedgedriver.exe」をChapter4のサンプルファイルが保存されているブックと同じ場所（[Chapter4] フォルダー）に❼ドラッグして移動

■ **GoogleChromeのWebDriverをダウンロードする**

なおGoogle Chromeを使用する場合もバージョンを確認して対応するWebDriverをダウンロードします。バージョンはGoogle Chromeを起動し、画面右上の［Google Chromeの設定］-［ヘルプ］-［Google Chromeについて］をクリックすると確認できます。WebDriverは以下のWebページにアクセスし、確認したGoogle Chromeバージョンと同じもののリンクをクリックしてダウンロードしましょう。

▼**Google ChromeのWebDriverのダウンロードページ**
https://chromedriver.chromium.org/downloads

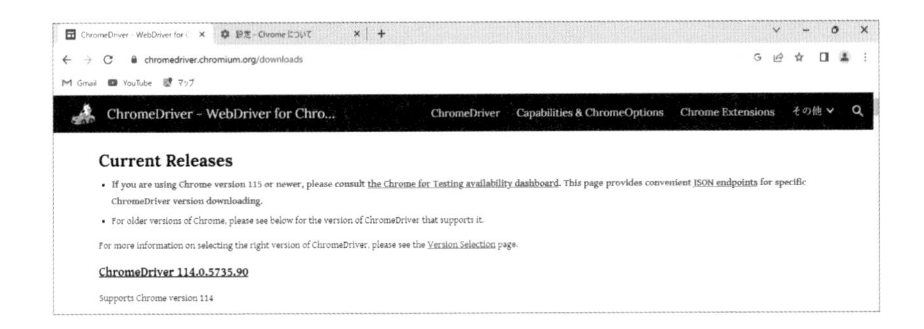

Excel VBAでWebブラウザーを操作する

WebDriverにはWebブラウザーを開いたりWebページに移動したりといった基本機能に加えて、ボタンなどの画面要素クリックしたり、テキストボックスに値を入力したりといった様々な機能があります。本書ではWebブラウザーの操作とChatGPTの連携に主眼を置くため、WebDriverの操作方法については深く掘り下げません。WebDriverのインターフェイスを操作するための機能をひとまとめにした標準モジュール「WebDriver」をサンプルに含んでいますので、これを利用しましょう。このモジュールには以下の通り本書においてChatGPT APIとの組み合わせで利用する必要最低限の機能のみが実装されています。

OpenBrowserプロシージャー：WebDriverを開始してWebブラウザーを開く
Navigateプロシージャー：指定したURLに移動する
ExecuteScriptプロシージャー：WebページのJavaScriptを実行する。本書ではWebページに含まれる要素や属性を文字列として取得するために利用
Shutdownプロシージャー：Webブラウザーを閉じてWebDriverを終了する

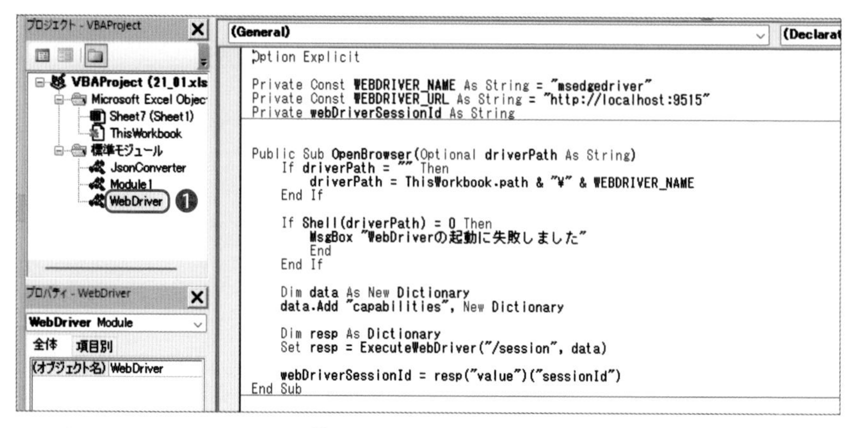

サンプルファイルの標準モジュール❶「WebDriver」に本書で利用する機能のみを実装している

それでは、これらの処理を用いたWebブラウザーの制御を確認するためのプログラムを以下の通り作成しましょう。これはインプレスのコーポレートサイト「https://www.impress.co.jp」を開き、Webページの本文を取得してイミディエイトウィンドウに表示する処理です。

▼サンプル22_01.xlsm

```
1  Public Sub WebDriverTest()
2      WebDriver.OpenBrowser                                   ❶
3      WebDriver.Navigate "https://www.impress.co.jp"           ❷
4      Debug.Print WebDriver.ExecuteScript("return document.   ❸
       getElementsByTagName('body')[0].innerText")
5  End Sub
```

❶……ブラウザーの起動：外部プログラムからのWebブラウザーの操作を仲介するWebDriverを実行し、WebDriverからブラウザーを開きます。

❷……URLへの移動：インプレスのWebページに移動します。

❸……body要素の取得：インプレスのWebページについて、Body要素の中に含まれるHTMLタグを除去してテキストのみを取得し、それを返却するJavaScriptをWebブラウザーの中で実行します。また、返却されたテキストをイミディエイトウィンドウに表示します。

実行すると、Microsoft Edgeが開いて自動的にWebページに移動します。しばらくするとイミディエイトウィンドウに次のようにWebページの内容が表示されます。Webブラウザーに表示されたページと見比べてみると、「事業紹介」や「会社情報」といった文字列が画面上部に見られ、HTMLタグが除去されてこれらのテキストが取得されたことがわかります。

▼実行結果

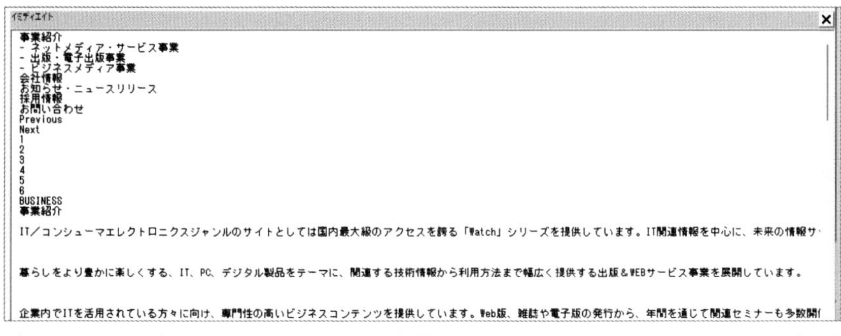

プロシージャーを実行するとMicrosoft Edgeが起動し、イミディエイトウィンドウにHTMLタグが除去された文字列が表示される

開発者ツールを使ったWebページの分析

ここでスクレイピングに欠かせないMicrosoft Edgeの「開発者ツール」についても紹介します。スクレイピングにあたっては、WebページのHTMLソースコードを解析して取得したい情報へのアクセス方法をタグの種類や属性情報から特定します。開発者ツールはこの一連の作業のために便利な機能を提供しています。画面右上の［…］ボタンから［その他ツール］をクリックし、展開されるメニューから［開発者ツール］を選択するとWebブラウザーの中にウィンドウが表示されます。ここで左上のページ上の検査対象となる要素を選択するボタンをクリックしてページ上の任意の部分にカーソルを合わせると、HTMLソース全体のうちどこの要素かを表示できます。次のページではインプレスのロゴを選択していますが、これはh1要素の下にあるimg要素であることがわかりました。

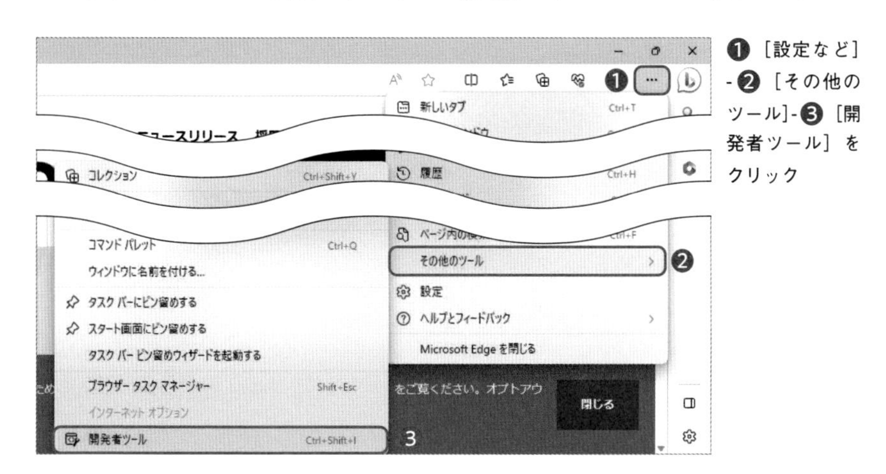

❶［設定など］-❷［その他のツール］-❸［開発者ツール］をクリック

❹要素の選択ボタンをクリック。この状態でカーソルを合わせると選択した要素がHTMLソース全体のうちどこの要素か表示される

❺ロゴにカーソルを合わせると、❻h1要素の下にあるimg要素であることがわかった

Column

Excel VBAからのWebブラウザー操作

Webブラウザーを外部のプログラムから操作する際、多くのケースではWebDriverを直接操作するのではなくSeleniumというツールを利用します。残念ながらVBA版は提供されていませんが、類似のツールとして以下のようなものが有志によりフリーソフトウェアとして公開されています。これらとChatGPT APIを組み合わせることで、例えば画面遷移や画面操作を処理結果に応じて自律的に制御するといった高度な利用方法に挑戦してみてはいかがでしょうか。

SeleniumBasic：Seleniumとの互換性も高く、機能が豊富。利用方法についての情報も入手しやすい。インストールが必要なことと、2016年で更新が停止していることが企業での利用にあたっては要検討

TinySeleniumVBA：WebDriverとのHTTP通信やコマンドを隠蔽するなど必要最小限の機能を提供。VBAのみで作成されており、クラスモジュールをプロジェクトに追加するだけで利用可能

複数のWebページの内容をChatGPTで一気に要約

想定するシナリオとワークシート

Excel VBAからのWebブラウザー操作技術について理解したら、今度は実践的な業務シナリオにおいてChatGPTと連携してみましょう。このSectionではWebサイトから書籍の情報を取得する例を通じて、複数のWebページを連続的にスクレイピングする方法、ChatGPTを活用してWebページを解析する方法、それらをExcel VBAから制御する方法までを解説します。

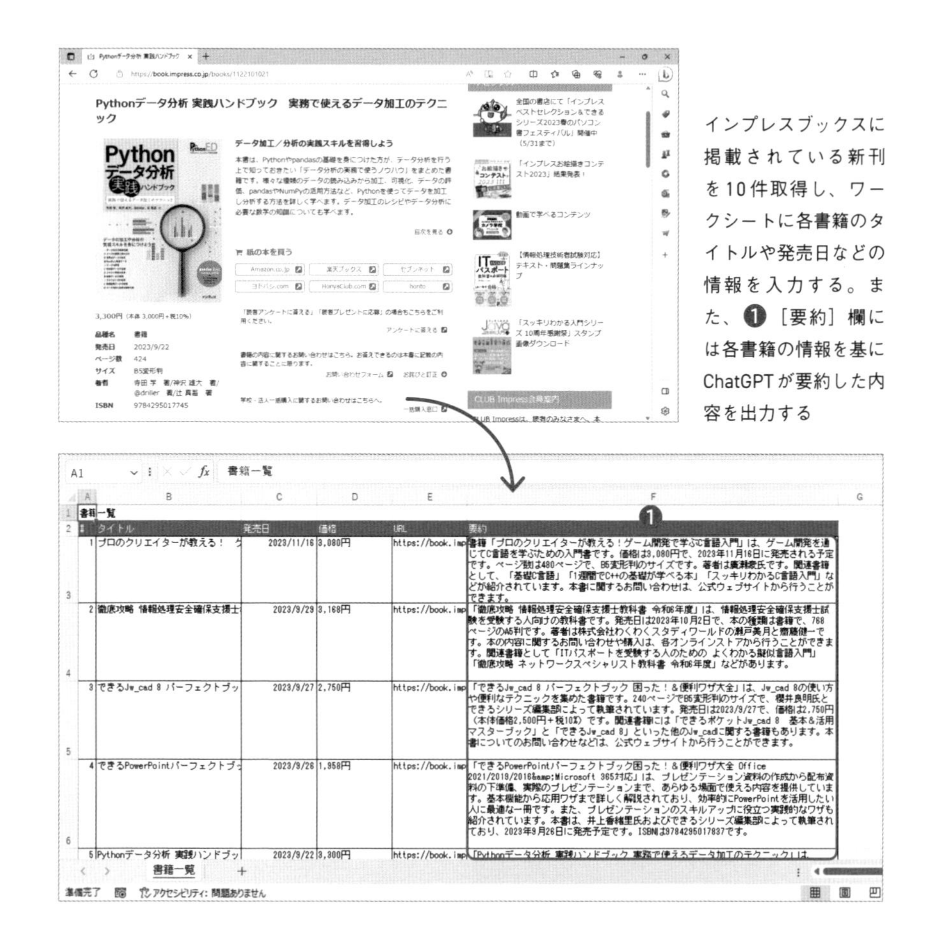

インプレスブックスに掲載されている新刊を10件取得し、ワークシートに各書籍のタイトルや発売日などの情報を入力する。また、❶［要約］欄には各書籍の情報を基にChatGPTが要約した内容を出力する

想定するシナリオや利用するワークシートは以下の通りとします。

- **インプレスブックスの書籍一覧のページを開いてHTMLソースコードを取得する**
- **10冊分の書籍のデータを抽出してワークシートに転記する**
- **取得した書籍のWebページを1つずつ開いて詳細情報を取得する**
- **書籍の詳細情報を要約して［書籍一覧］シートに転記する**
- **使用する［書籍一覧］シートのレイアウトは以下の通り。取得する情報は書籍のタイトル、発売日、価格、詳細情報が掲載されたURLとする他、詳細情報をChatGPTを利用して要約したものを出力する**

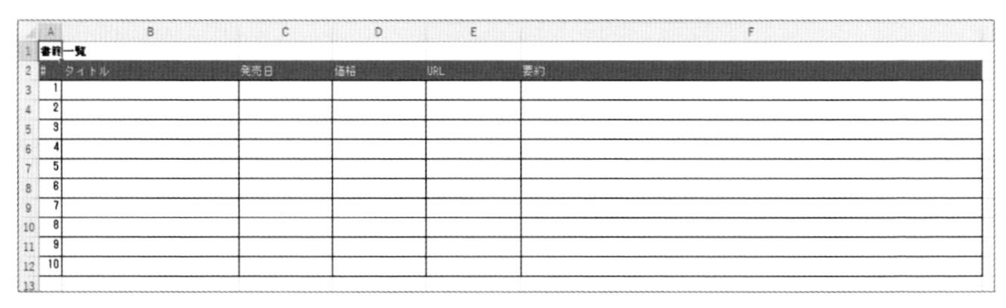

書籍のタイトル、発売日、価格、書籍の詳細ページのURL、書籍情報の要約をそれぞれの欄に出力する

書籍一覧のページを開いてHTMLソースコードを取得する

まずはワークシートのレイアウト情報とWebブラウザーを操作してインプレスブックスの書籍一覧ページからHTMLソースコードを取得する処理をSubプロシージャーListBookSummariesとして作成します。ここで取得したHTMLソースコードは、次のステップでChatGPTによる分析対象の情報となります。

▼サンプル23_01.xlsm

```
1  Public Sub ListBookSummaries()
2      Dim sht As Worksheet
3      Set sht = Sheets("書籍一覧")
4
5      Dim colTitle As Integer
6      Dim colRelease As Integer
7      Dim colPrice As Integer
8      Dim colUri As Integer
9      Dim colSummary As Integer
```

❶（5〜9行目）

```
10      Dim rowStart As Long
11      colTitle = 2
12      colRelease = 3
13      colPrice = 4
14      colUri = 5
15      colSummary = 6
16      rowStart = 3
17
18      WebDriver.OpenBrowser
19
20      WebDriver.Navigate "https://book.impress.co.jp/booklist/"
21      Dim bookListHtml As String
22      bookListHtml = WebDriver.ExecuteScript( _
23  "return document.getElementsByClassName('block-book-list-body')[0].outerHTML")
24
25      Debug.Print bookListHtml
26  End Sub
```

❶……レイアウト情報の定義：書籍のタイトルや発売日などWebページから取得した情報の書き出し対象の列や、処理開始行の番号等を定義します。

❷……Webブラウザーの起動：外部プログラムからのWebブラウザーの操作を仲介するWebDriverを実行し、WebDriverからWebブラウザーを開きます。

❸……URLへの移動：インプレスの書籍一覧のWebページに移動します。

❹……クラス名をキーに要素のHTMLソースを取得：インプレスブックスのWebページについて、JavaScriptを実行します。スクリプトの内容は、クラスという要素の分類を示す属性情報として、block-book-list-bodyという値を持つ要素の中で、その先頭要素のHTMLソースを取得するものです。このスクリプトの戻り値を変数bookListHtmlに代入します。このblock-book-list-bodyは、開発者ツールでは以下のように特定することができます。ページ全体よりも絞り込み、また段組の単一行だけではなく複数行が含まれる要素となるため、一覧表示された書籍全体の情報が含まれています。

プロシージャーを実行すると、以下のようにHTMLソースがイミディエイトウィンドウに表示されます。クラス属性にblock-book-list-bodyの値を持つ要素とその子要素が表示されているため、狙い通りに要素の取得に成功していることがわかります。

▼実行結果

```
<div class="block-book-list-body">
<div class="block-book-list-section">
<div class="block-book-list-section-inner">
<div class="module-book-list-item-section">
<div class="module-book-list-item">
<p class="module-book-sale-state">近日発売</p><div class="module-
book-list-item-img">
```

 HTMLソースの分析作業をChatGPTに任せ、手間を削減

ここからがChatGPTの出番です。前の手順で取得したHTMLを見てみると、書籍の情報が構造化されて列挙されていることがわかります。ここから書籍の情報を抽出するには、書籍1冊毎にどのような構造で定義されていて、そのタイトルやURL、価格を取得するためにはどのような属性情報を目印にすれば良いかなど、HTMLソースを分析する必要があります。

このWebページの場合、Webブラウザーの表示とHTMLソースを見比べることで、各書籍の情報はクラス属性にmodule-book-list-itemという値が設定された要素に1冊分まとまっており、書籍名はh4要素、発売日はクラス属性にmodule-book-sale-dateという値が設定されたものということがわかります。

```
<div class="block-book-list-body">
<div class="block-book-list-section">
<div class="block-book-list-section-inner">
<div class="module-book-list-item-section">
<div class="module-book-list-item">
<p class="module-book-sale-state">近日発売</p><div class="module-
book-list-item-img">
<p><a href="https://book.impress.co.jp/books/1123101012"><img
src="//img.ips.co.jp/ij/23/1123101012/1123101012-240x.jpg"
```

書籍一冊分の情報

```
width="120" alt="できるJw_cad 8 パーフェクトブック 困った！&便利ワザ大全"></a></p>
</div>
<div class="module-book-list-item-body">
<div class="module-book-list-item-body-head">
<h4><a href="https://book.impress.co.jp/books/1123101012">できるJw_
cad 8 パーフェクトブック 困った！&便利ワザ大全</a></h4>
</div>
<div class="module-book-list-item-body-txt">
<p class="module-book-isbn">ISBN：9784295017547</p>
<p class="module-book-sale-date">発売日：2023/8/25</p>
<p class="module-book-price">2,750円</p>
</div>
</div>
<!--//module-book-list-item--></div>

<div class="module-book-list-item">
<p class="module-book-sale-state">近日発売</p><div class="module-
book-list-item-img">
<p><a href="https://book.impress.co.jp/books/1122101181"><img src="//
img.ips.co.jp/ij/22/1122101181/1122101181-240x.jpg" width="120"
alt="Premiere Pro よくばり入門 改訂版（できるよくばり入門）"></a></p>
</div>
<div class="module-book-list-item-body">
<div class="module-book-list-item-body-head">
<h4><a href="https://book.impress.co.jp/books/1122101181">Premiere
Pro よくばり入門 改訂版（できるよくばり入門）</a></h4>
</div>
<div class="module-book-list-item-body-txt">
<p class="module-book-isbn">ISBN：9784295017615</p>
<p class="module-book-sale-date">発売日：2023/8/22</p>
<p class="module-book-price">2,948円</p>
```

書籍名

発売日

この分析作業をChatGPTに任せることで、分析作業やその結果を反映したプログラムの作成の手間を削減し、また、Webページの作りが変更になった場合も影響を受けにくいというメリットを得られるようにします。さらに抽出した情報はワークシートへの転記やその他の加工がしやすいように構造化されていることが望ましいため、分析結果はFunction Callingを使用してJSON形式で受け取るようにしましょう。

これらのポイントを踏まえて、次のように書籍一覧が含まれるHTMLソースをChatGPTで分析して書籍の一覧情報を抽出するFunctionプロシージャーParseBookListを作成しましょう。

▼サンプル23_02.xlsm

```
Private Function ParseBookList(bookListHtml As String) As Collection
    Dim messages(1) As New Dictionary
    messages(0).Add "role", "system"
    messages(0).Add "content", "これは出版社のWebページのソースです。ここから書籍の情報を先頭から10冊分取得し、一覧にしてください。"
    messages(1).Add "role", "user"
    messages(1).Add "content", bookListHtml

    Dim functions(0) As New Dictionary
    Set functions(0) = ChatGPT.MakeFunction( _
        "list_books", "HTMLソースの中から書籍の一覧を抽出します")
    Dim books As Dictionary
    Set books = ChatGPT.AddProperty( _
        functions(0)("parameters"), "books", "array", "書籍の一覧", True)
    ChatGPT.AddProperty books, "title", "string", "書籍のタイトル", True
    ChatGPT.AddProperty books, "release_date", "string", "書籍の発売日", True
    ChatGPT.AddProperty books, "price", "string", "書籍の価格", True
    ChatGPT.AddProperty books, "uri", "string", "書籍のURI", True

    Debug.Print JsonConverter.ConvertToJson(functions)

    Dim completion As Collection
    Set completion = ChatGPT.ChatCompletion( _
        messages, "gpt-3.5-turbo-16k-0613", _
        functions:=functions, function_call:="list_books")

    Set ParseBookList = JsonConverter.ParseJson( _
        completion(1)("message")("function_call")("arguments"))("books")
End Function
```

❶……メッセージの作成：systemメッセージにはWebページのソースから情報を取得するという今回の依頼内容を設定し、userメッセージにはHTMLソースを設定します。

❷……functionsの作成：書籍の一覧情報は、タイトルとしてtitle、発売日としてrelease_date、価格としてprice、詳細ページのURLとしてuriを項目に持つ配列として定義します。この配列booksを引数にとる処理list_booksを作成します。title、release_date、price、uriはすべて必須項目とします。

❸……ChatGPTの呼び出し：HTMLソースはタグ情報を含み文字数が多いため、Function Callingに対応したモデルのうち通常よりも4倍のトークン数を扱うことができるgpt-3.5-turbo-16k-0613を使用します。また❷で作成したfunctionsに含まれるlist_booksを必ず選択するようにfunction_callに指定してChatGPT APIを呼び出します。

なお❷で定義しているfunctions要素はDictionaryの階層が深く構造をイメージしづらいため、ChatGPTに送信されるJSONデータを以下に示しますので参考にしてください。

```
[
    {
        "name": "list_books",
        "description": "HTMLソースの中から書籍の一覧を抽出します",
        "parameters": {
            "type": "object",
            "properties": {
                "books": {
                    "type": "array",
                    "description": "書籍の一覧",
                    "items": {
                        "type": "object",
                        "properties": {
                            "title": {"type": "string"},
                            "release_date": {"type": "string"},
                            "price": {"type": "string"},
                            "uri": {"type": "string"}
                        },
                        "required": ["title", "release_date", "price", "uri"]
                    }
                }
            },
            "required": ["books"]
        }
    }
]
```

書籍のデータを抽出してワークシートに転記する

メイン処理となるSubプロシージャーListBookSummariesに書籍情報を抽出するFunctionプロシージャーParseBookListを組み込みましょう。

▼サンプル23_02.xlsm

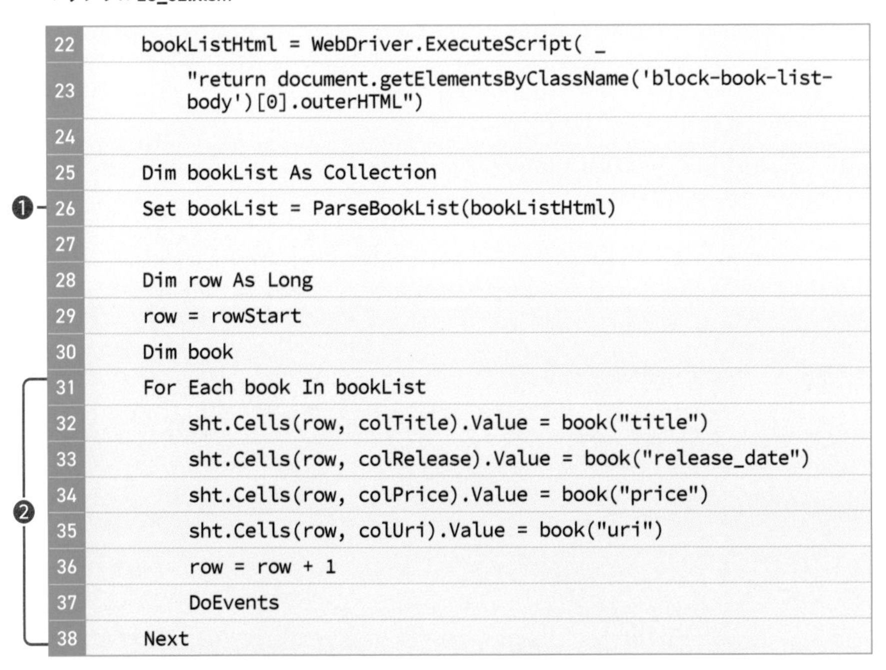

```
22      bookListHtml = WebDriver.ExecuteScript( _
23          "return document.getElementsByClassName('block-book-list-
            body')[0].outerHTML")
24
25      Dim bookList As Collection
26      Set bookList = ParseBookList(bookListHtml)
27
28      Dim row As Long
29      row = rowStart
30      Dim book
31      For Each book In bookList
32          sht.Cells(row, colTitle).Value = book("title")
33          sht.Cells(row, colRelease).Value = book("release_date")
34          sht.Cells(row, colPrice).Value = book("price")
35          sht.Cells(row, colUri).Value = book("uri")
36          row = row + 1
37          DoEvents
38      Next
```

❶……**HTMLの解析**：書籍一覧のHTMLデータを解析し、書籍情報を10件抽出します。

❷……**ワークシートへの書籍一覧の転記**：取得した書籍のタイトル、発売日、価格、URLをワークシートに出力します。

実行すると、10件分の情報が出力されます。これはParseBookListの中でFunction Callingにより取得された書籍の情報で、10件以上表示される場合もあります。一覧出力された書籍情報は次のステップで詳細情報を取得するために使用します。

▼実行結果

書籍一覧

#	タイトル	発売日	価格	URL	要約
1	プロのクリエイターが教える！	2023/11/16	3,080円	https://book.impress.co.jp/books/1122101108	
2	徹底攻略 情報処理安全確保支援士	2023/9/29	3,168円	https://book.impress.co.jp/books/1123101058	
3	できるJw_cad 8 パーフェクトブッ	2023/9/27	2,750円	https://book.impress.co.jp/books/1123101012	
4	できるPowerPointパーフェクトブ	2023/9/26	1,958円	https://book.impress.co.jp/books/1123101039	
5	Pythonデータ分析 実践ハンドブッ	2023/9/22	3,300円	https://book.impress.co.jp/books/1122101021	
6	毎日さがせ！ ウォーリーCALENDAR	2023/9/22	1,320円	https://book.impress.co.jp/books/1123102041	
7	日本を駆ける 新幹線カレンダー20	2023/9/22	1,430円	https://book.impress.co.jp/books/1123102042	
8	四季を駆ける 特急カレンダー2024	2023/9/22	1,430円	https://book.impress.co.jp/books/1123102043	
9	3月まで使えるおしゃれなファミリ	2023/9/22	1,430円	https://book.impress.co.jp/books/1123102044	
10	FLOWER FAIRIES Calendar 2024	2023/9/22	1,320円	https://book.impress.co.jp/books/1123102045	

各書籍のタイトル、発売日、価格、インプレスブックスのURLが入力される

書籍ごとの詳細情報を連続取得する

再びスクレイピングに戻ります。先ほどの手順で取得した10件の書籍について、URLから詳細情報を取得する処理を作成します。その前に、Section22の冒頭でWebページのアクセスには数秒の間隔を設けるべきであることを注意事項として挙げていたことを思い出してください。そのための事前準備として、標準モジュールの冒頭にVBAの処理を一時停止するSleep関数を宣言します。

▼サンプル23_03.xlsm

```
1  Private Declare PtrSafe Sub Sleep Lib "kernel32" (ByVal ms As Long)
```

❶…… Sleep関数の宣言：ミリ秒単位で処理を一時停止するSleep関数を宣言します。プロシージャーのように処理の実体をVBAコードで定義する代わりに、Declareステートメントを使用することで「ダイナミック リンク ライブラリ」と呼ばれる外部のプログラム部品の処理をVBAで利用できるようになります。ここでは、kernel32が外部のプログラム部品に相当します。

Webページの連続アクセスに間隔を設ける準備が整ったら、続いてこのパートの本題である書籍ごとの詳細ページからHTMLを取得する処理を追加しましょう。書籍の詳細ページへのアクセスは、ワークシートに出力した書籍一覧のうちURLを使用して行います。

▼サンプル23_03.xlsm

```
37          DoEvents
38      Next
39  
40      row = rowStart
41      Do While sht.Cells(row, colUri).Value <> ""
42          WebDriver.Navigate sht.Cells(row, colUri).Value      ❶
43          Dim bookDetailHtml As String
44          bookDetailHtml = WebDriver.ExecuteScript( _           ❷
45              "return document.getElementsByClassName('block-main-
                content')[0].outerHTML")
46  
47          Debug.Print bookDetailHtml
48  
49          row = row + 1
50          DoEvents
51          Sleep 3000                                            ❸
52      Loop
```

❶……書籍詳細ページに移動：ワークシートから書籍詳細ページのURLを取得し、WebDriverを使用して移動します。

❷……クラス名をキーに要素のHTMLソースを取得: 書籍詳細ページのHTMLソースを取得するために、書籍の情報が含まれる要素を特定した上でJavaScriptを実行します。スクリプトの内容は、クラスという要素の分類を示す属性にblock-main-contentという値を持つ要素のうち、その先頭要素のHTMLソースを取得するものです。このスクリプトの戻り値を変数bookDetailHtmlに代入します。

❸……3秒停止：短時間に集中してアクセスすることのないよう、3000ミリ秒間処理を停止します。冒頭でも注意喚起したように、スクレイピングは他社の所有するサーバーにアクセスするため、特にループ処理の中で使用するとアクセスが頻発し高い負荷を掛けてしまう恐れがあります。これを防止するため、連続してページを移動する場合には必ず一定時間アクセスを中断するようにします。

なお❷でクラス属性の値がblock-main-contentの要素を取得していますが、これは開発者ツールを使って特定できます。次のように当該書籍について取得したい情報が含まれ、かつ他の書籍の情報が含まれない範囲を目視で指定しています。

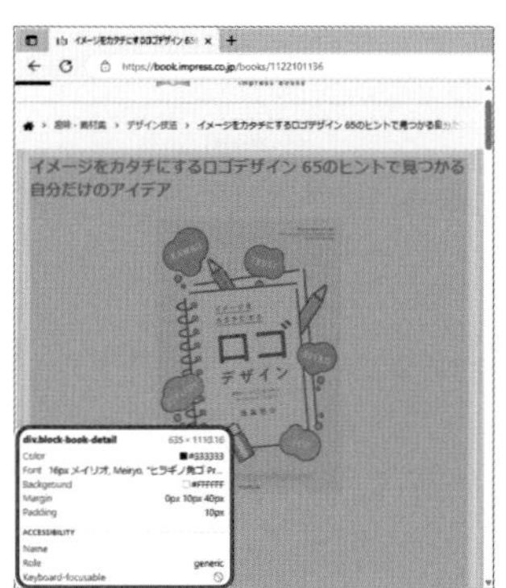

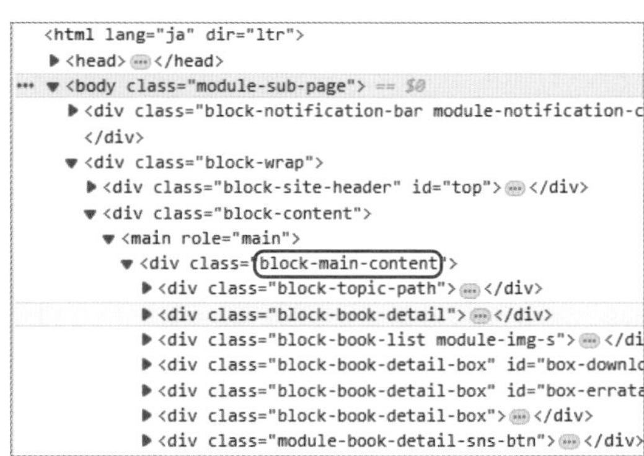

処理を追加したら実行しましょう。Webブラウザーが次々と書籍詳細ページに画面遷移するのに併せてHTMLデータがイミディエイトウィンドウに大量に表示されます。

▼実行結果

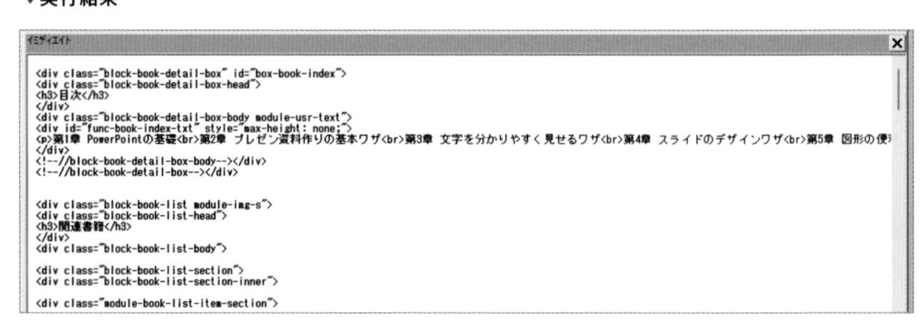

書籍の詳細情報を要約する

最後に、書籍の詳細情報を要約して、ワークシートに転記します。ここでも再びChatGPTの出番です。ここではシンプルに、systemメッセージにはHTMLソースを読んで文章を要約する旨の指示を与え、userメッセージに書籍の詳細情報を含むHTMLソースを埋め込み、ChatGPTに要約してもらいます。**要約の指示にあたっては目安とする文字数を合わせて与えるようにしましょう**。また、HTMLソースはタグを含み文字数が多くなるため、ここでもモデルは4倍のトークン数を扱うことができるgpt-3.5-turbo-16k-0613を使用します。

▼サンプル23_04.xlsm

```
1  Private Function ParseBookSummary(bookDetailHtml As String) As String
2      Dim messages(1) As New Dictionary
3      messages(0).Add "role", "system"
4      messages(0).Add _
5          "content", _
6          "HTML ソースから書籍に書かれている内容の要約を 200 字程度で作成します。"
7      messages(1).Add "role", "user"
8      messages(1).Add "content", bookDetailHtml
9
10     Dim completion As Collection
11     Set completion = ChatGPT.ChatCompletion(messages, "gpt-3.5-turbo-16k-0613")
12
13     ParseBookSummary = completion(1)("message")("content")
14 End Function
```

プロシージャーParseBookSummaryを作成したら、メインとなるプロシージャーListBookSummariesから呼び出すように接続しましょう。

▼サンプル23_04.xlsm

```
40     row = rowStart
41     Do While sht.Cells(row, colUri).Value <> ""
42         WebDriver.Navigate sht.Cells(row, colUri).Value
43         Dim bookDetailHtml As String
44         bookDetailHtml = WebDriver.ExecuteScript( _
45             "return document.getElementsByClassName('block-main-
               content')[0].outerHTML")
46
```

```
47            Dim bookSummary As String
48            bookSummary = ParseBookSummary(bookDetailHtml)
49            sht.Cells(row, colSummary).Value = bookSummary
50
51            row = row + 1
52            DoEvents
53            Sleep 3000
54        Loop
55
56        WebDriver.Shutdown
57
58        MsgBox "書籍一覧の取得を完了しました", vbInformation
59    End Sub
```

❶……ChatGPTで要約：書籍詳細ページのHTMLソースを取得する度、プロシージャーParseBookSummaryを呼び出して要約文章を取得し、ワークシートに出力します。

❷……WebDriverの終了：後片付けとしてWebブラウザーを閉じ、WebDriverを終了します。

それでは実行してみましょう。［要約］欄にWebページから取得した情報の要約文章が出力されることを確認してください。**書籍に関するコメントが掲載されていない場合は、著者や価格など、ページから読み取れる情報からなる文章が出力されます。**

本書ではインプレスの書籍情報の取得や要約を例にしましたが、**この技術はあらゆるインターネットはもちろん社内の業務システムのWebページにも応用することができます。例えばCRMからお客さまの契約一覧を取得した後、その契約ごとの詳細情報を取得して一覧化したり、お客さまのこれまでの応対履歴を取得して要約することもできるでしょう。**自動化範囲の拡大により業務を劇的に効率化する可能性を秘めていますので、Excel VBAの世界に閉じることなく視野を広げて適用範囲を考えてみましょう。その際には、冒頭でも触れたようにルールやマナーを守る必要があることをあらためて強調しておきます。

Section 24

事実に基づいた文章を生成する「グラウンディング」

グラウンディングの仕組み

ChatGPTが生成する文章はもっともらしさに基づくものであり、その正確性は保証されないことをこれまで再三指摘してきました。この課題を克服し、**事実に基づく正しい文章を生成する「グラウンディング」という手法があります。**仕掛けはシンプルで、ユーザーからの指示に対応するために必要な情報をプロンプトに埋め込みます。ChatGPTにはその情報に基づいて応答メッセージを生成するように指示することで、その内容が正しいものになるというカラクリです。

■ ChatGPTにそのまま聞く場合

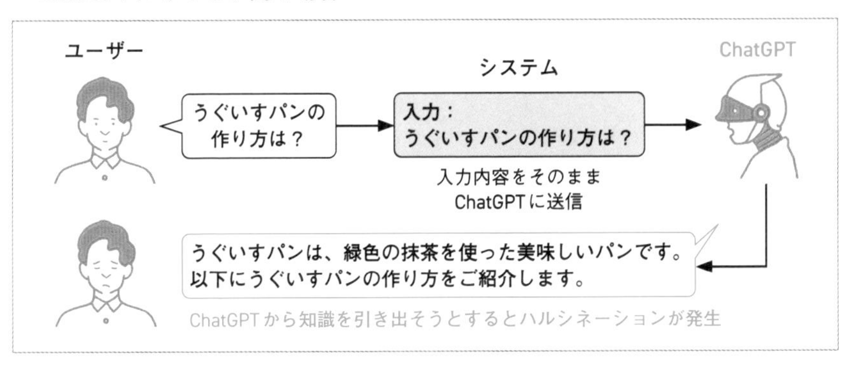

■ グラウンディングして聞く場合

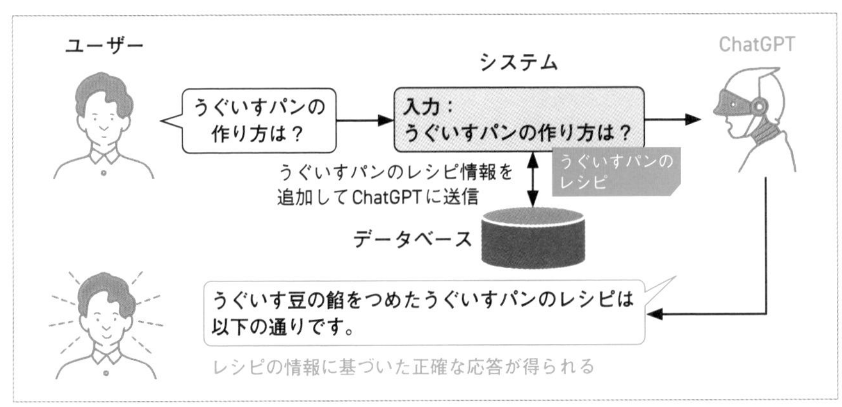

グラウンディングの活用アイディア

例えば、申請書や申込書を作成する際に、記入する内容がわからず情報を検索したり問い合わせたりした経験が誰でも一度はあるのではないでしょうか。気の利いた申請書には記入ガイドが付属していることもありますが、それでも理解するに至らず、問い合わせる場合も多々あります。そこで、そもそも照会が発生しないようにするためのプロアクティブな対策に、このグラウンディングのテクニックをフルに活用し、Section25～27でそれぞれQ&A機能や研修コンテンツ、理解度テストを作成していきます。

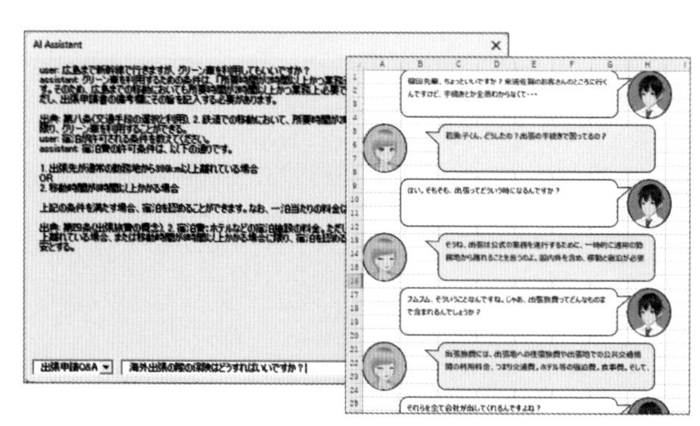

❶AIAssistantフォームに［出張申請Q&A］モードを追加し、出張規程に基づいた回答が表示されるようにしたり、❷ストーリー仕立ての研修コンテンツを作成したりなど、グラウンディングのテクニックを使ったさまざまな機能を実装する

想定するシナリオとデータ

以降のSectionで作成する機能や利用するデータは以下の通りとします。

- **申請書に関する質問を、FAQサイトを開いたりすることなく申請書そのものに照会できるようにする**
- **申請書の書き方に関してわかりやすい研修コンテンツを作成し、申請書から受講できるようにする**
- **関連するルールの理解度テストを作成し、申請書から受験できるようにする**
- **使用するワークシートのレイアウトは次の通り。出張申請書はユーザーが記入する申請書で、今回作成するあらゆる機能の起点とするもの、出張旅費規程はQ&Aやコンテンツ作成の際の基礎となるルール、理解度テストデータは出張旅費規程に関するテストの問題文や正答等を一覧化したもの、コンテンツ設定はQ&Aやコンテンツ生成の際に使用するプロンプトや素材をまとめたもの**

▼ [出張申請書] シート

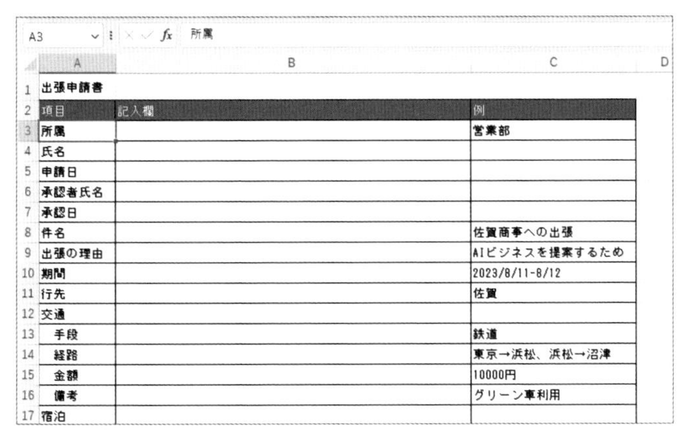

A3 所属

項目	記入欄	例
所属		営業部
氏名		
申請日		
承認者氏名		
承認日		
件名		佐賀商事への出張
出張の理由		AIビジネスを提案するため
期間		2023/8/11-8/12
行先		佐賀
交通		
手段		鉄道
経路		東京→浜松、浜松→沼津
金額		10000円
備考		グリーン車利用
宿泊		

マクロを登録したボタンを配置し、今回作成するあらゆる機能を実行するための起点となるシートにする

▼ [出張旅費規程] シート

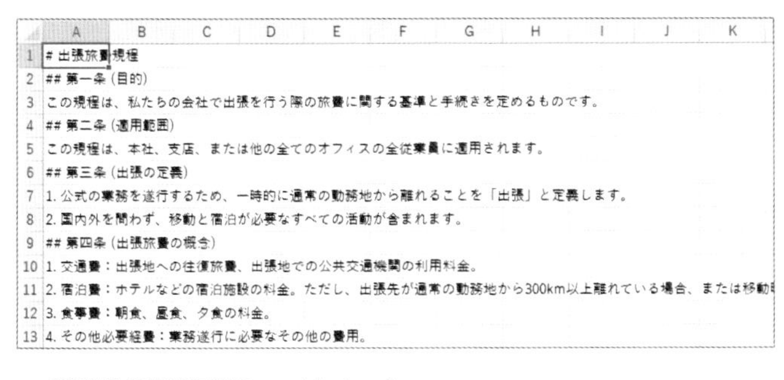

出張旅費規程
第一条 (目的)
この規程は、私たちの会社で出張を行う際の旅費に関する基準と手続きを定めるものです。
第二条 (適用範囲)
この規程は、本社、支店、または他の全てのオフィスの全従業員に適用されます。
第三条 (出張の定義)
1. 公式の業務を遂行するため、一時的に通常の勤務地から離れることを「出張」と定義します。
2. 国内外を問わず、移動と宿泊が必要なすべての活動が含まれます。
第四条 (出張旅費の概念)
1. 交通費：出張地への往復旅費、出張地での公共交通機関の利用料金。
2. 宿泊費：ホテルなどの宿泊施設の料金。ただし、出張先が通常の勤務地から300km以上離れている場合、または移動
3. 食事費：朝食、昼食、夕食の料金。
4. その他必要経費：業務遂行に必要なその他の費用。

グラウンディングに使用する出張規程が入力されている

▼ [出張旅費規程理解度テスト] シート

出張旅費規程理解度テスト一覧

#	条	誤り選択	問題	選択肢1	選択肢2	選択肢3	解答
1	2						
2	3						
3	4						
4	5						
5	6						
6	7						
7	8						
8	9						

出張旅費規程に関するテストの問題文や正答などを一覧化する

▼ [出張旅費規程研修コンテンツ設定] シート

出張旅費規程研修コンテンツ設定

role	content
system(コンテンツ用)	# 背景 * あなたは総務部の社員教育担当者です。 * 出張の手続きに不備が多く、出張旅費規程の内容を理解するためのコンテンツを制作することになりました。 # コンテンツの条件
user(コンテンツ用1)	それでは、コンテンツを作成してください。
user(コンテンツ用2)	以下の条件に基づくようにしてください。 * 導入部分の会話 * 第三条、第四条、第五条の内容に基づいて5往復の会話 * 第六条と第七条の内容に基づいて3往復の会話 * 第八条と第九条の内容に基づいて3往復の会話 * 星川からのお礼と、二階堂からの励まし * 1往復の会話とは、若魚子くんと稲田先輩のそれぞれが1回ずつ発言することです。

Q&Aやコンテンツ生成の際に使用するプロンプトや素材をまとめている

25 マニュアルと会話するかのようなQ&A機能の作成

出張申請書にQ&A機能を追加する

記入ガイドや記入例を読んでも解決しないとき、担当者に問い合わせたり、さらには問い合わせ先を調べたりすることは、利用者にとって大きな手間や時間の無駄に繋がります。また、問い合わせを受ける側の立場としても、FAQを読まずに問い合わせてくる利用者への対応が手間になり、業務効率化を阻害する要因になります。この解決方法として、**利用者が向き合っている申請書や申込書そのものにQ&A機能を付けて、背後にあるマニュアルと直接会話するかのように問い合わせができるようにしてしまおうというのが今回のアイディアです**。ここでは出張申請を例に解説します。

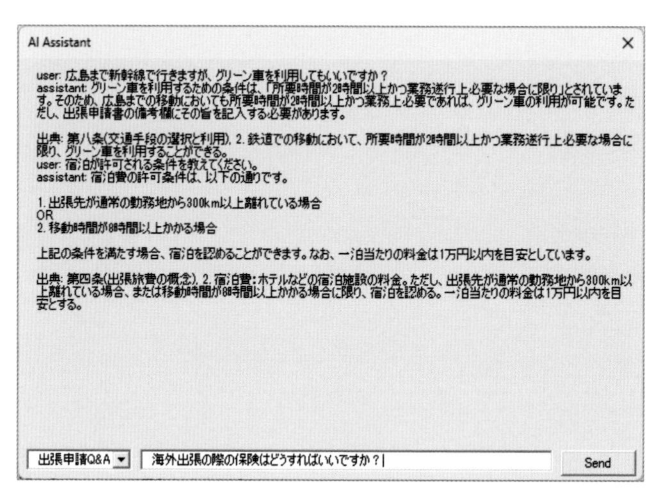

ユーザーフォームに出張規程に関する質問を入力し送信すると、規程に基づいた回答が表示されるようにする

グラウンディングに使う規程の全文をシートから取得する

はじめに、質問への回答のためのグラウンディングに使用するデータとして［出張旅費規程］シートを使用します。サンプルの出張旅費規程は、元々は複数行に渡るテキストデータのものをワークシートに貼り付けたことを想定して作られています。

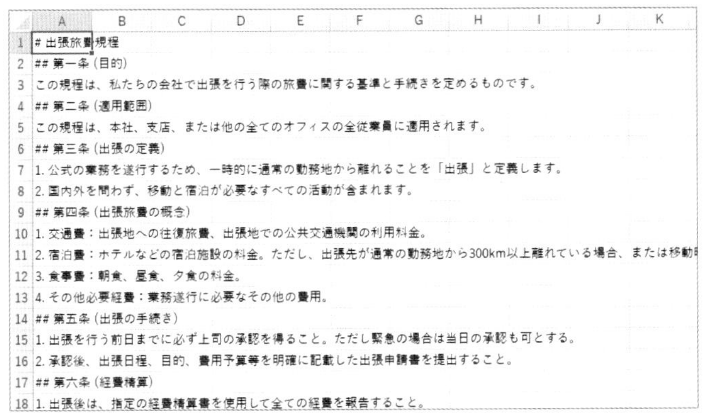

［出張旅費規程］シートにグラウンディングに使用する出張規程の全文が入力されている

このシートから出張旅費規定の全文を文字列データとして取得するためのFunctionプロシージャーGetTravelRuleを作成します。この処理は今回のサンプルに特化したもので、1行目から順に1列目のデータを取得し、元々の複数行テキストデータに復元するため改行区切りで末尾にセルの値を追加していくようにしています。実際の社内規定などを利用する際には、その仕様に応じて取得処理を作成してください。

▼サンプル25_01.xlsm

```
1  Private Function GetTravelRule() As String
2      Dim sht As Worksheet
3      Set sht = Sheets("出張旅費規程")
4  
5      Dim body As String
6      Dim row As Long
7      row = 1
8  
9      Do While sht.Cells(row, 1).Value <> ""         ┐
10         body = body & sht.Cells(row, 1) & vbCrLf    │❶
11         row = row + 1                               │
12     Loop                                            ┘
13 
14     GetTravelRule = body
15 End Function
```

❶……規程データの作成：1行目から順に各行のセルの内容を取得して末尾に追加します。追加されるセルの値の後には改行（vbCrLf）を挿入します。何も入力されていないセルに到達したらデータ作成を終了します。

規程に基づく回答が得られるようにプロンプトを定義

次に、ワークシートの準備です。[用途別プロンプト管理表] シートに、見出しを「出張申請Q&A」として以下の内容を追加します。このプロンプトは後のステップでAIAssistantで出張旅費規程を埋め込んだ上で使用します。

▼プロンプト

```
* ユーザーからの質問に、出張旅費規程から読み取れる内容を元に回答してください。
* 回答にあわせて参考にした箇所の引用を示してください。

例
{ 回答内容 }
出典：{ 出張旅費規程から該当箇所の引用 }

* 出張旅費規程は以下の通りです。

""""
{travelRule}
""""
```

❷ 出典：{ 出張旅費規程から該当箇所の引用 }
❸ {travelRule}

❶……埋め込んだデータの利用を指示：出張旅費規程から読み取れる内容に基づいて回答するように指示します。

❷……回答内容の検証可能性を高めるため、引用箇所を明示するように指示します。また、その出力フォーマットについても指示します。この際、フォーマットの意図を明確に伝えるため、出力すべき情報を{}などの記号で囲むと良いでしょう。

❸……データの埋め込み：出張旅費規程をsystemメッセージに埋め込みます。ここではテンプレート変数travelRuleを出張旅費規定全文の文字列で置き換えます。

B8 | fx | * ユーザーからの質問に、出張旅費規程から読み取れる内容を元に回答してください。

	A	B	C	D
7		""""		
8	出張申請Q&A	* ユーザーからの質問に、出張旅費規程から読み取れる内容を元に回答してください。 * 回答にあわせて参考にした箇所の引用を示してください。 例 {回答内容} 出典：{出張旅費規程から該当箇所の引用} * 出張旅費規程は以下の通りです。 """" {travelRule} """"		
9				

サンプルファイルでは、[用途別プロンプト管理表] シートに「出張申請Q&A」としてプロンプトが入力されている

systemメッセージに規程文を埋め込み、フォームを起動

最後にQ&Aフォームの起動処理の追加です。テンプレート変数travelRuleを使ってsystemメッセージに出張旅費規程の内容を埋め込んでAIAssistantを起動します。

▼サンプル25_01.xlsm

```
1  Public Sub ShowTravelAssistant()
2      Dim params As New Dictionary
3      params.Add "travelRule", GetTravelRule   ❶
4
5      AIAssistant.ShowAssistant "出張申請Q&A", params   ❷
6  End Sub
```

❶……テンプレート変数に出張旅費規程を格納：systemメッセージの{travelRule}という目印を出張旅費規程の内容で置き換えられるようにします。

❷……AIAssistantの起動：見出し名とテンプレート変数を引数にAIAssistantを起動します。

規程に基づいて回答するAIアシスタントが完成！

準備が完了しました。プロシージャーShowTravelAssistantを実行してAIAssistantを起動し、いくつかの質問をしてみましょう。

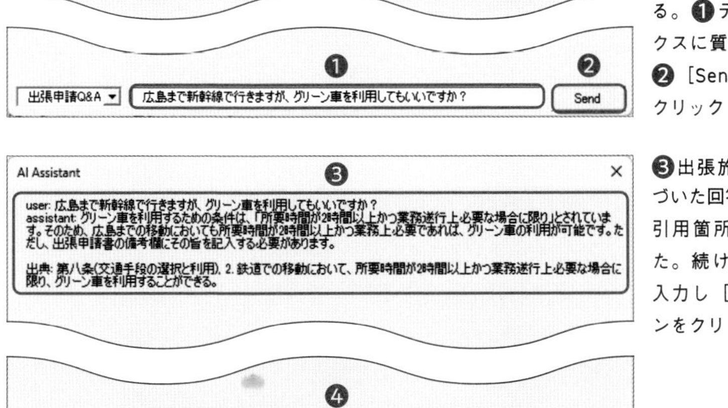

ShowTravelAssistantを実行するとユーザーフォームが表示される。❶テキストボックスに質問を入力し、❷［Send］ボタンをクリック

❸出張旅費規程に基づいた回答と、規程の引用箇所が表示された。続けて❹質問を入力し［Send］ボタンをクリック

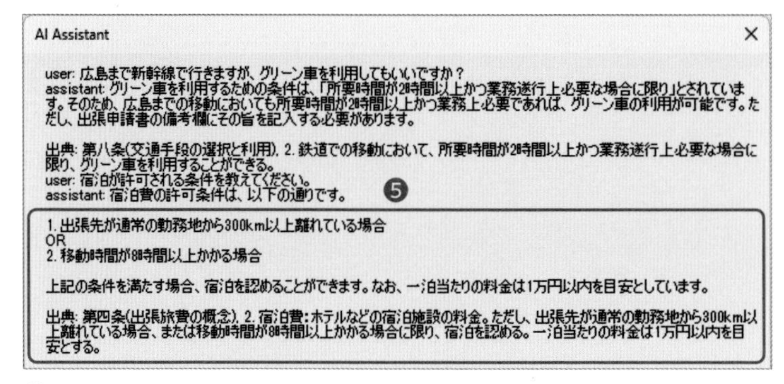

❺回答と規程の引用箇所が表示された

狙い通り、出張旅費規程に基づいた回答と、規程における引用箇所を得ることができました。関連する単語で自らルールを検索するよりも、体感としてかなり楽に情報にたどり着くことができるのではないでしょうか。利用者が照会前に自身で調べることについて、十分な手応えが得られたことでしょう。

Column

英語の文章にも日本語でQ&A

今回は日本語で書かれた出張旅費規程への質問を扱いましたが、英語で書かれたルールに対しても日本語で質問できるのはChatGPTならではの強みです。例えばOpenAIの利用規約をグラウンディングした場合、「年齢制限はありますか？」「生成したコンテンツの著作権は？」といった質問にわずか数秒で引用箇所を明記した上で回答してくれることでしょう。工夫次第であらゆるシーンで活用できる手法ですので、自身や身の回りの業務への適用を考えてみましょう。

AI Assistant

user: 利用者の年齢についての決まりはありますか？
assistant: 利用規約には以下のように記載されています。

"You must be at least 13 years old to use the Services. If you are under 18 you must have your parent or legal guardian's permission to use the Services."

利用者は少なくとも13歳以上である必要があります。また、18歳未満の場合は、親または法的な保護者の許可が必要です。
user: 支払いの通貨は？
assistant: 利用規約によると、支払いは米ドルで行われます。以下は関連する一部の文章です。

"Fees are payable in U.S. dollars and are due upon invoice issuance."

料金は米ドルで支払われ、請求書発行時に支払いが必要です。
user: 生成したコンテンツの著作権は？
assistant: 利用規約によると、生成されたコンテンツの所有権は利用者に帰属します。以下は関連する一部の文章です。

"As between the parties and to the extent permitted by applicable law, you own all Input. Subject to your compliance with these Terms, OpenAI hereby assigns to you all its right, title and interest in and to Output. This means you can use Content for any purpose, including commercial purposes such as sale or publication, if you comply with these Terms."

利用者は、生成されたコンテンツの所有者です。利用者はこれらのコンテンツを商業目的(販売や公開など)を含む任意の目的に使用することができますが、利用規約に準拠する必要があります。

英文利用規約　Send

Section

26 ストーリー仕立ての研修コンテンツを作成する

表情を交えた会話調のコンテンツを作る

前のSectionで行ったように照会対応の一部をChatGPTに肩代わりしてもらって効率化することも大切ですが、根本的には利用者がきちんとルールを理解することが一番大切です。とはいえ、ルールをそのまま読んでも理解には繋がりにくいため、ストーリー仕立てにして解説することも多いのではないでしょうか。このSectionでは、ルールに詳しい先輩と新入社員との会話風の研修コンテンツを、ChatGPTの力を借りて自動作成してみましょう。

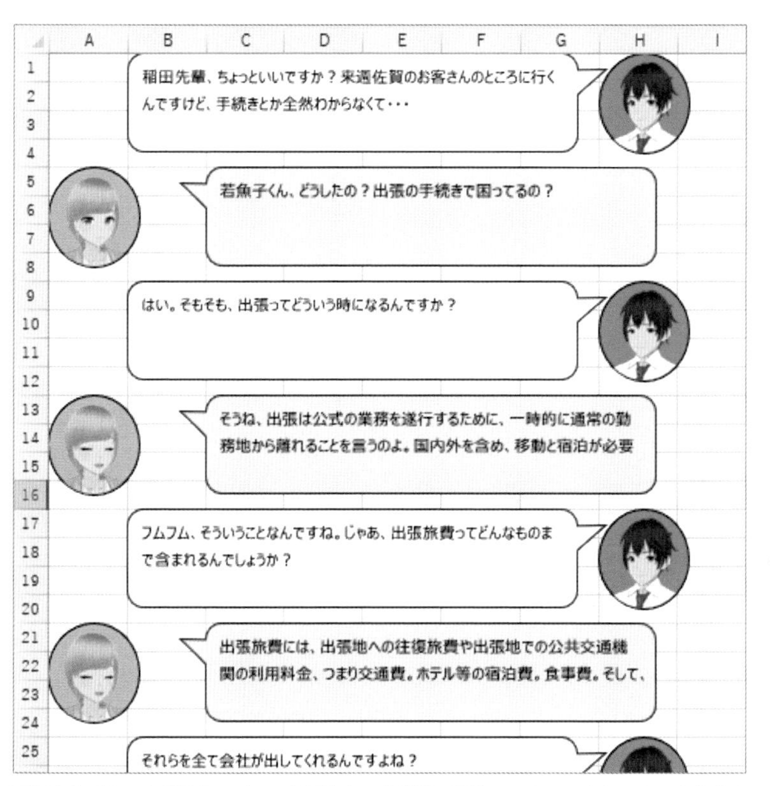

登場人物ごとに表情違うアイコンを用意し、会話調の研修コンテンツをシートに出力する

Chapter 4 ChatGPT業務適用の実践的テクニック

systemメッセージに格納する登場人物や表情を定義

はじめに、研修コンテンツ作成で利用するsystemメッセージやuserメッセージの定義を作成します。新しいワークシートを追加して［出張旅費規程研修コンテンツ設定］という名前に変更し、研修コンテンツの生成に利用するプロンプトの情報を入力します。

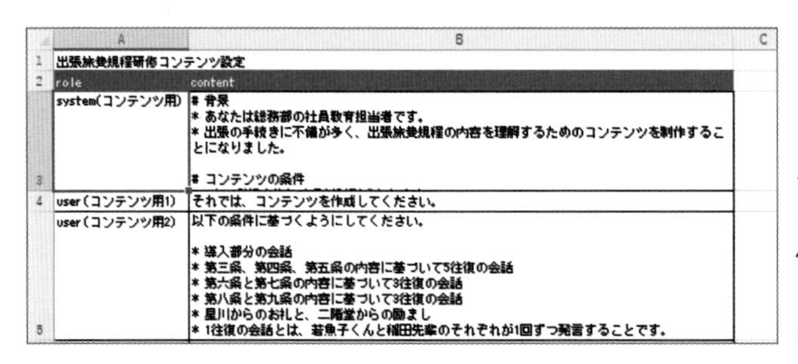

出張旅費規程研修コンテンツ設定

role	content
system(コンテンツ用)	# 背景 * あなたは総務部の社員教育担当者です。 * 出張の手続きに不備が多く、出張旅費規程の内容を理解するためのコンテンツを制作することになりました。 # コンテンツの条件
user（コンテンツ用1）	それでは、コンテンツを作成してください。
user（コンテンツ用2）	以下の条件に基づくようにしてください。 * 導入部分の会話 * 第三条、第四条、第五条の内容に基づいて5往復の会話 * 第六条と第七条の内容に基づいて3往復の会話 * 第八条と第九条の内容に基づいて3往復の会話 * 星川からのお礼と、二階堂からの励まし * 1往復の会話とは、若魚子くんと稲田先輩のそれぞれが1回ずつ発言することです。

サンプルファイルでは、［出張旅費規程研修コンテンツ設定］シートにプロンプトが入力されている

ある文章に基づいたコンテンツ生成にあたってはsystemメッセージの指示内容が品質の鍵を握るため、まずはそのポイントを解説していきます。

▼プロンプト

❶

```
# 背景
* あなたは総務部の社員教育担当者です。
* 出張の手続きに不備が多く、出張旅費規程の内容を理解するためのコンテンツを制作することになりました。
```

❷

```
# コンテンツの条件
* 2人の登場人物による対話形式とします。
* 登場人物は、初めて出張に行く新入社員の若魚子くんとベテラン社員の稲田先輩とします。
```

❸

```
# 若魚子くんについて
* 新入社員の男性です。
* 今回が初めての出張です。
* 頑張り屋さんですが、うっかり抜けているところもあります。
* 人懐っこい性格で、稲田先輩にもついつい頼りがちです。

# 稲田先輩について
* 10年目のベテラン社員の女性です。
* 出張に行った経験も豊富で、出張旅費規程について熟知しています。
* 面倒見が良く、端的ながら丁寧に物事を教えるのが上手です。
```

````
* 若魚子くんに成長してもらいたいため突き放すシーンもあるものの、ついつい手を差し伸べてしまうようなところがあります。

# 表情について
* 稲田さんと若魚子くんはそれぞれ感情を表情で表現することができます。
* 表情の種類は neutral, smile、angry、sorrow、surprise の 5 種類です。これ以外のものはありません。
* 表情を設定する場合は、話者の名前に続けて 5 種類の中から適当なものをセットしてください。デフォルトは neutral とします。

例
若魚子 -surprise: ええっ、前日までに承認をいただく必要があったのですね。

# 出力形式
* 以下の通りとします。2 人の会話以外に文章を付け足さないでください。

```
若魚子 -neutral: 稲田先輩、ちょっといいですか？来週佐賀のお客さんのところに行くんですけど、手続きとか全然わからなくて・・・
稲田 -neutral: 若魚子くん、どうしたの？出張の手続きで困ってるの？
若魚子 -sorrow: はい。。行ってきますって言って普通に切符買って出かける、じゃダメですよね？
```

# 出張手続きのルール
以下の通りです。コンテンツはこの内容に基づいたものとします。

```
{travelRule}
```
````

❹ ❺ ❻

❶……背景：ChatGPTが演じる役割やこれから作成するコンテンツの概要やその背景について説明します。

❷……コンテンツの条件：コンテンツの形式や、登場人物が2人であることについて説明します。

❸……登場人物の設定：若魚子くんと稲田先輩についての説明です。ストーリー仕立てのコンテンツにおいては質問内容に影響する部分です。ここでは出張旅費規程に関する理解度や基本的な性格、2人の関係について必要最低限の設定を説明します。より詳細についてイメージできている場合は、トークン数に問題がない限りさらに肉付けしても良いでしょう。

❹…… 表情の設定：コンテンツにより没入感をもたらすために、登場人物の表情についてもChatGPTに考えてもらうようにします。ここでは標準の表情としてneutral、笑顔のsmile、怒り顔のangry、悲しみや困惑の表情としてsorrow、驚き顔のsurpriseを定義します。また、他には表情がないことを明記することで、自律的に新たな表情を生み出してしまうことを防止します。最後に表情の出力形式についてガイドすることで、ChatGPTがセリフに表情を付けられるようにします。

❺…… 出力形式の設定：{名前}-{表情}: {セリフ}の形式であることを例示します。また、ChatGPTは文章生成に至る背景情報を説明しがちであるため、ここではセリフ以外の文章を付け足さないように指示します。

❻…… 出張旅費規程の埋め込み：ここから出張手続きのルールであることや、生成するコンテンツがこの内容に基づくべきであることを明記した上で、出張旅費規程を埋め込む場所の目印として{travelRule}という文字列を配置します。

userメッセージに格納するプロンプトを定義

続いて、［user(コンテンツ用)］の［content］のセルにuserメッセージに設定するプロンプトを定義します。**userメッセージを2つ定義していることにも注目してください。これは、一度にすべての指示を与えるよりも段階的に指示を与える方が期待する結果が得られやすいことが知られており、この特性を利用するためのものです。**ここでは一度目のリクエストでは自由にコンテンツを作成してもらい、二度目のリクエストでは出張旅費規程の範囲別に分量を指定して修正するような指示を与えます。

▼プロンプト（セルB4）

```
それでは、コンテンツを作成してください。
```

▼プロンプト（セルB5）

```
以下の条件に基づくようにしてください。

* 導入部分の会話
* 第三条、第四条、第五条の内容に基づいて 5 往復の会話
* 第六条と第七条の内容に基づいて 3 往復の会話
* 第八条と第九条の内容に基づいて 3 往復の会話
* 若魚子からのお礼と、稲田からの励まし
* 1 往復の会話とは、若魚子くんと稲田先輩のそれぞれが 1 回ずつ発言することです。

1 往復の例
```
```
```

```
若魚子 -neutral: 若魚子の発話
稲田 -neutral: 稲田の発話
```

それでは、上記条件に基づく修正後のコンテンツを作成してください。
```

▼サンプル26_01.xlsm

```
1  Public Sub MakeTravelTutorial()
2      Dim shtSettings As Worksheet
3      Set shtSettings = Sheets("出張旅費規程研修コンテンツ設定")
4
5      Dim messages() As New Dictionary
6      ReDim messages(1)
7      messages(0).Add "role", "system"
8      messages(0).Add _
9  "content", Replace(shtSettings.Cells(3, 2).Value, "{travelRule}", GetTravelRule)
10     messages(1).Add "role", "user"
11     messages(1).Add "content", shtSettings.Cells(4, 2).Value
12
13     Debug.Print messages(0)("content")
14 End Sub
```

❶……systemメッセージの設定：コンテンツ設定のワークシートからsystemメッセージの雛型を読み込み、{travelRule}を出張旅費規程文字列を取得するFunctionプロシージャーGetTravelRuleの戻り値で置換します。これによってsystemメッセージに研修コンテンツ作成の背景や出張旅費規程全文が含まれるため、グラウンディングすることができるようになります。

実行して、イミディエイトウィンドウに出張旅費規程の内容が出力されることを確認してください。

▼実行結果

```
イミディエイト
## 第一条（目的）
この規程は、私たちの会社で出張を行う際の旅費に関する基準と手続きを定めるものです。
## 第二条（適用範囲）
この規程は、本社、支店、または他の全てのオフィスの全従業員に適用されます。
## 第三条（出張の定義）
1. 公式の業務を遂行するため、一時的に通常の勤務地から離れることを「出張」と定義します。
2. 国内外を問わず、移動と宿泊が必要なすべての活動が含まれます。
## 第四条（出張旅費の概念）
1. 交通費：出張地への往復旅費、出張地での公共交通機関の利用料金。
2. 宿泊費：ホテルなどの宿泊施設の料金。ただし、出張先が通常の勤務地から300km以上離れている場合、または移動時間が8時間以上かかる場合に
3. 食事費：朝食、昼食、夕食の料金。
```

グラウンディングしているはずなのに要領を得ない回答になるときは、まず第一に正しくデータが埋め込めているかどうかを確認することが大切です。プロンプトの調整の前に、まずはその点を確認するように心掛けましょう。
```

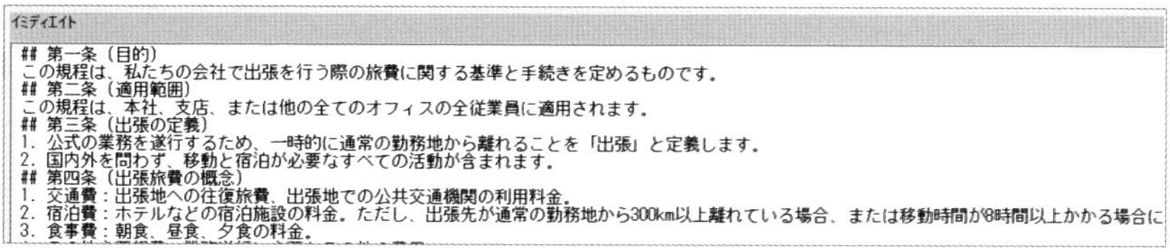

表情を交えたコンテンツにする処理を作成

次に、ChatGPTでストーリー仕立てのコンテンツを生成する処理を作成します。MakeTravelTutorialの末尾に以下の通り追加しましょう。ここではChatGPTを2回呼び出しており、1回目は1つ目のuserメッセージを使用し、2回目は1回目の応答内容に加え2つ目のuserメッセージを使用して呼び出しています。また、ここでは**実行速度よりも正確な理解度が特に求められるため、可能であればモデルとしてGPT-4の使用を推奨します。**ChatGPTの応答メッセージはすべてのセリフで1つの文字列データであるため、これをコンテンツ生成に利用しやすいように、発話毎に話者とセリフに分割した配列データに変換する処理も行います。

▼サンプル26_02.xlsm

```
15        Dim completion As Collection
16        Set completion = ChatGPT.ChatCompletion(messages, "gpt-4-0613")     ❶
17
18        Debug.Print completion(1)("message")("content")
19
20        ReDim Preserve messages(3)                                          ❷
21        Set messages(2) = completion(1)("message")
22        messages(3).Add "role", "user"
23        messages(3).Add "content", shtSettings.Cells(5, 2).Value
24
25        Set completion = ChatGPT.ChatCompletion(messages, "gpt-4-0613")     ❸
26
27        Debug.Print completion(1)("message")("content")
28
29        Dim turnCount As Integer
30        Dim turns() As Dictionary
31        Dim turn
32        For Each turn In Split(completion(1)("message")("content"), vbCrLf) ❹
33            Dim splited
34            splited = Split(turn, ":")                                      ❺
35            If UBound(splited) = 1 Then                                     ❻
36                ReDim Preserve turns(turnCount)
37                Set turns(turnCount) = New Dictionary
38                turns(turnCount).Add "speaker", splited(0)
39                turns(turnCount).Add "text", splited(1)
```

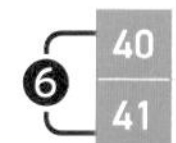

```
40                turnCount = turnCount + 1
41            End If
42        Next
43    End Sub
```

❶……1回目のChatGPTの呼び出し：systemメッセージに定義した内容に基づいてストーリー仕立ての研修コンテンツを作成します。グラウンディングした情報と指示内容についての正確な理解と生成する文章の表現力が必要となるため、モデルにはGPT-4を指定します。GPT-4が利用できない場合はトークン数の大きいgpt-3.5-turbo-16kを使用します。

❷……2回目の呼び出し準備：messagesの配列長を拡大し、1回目の呼び出しの応答内容と、2つめのuserメッセージを格納します。これによって1回目に作成したコンテンツを背景情報として使用し、これをuserメッセージで示す条件で修正すべきという指示を与えることができます。

❸……2回目のChatGPTの呼び出し：出張旅費規程のパート毎の会話の回数を条件に追加して、1回目の呼び出しで作成した研修コンテンツを修正します。1回目と同じ理由でモデルにはGPT-4またはgpt-3.5-turbo-16kを使用します。

❹……ループ処理の定義：応答メッセージを改行ごとに分割し、変数turnに代入して処理します。

❺……話者とセリフに分割：行データが格納された変数turnをさらに半角コロンで分割して変数splitedに代入します。

❻……シナリオ情報の作成：変数splitedの最大インデックスにより話者・セリフの両方が含まれていることを確認します。両方が含まれている場合はspeakerとtextをキーとしてDictionary型に変換し、シナリオ情報を格納する変数turnsを拡張して代入します。

処理を追加したら実行してみましょう。表情を交えつつストーリー仕立ての会話になっていることを確認してください。1回目では会話のターン数が少なすぎる場合でも、2回目には概ね指定した分量程度のターン数になります。

▼実行結果

```
若魚子-neutral: 稲田先輩、ちょっといいですか？来週佐賀のお客さんのところに行くんですけど、出張の手続きとか全然わからなくて・・・
稲田-neutral: 若魚子くん、どうしたの？出張の手続きで困ってるの？
若魚子-sorrow: はい。。行ってきますって言って普通に切符買って出かける、じゃダメですよね？
稲田-surprise: 若魚子くん、それじゃまだ規程をちゃんと読んでないだけだよ。私たちの会社では出張の時はちゃんとした手続きが必要なんだよ。
    ：省略
稲田-neutral: 海外に出張する時は、会社が提供する海外旅行保険を利用すること。出張の期間全てをカバーするよう手配すること。保険の手配は、出張日の少なくとも一週間前に完了するようにね。
若魚子-smile: たくさんの情報、ありがとうございます先輩！すごく勉強になりました。
稲田-smile: 若魚子くん、じっと聞いてくれてありがとう。分からないことがあればいつでも聞いてね。そして、出張規程はきちんと読んでおくことが大切だからね。頼りにしているよ！
```

アイコンと図形でパーツを作成

狙い通りの会話の生成に成功したら、続いてコンテンツ化の準備に取り組んでいきます。はじめにコンテンツで使用するパーツ素材として、[出張旅費規程研修コンテンツ設定]シートに話者・表情別のアイコンと発言を表示するための吹き出しを図形で作成します。また、コードから扱いやすいように以下の通りシェイプの名前を変更します。この図形名は、プロンプトで指定した{名前}-{表情}と同じになるように揃えておきます。

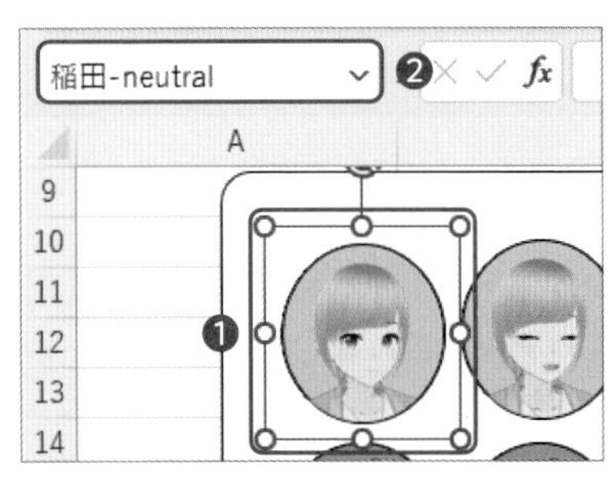

サンプルでは[出張旅費規程研修コンテンツ設定]シートに名前を変更した図形を用意している。図形の名前は❶図形を選択し、シート左上の❷ボックスに表示される

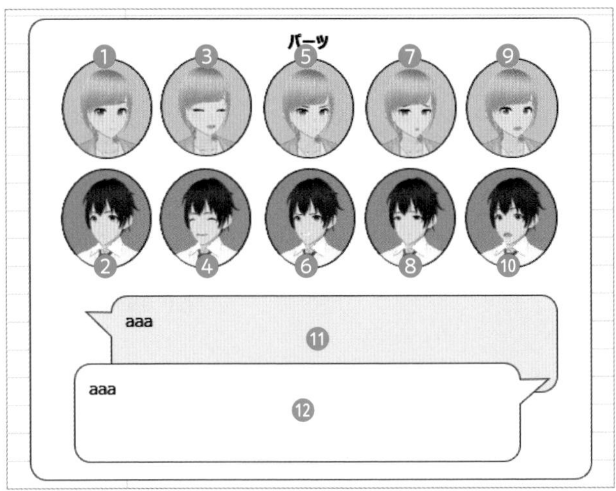

- ❶稲田-neutral / ❷若魚子-neutral
- ❸稲田-smile / ❹若魚子-smile
- ❺稲田-angry / ❻若魚子-angry
- ❼稲田-sorrow / ❽若魚子-sorrow
- ❾稲田-surprise / ❿若魚子-surprise
- ⓫稲田-balloon / ⓬若魚子-balloon

パーツとシナリオ情報からコンテンツを生成する

次に、これらのパーツ素材とシナリオ情報を使用してワークシート上にコンテンツを作成するSubプロシージャーRenderContentsを以下の通り作成します。ここでは引数として受け取った登場人物の発言毎のデータについて、話者とその表情をアイコンパーツ素材で表現し、またセリフを吹き出しパーツ素材に設定して、新たに追加したコンテンツ用のワークシートに貼り付けていきます。

▼サンプル26_03.xlsm

```
1  Private Sub RenderContents(turns() As Dictionary)
2      Dim sht As Worksheet
3      Set sht = ThisWorkbook.Sheets.Add
4      sht.name = "出張旅費規程コンテンツ_" & Format(Now, "yyyymmddhhnnss")
5  
6      Dim shtSettings As Worksheet
7      Set shtSettings = Sheets("出張旅費規程研修コンテンツ設定")
8  
9      Dim rowStart As Long
10     Dim rowOffset As Long
11     rowStart = 1
12     rowOffset = 4
13 
14     Dim characterSettings As New Dictionary
15     characterSettings.Add "若魚子", New Dictionary
16     Set characterSettings("若魚子")("baloon") = shtSettings.Shapes("若魚子-balloon")
17     characterSettings("若魚子")("colIcon") = 8
18     characterSettings("若魚子")("colBalloon") = 2
19     characterSettings.Add "稲田", New Dictionary
20     Set characterSettings("稲田")("baloon") = shtSettings.Shapes("稲田-balloon")
21     characterSettings("稲田")("colIcon") = 1
22     characterSettings("稲田")("colBalloon") = 3
23 
24     Dim row As Long
25     row = rowStart
26     Dim turn
27     For Each turn In turns
28         Dim currentCharacter As String
```

❶ 2～4行目
❷ 9～22行目
❸ 27行目

```
29            If InStr(turn("speaker"), "若魚子") > 0 Then
30                currentCharacter = "若魚子"
31            Else
32                currentCharacter = "稲田"
33            End If
34
35            shtSettings.Shapes(Trim(turn("speaker"))).Copy
36            sht.Cells(row, characterSettings(currentCharacter)("colIcon")).Select
37            sht.Paste
38
39            characterSettings(currentCharacter)("baloon").Copy
40            sht.Cells(row, characterSettings(currentCharacter)("colBalloon")).Select
41            sht.Paste
42            Selection.ShapeRange.TextFrame.Characters.text = Trim(turn("text"))
43            row = row + rowOffset
44        Next
45    End Sub
```

(❹: 29–33行、❺: 35–37行、❻: 39–42行)

❶……コンテンツ出力用ワークシートの追加：何度か作り直しをする際に既存のものに影響を与えないようにするため、新たにワークシートを追加してコンテンツを出力するようにします。

❷……レイアウトと素材の定義：コンテンツ出力処理の開始行やシナリオごとの行間隔、キャラクター別のアイコンと吹き出しの配置列といったレイアウト情報を定義するとともに、それぞれの吹き出し素材を指定します。キャラクター別のレイアウト情報はDictionary型の変数characterSettingsにキャラクター名をキーに格納しておくことで、後続の処理で話者別のコンテンツ作成を行いやすいようにしています。

❸……キャラクターによる発言毎の処理：引数として受け取ったシナリオ情報turnsに格納されているキャラクターによる各発言に対して繰り返し処理を行います。

❹……現在の話者名の取得：speakerをキーに話者名を取得し、変数currentCharacterに代入します。

❺……アイコンの配置：話者名は{名前}-{表情}の形式となっています。これはパーツ素材の名称と一致させているため、設定シートから話者名をキーにアイコン素材をコピーすることができます。コピーしたアイコンはコンテンツ出力用ワークシートの指定位置に貼り付けます。

❻……セリフの配置：キャラクター設定に格納した吹き出し素材をコピーし、コンテンツ出力用ワークシートの指定位置に貼り付けてセリフを入力します。

上記の❹～❻をシナリオ情報に含まれるすべての発言に対して繰り返し行うことで、コンテンツ出力用ワークシートにキャラクター同士の会話風のコンテンツが作成されます。

完了を知らせるメッセージボックスの処理を追加

最後に、MakeTravelTutorialの末尾にコンテンツ生成用Subプロシージャー RenderContentsを呼び出す処理を追加します。また、コンテンツ生成が完了したことをメッセージボックスに表示してユーザーに知らせるようにします。

▼サンプル26_03.xlsm

```
44         RenderContents turns
45 
46         MsgBox "出張旅費規程の学習コンテンツを作成しました", vbInformation
47     End Sub
```

実行すると、ChatGPTに掛かる処理をしばらく待った後、「出張旅費規程コンテンツ_{日付時刻}」という名称のワークシートが追加され、以下のように研修コンテンツが作成されます。

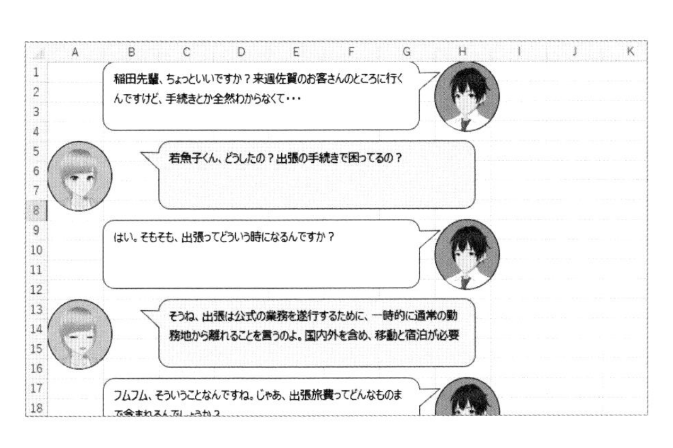

利用者としては出張旅費規程原文よりも読みやすいことに加えて、自身が出張に行く際のシーンを想像しながら読めるため理解しやすくなっているのではないでしょうか。本書では扱いませんが、さらなるステップアップとして画像生成AIと組み合わせれば漫画のようなコンテンツを、3Dモデルやテキスト読み上げツールと組み合わせればキャラクター同士の掛け合い風の動画コンテンツを作成することもできます。従来は技術や才能を持つ一部のクリエイターにしかできない特殊な業務でしたが、AIを駆使することでこのような業務のハードルを大幅に下げることができるようになります。魅力的かつ理解しやすいコンテンツを作成することは利用者と提供者双方にとって効率化に繋がります。本書で身に付けた手法を活用して積極的にチャレンジしていきましょう。

27 理解度テストを解説付きで作成する

内容の理解度を深めるテスト問題を実装

出張旅費規程に関する研修コンテンツを読むことに加えて、内容に関するテストを実施することであやふやな点をなくし理解を定着させることができます。e-Learningの多くも学習とテストの2段階の構成になっています。Section25～26の仕上げとして、ChatGPTにより出張旅費規程に関するテストの作成を自動化しましょう。テストの形式は、出張旅費規程の各条に関する質問に対し、与えられた3つの選択肢の中から1つ選んで回答するものとします。

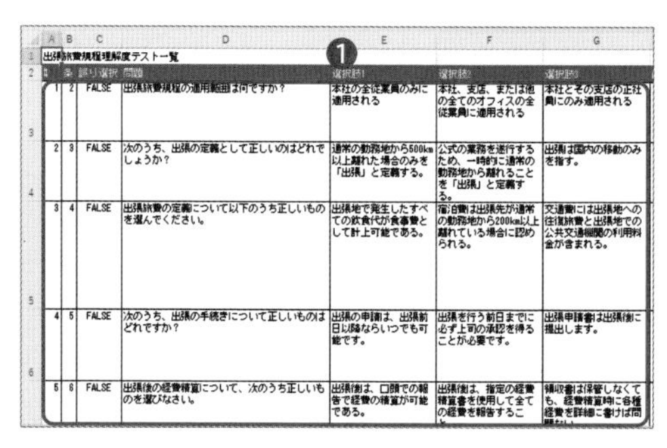

出張旅費規程理解度テスト一覧

#	条	誤り選択	問題	選択肢1	選択肢2	選択肢3
1	2	FALSE	出張旅費規程の適用範囲は何ですか？	本社の全従業員のみに適用される	本社、支店、または他の全てのオフィスの全従業員に適用される	本社とその支店の正社員にのみ適用される
2	3	FALSE	次のうち、出張の定義として正しいのはどれでしょうか？	通常の勤務地から500km以上離れた場合のみを「出張」と定義する。	公式の業務を遂行するため、一時的に通常の勤務地から離れることを「出張」と定義する。	出張は国内の移動のみを指す。
3	4	FALSE	出張旅費の定義について以下のうち正しいものを選んでください。	出張地で発生したすべての飲食代が食事費として計上可能である。	宿泊費は出張先が通常の勤務地から200km以上離れている場合に認められる。	交通費には出張地への往復旅費と出張地での公共交通機関の利用料金が含まれる。
4	5	FALSE	次のうち、出張の手続きについて正しいものはどれですか？	出張の申請は、出張前日以降ならいつでも可能です。	出張を行う前日までに必ず上司の承認を得ることが必要です。	出張申請書は出張後に提出します。
5	6	FALSE	出張後の経費精算について、次のうち正しいものを選びなさい。	出張後は、口頭での報告で経費の精算が可能である。	出張後は、指定の経費精算書を使用して全ての経費を報告するこ	領収書は保管しなくても、経費精算時に各種経費を詳細に書けば問

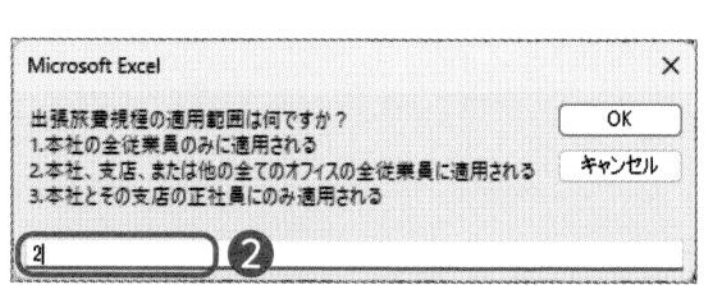

出張旅費規程に関するテストの問題文や正答などを❶一覧化する。ユーザーフォームに問題が表示され、❷入力テキストボックスに回答の番号を入力する

テスト問題作成に使うsystemメッセージを定義

はじめにテスト問題作成で利用するsystemメッセージの定義として、［出張旅費規程研修コンテンツ設定］シートに以下の通り行を追加します。

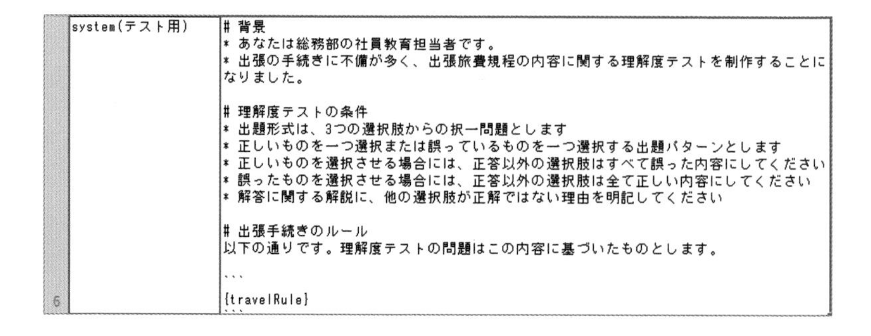

6	system(テスト用)	# 背景 * あなたは総務部の社員教育担当者です。 * 出張の手続きに不備が多く、出張旅費規程の内容に関する理解度テストを制作することになりました。 # 理解度テストの条件 * 出題形式は、3つの選択肢からの択一問題とします * 正しいものを一つ選択または誤っているものを一つ選択する出題パターンとします * 正しいものを選択させる場合には、正答以外の選択肢はすべて誤った内容にしてください * 誤ったものを選択させる場合には、正答以外の選択肢は全て正しい内容にしてください * 解答に関する解説に、他の選択肢が正解ではない理由を明記してください # 出張手続きのルール 以下の通りです。理解度テストの問題はこの内容に基づいたものとします。 ``` {travelRule} ```

テスト問題の作成にあたってもこのsystemメッセージの内容が重要となるため、ポイントを解説します。

▼プロンプト

```
# 背景
* あなたは総務部の社員教育担当者です。
* 出張の手続きに不備が多く、出張旅費規程の内容に関する理解度テストを制作することになりました。

# 理解度テストの条件
* 出題形式は、3つの選択肢からの択一問題とします
* 正しいものを一つ選択または誤っているものを一つ選択する出題パターンとします
* 正しいものを選択させる場合には、正答以外の選択肢はすべて誤った内容にしてください
* 誤ったものを選択させる場合には、正答以外の選択肢は全て正しい内容にしてください
* 解答に関する解説に、他の選択肢が正解ではない理由を明記してください

# 出張手続きのルール
以下の通りです。理解度テストの問題はこの内容に基づいたものとします。

```
{travelRule}
```
```

❶……背景：ChatGPTが演じる役割やこれから作成するコンテンツの概要やその背景について説明します。

❷……理解度テストの条件：3択問題とすること、正誤いずれかの選択形式とすること、解説の内容などを指示します。正答以外はすべて誤った内容にすべきといった指示は、人間であれば通常不要ですがChatGPTの場合には指示しないと複数の正答が含まれてしまう場合があるため、明記します。

❸……出張旅費規程の埋め込み：ここから出張手続きのルールであることや、生成するコンテンツがこの内容に基づくべきであることを明記した上で、出張旅費規程を埋め込む場所の目印として{travelRule}という文字列を配置します。

「問題」「選択肢」「正解」「解説」の4つを作成して取得する

出張旅費規程の内容から問題、3つの選択肢、正解、解説をセットで作成して取得するFunctionプロシージャーGetQuizを作成します。このプロシージャーでは出張旅費規程全体を対象に設問を作成するのではなく、引数で指定された条番号に関する問題1つを作成するものとします。

これはSection26で解説した研修コンテンツ作成のときと同様に、一度に実行するタスクの量を減らすことで精度を高める狙いがあります。また、選択肢のうち正しいものを選ぶのか誤っているものを選ぶかについて、引数chooseNegativeで指定できるようにします。また質問や選択肢など取得する項目数が多いため、Function Callingを用いることで応答メッセージの出力形式をJSON形式に安定させるようにしています。

▼サンプル27_01.xlsm

```
1  Private Function GetQuiz( _
2      articleNumber As Integer, Optional chooseNegative As Boolean _
3  ) As Dictionary
4
5      Dim shtSettings As Worksheet
6      Set shtSettings = Sheets("出張旅費規程研修コンテンツ設定")
7
8      Dim messages(1) As New Dictionary
9      messages(0).Add "role", "system"
10     messages(0).Add _                                                    ❶
11         "content", Replace(shtSettings.Cells(6, 2).Value,
           "{travelRule}", GetTravelRule)
12     messages(1).Add "role", "user"
13     messages(1).Add _                                                    ❷
14         "content", "第" & CStr(articleNumber) & "条に関して出題してください"
15     If chooseNegative Then
16         messages(1)("content") = _
17             messages(1)("content") & "誤っているものを選択する形式とします。"
18     End If
19
20     Dim functions(0) As New Dictionary                                   ❸
21     Set functions(0) = ChatGPT.MakeFunction( _
22         "generate_quiz", "出張旅費規程に関する理解度テストを生成します")
23     ChatGPT.AddProperty functions(0), "question", "string", "問題文", True
24     ChatGPT.AddProperty functions(0), "option_1", "string", "回答選択肢_1", True
25     ChatGPT.AddProperty functions(0), "option_2", "string", "回答選択肢_2, True"
26     ChatGPT.AddProperty functions(0), "option_3", "string", "回答選択肢_3", True
27     ChatGPT.AddProperty functions(0), "answer", "integer", _
28         "正解。1-3のいずれかを数字で示す", True
29     ChatGPT.AddProperty functions(0), "explanation", "string", "解答に関する解説", True
30
```

```
31      Dim completion As Collection
32      Set completion = ChatGPT.ChatCompletion( _
33          messages, "gpt-4-0613", functions:=functions, function_call:="generate_quiz")
34
35      Set GetQuiz = JsonConverter.ParseJson( _
36          completion(1)("message")("function_call")("arguments"))
37  End Function
```

❹ - 32

❶ …… systemメッセージの設定：コンテンツ設定のワークシートからsystemメッセージの雛型を読み込み、{travelRule}を出張旅費規程文字列を取得するFunctionプロシージャーGetTravelRuleの戻り値で置換します。これによってsystemメッセージに研修コンテンツ作成の背景や出張旅費規程全文が含まれるため、グラウンディングすることができるようになります。

❷ …… userメッセージの設定：出題範囲の条番号を指定します。また、引数chooseNegativeの値がTrueのとき、誤っているものを選択する形式する指示を追加します。

❸ …… functionsの作成：出張旅費規程に関する理解度テストを作成する処理generate_quizを定義し、functionsに格納します。この処理の引数として問題文、3つの回答選択肢、正答、解説を定義し、ChatGPTから受け取るようにします。

❹ …… ChatGPTの呼び出し：systemメッセージで指定する条件と埋め込んだ出張旅費規程の内容に基づいて理解度テストを作成します。グラウンディングした情報と指示内容についての正確な理解が必要となるため、モデルにはGPT-4を指定します。GPT-4が利用できない場合はトークン数の大きいgpt-3.5-turbo-16k-0613を使用します。

テスト用のプロシージャーで問題が出題されるか確認

GetQuizを作成したら、以下のようなテスト用のプロシージャーを作成・実行して、想定通りに問題一式を作成できるか確認してみましょう。第八条について、正しいものか誤っているもののいずれかを選択する問題が出題されます。

▼サンプル27_01.xlsm

```
1   Private Sub TestGetQuiz()
2       Dim quiz As Dictionary
3
4       Set quiz = GetQuiz(8)
5
6       Debug.Print quiz("question")
7       Debug.Print quiz("option_1")
8       Debug.Print quiz("option_2")
9       Debug.Print quiz("option_3")
10      Debug.Print quiz("answer")
11      Debug.Print quiz("explanation")
12  End Sub
```

▼実行結果

```
次の選択肢から、出張時の交通手段に関する正しい内容を選んでください。
ビジネスクラスの利用は、所要時間が3時間以上かつ業務遂行上必要な場合に限られる。
所要時間が2時間以上かつ業務遂行上必要な場合には、グリーン車を利用することができる。
出張の際の交通手段は、業務の効率性、コスト、時間を考慮せずに選択できる。
 2
選択肢1は誤りで、ビジネスクラスの利用は「所要時間が5時間以上かつ業務遂行上必要な場
合に限られる」のが正しいです。選択肢3は誤りで、「業務の効率性、コスト、時間等を考慮し
て交通手段を選択すること」が規程に定められています。そのため正解は選択肢2です。
```

また、GetQuizの第二引数にTrueを設定することで、誤っているものの選択に固定できることも確認しましょう。

▼サンプル26_02.xlsm

```
4	    Set quiz = GetQuiz(8, True)
```

▼実行結果

```
次のうち、当社の出張旅費規程第8条（交通手段の選択と利用）について誤っているものを一
つ選んでください。
交通手段は業務の効率性、コスト、時間などを考慮して選択すること。
鉄道での移動において、所要時間が2時間以上かつ業務遂行上必要な場合に限り、グリーン車
を利用することができる。
航空機での移動においては、所要時間が関係なくビジネスクラスを利用することができる。
 3
選択肢3が誤っています。規程第8条には、航空機での移動において、所要時間が5時間以上
かつ業務遂行上必要な場合に限り、ビジネスクラスを利用することができると記載があります。
所要時間が関係ないという表現は誤っています。一方、選択肢1、2は規程に基づいた正しい内
容です。
```

各条項に関するテスト問題を一括生成する

次に、プロシージャーGetQuizを利用して出張旅費規定の各条項に関するテスト問題を一括生成するSubプロシージャーMakeTravelQuizを作成します。処理内容はシンプルで、一覧表に定義された条番号と「誤っているものを選択してください」という出題方式にするか否かのフラグに基づいてテスト問題を作成し、一覧表に出力します。

▼サンプル27_03.xlsm

```
1  Public Sub MakeTravelQuiz()
2      Dim sht As Worksheet
3      Set sht = Sheets("出張旅費規程理解度テスト")
4  
5      Dim colArticle As Integer
6      Dim colNegative As Integer
7      Dim colQuestion As Integer
8      Dim colOpt1 As Integer
9      Dim colOpt2 As Integer
10     Dim colOpt3 As Integer
11     Dim colAnswer As Integer
12     Dim colExplanation As Integer
13     Dim rowStart As Long
14     colArticle = 2
15     colNegative = 3
16     colQuestion = 4
17     colOpt1 = 5
18     colOpt2 = 6
19     colOpt3 = 7
20     colAnswer = 8
21     colExplanation = 9
22     rowStart = 3
23 
24     Dim row As Long
25     row = rowStart
26 
27     Do While sht.Cells(row, colArticle).Value <> ""
28         If sht.Cells(row, colQuestion).Value = "" Then
29             Dim quiz As Dictionary
30             Set quiz = GetQuiz( _
31                 sht.Cells(row, colArticle).Value, sht.Cells(row,
                   colNegative).Value)
32 
33             sht.Cells(row, colQuestion).Value = quiz("question")
34             sht.Cells(row, colOpt1).Value = quiz("option_1")
35             sht.Cells(row, colOpt2).Value = quiz("option_2")
36             sht.Cells(row, colOpt3).Value = quiz("option_3")
37             sht.Cells(row, colAnswer).Value = quiz("answer")
```

❶ (lines 5–22)
❷ (lines 28–37)

```
38            sht.Cells(row, colExplanation).Value = quiz("explanation")
39        End If
40
41        DoEvents
42        row = row + 1
43    Loop
44
45    MsgBox "出張旅費規程の理解度テストの作成を完了しました", vbInformation
46 End Sub
```

❶……レイアウトの定義：GetQuizの引数に使用する条番号、誤り選択固定の他、取得したテスト問題の情報を書き出すための列番号等を定義します。

❷……テスト問題の作成：GetQuizに条番号、誤り選択固定フラグを渡してテスト問題を作成し、ワークシートの各欄に取得した情報を出力します。なおこの処理を行うための条件として問題列のセルが空であることを設定しているため、既に問題が作成されている行はスキップされます。したがって問題列のセルを削除することで、その行だけ問題を再生成することができます。

処理を作成したら実行しましょう。以下のようにテスト問題が一覧化されます。サンプルデータでは誤り選択固定フラグをすべてFalseに固定していますが、誤りを選択する設問を作成したい場合はこの値をTrueにし、問題列のセルを削除して再実行すると良いでしょう。

なお、ここで作成する問題は研修コンテンツには明示的に連動しません。連動や規程に対する網羅性が必要なとき、特に強調したいポイントが含まれていない場合は、手動でテスト問題を作成して一覧表に追加してください。

▼実行結果

出張旅費規程理解度テスト一覧

#	条	誤り選択	問題	選択肢1	選択肢2	選択肢3	解答	解説
1	2	FALSE	出張旅費規程の適用範囲は何ですか？	本社の全従業員のみに適用される	本社、支店、または他の全てのオフィスの全従業員に適用される	本社とその支店の正社員にのみ適用される	2	出張旅費規程の第二条には、「この規程は、本社、支店、または他の全てのオフィスの全従業員に適用されます。」と書かれています。正社員に限らず、すべての従業員が対象であり、所在地に関わらず適用されます。
2	3	FALSE	次のうち、出張の定義として正しいのはどれでしょうか？	通常の勤務地から500km以上離れた場合のみを「出張」と定義する。	公式の業務を遂行するため、一時的に通常の勤務地から離れることを「出張」と定義する。	出張は国内の移動のみを指す。	2	出張の定義は、公式の業務を遂行するため、一時的に通常の勤務地から離れることを指します。距離や場所（国内外）は特に条件とされていません。
3	4	FALSE	出張旅費の定義について以下のうち正しいものを選んでください。	出張地で発生したすべての飲食代が食事費として計上可能である。	宿泊費は出張先が通常の勤務地から200km以上離れている場合に認められる。	交通費には出張地への往復旅費と出張地での公共交通機関の利用料金が含まれる。	3	第四条では、出張旅費の概念として、交通費、宿泊費、食事費、その他必要経費が定義されています。 選択肢1の飲食代は、食事の料金に限定されています。全ての飲食代が認められているわけではありません。また、選択肢2の宿泊費が認められる条件は、出張先が通常の勤務地から300km以上離れている場合、または移動時間が8時間以上かかる場合です。200km以上ではなく、300km以上です。
4	5	FALSE	次のうち、出張の手続きについて正しいものはどれですか？	出張の申請は、出張前日以降ならいつでも可能です。	出張を行う前日までに必ず上司の承認を得ることが必要です。	出張申請書は出張後に提出します。	2	選択肢1は誤りです。規程では出張を行う前日までに必ず上司の承認を得ることが求められており、出張前日以降の申請は許されていません。選択肢3も誤りで、出張申請書は承認後に提出する必要があります。したがって、選択肢2が正解となります。
5	6	FALSE	出張後の経費精算について、次のうち正しいものを選びなさい。	出張後は、口頭での報告で経費の精算が可能である。	出張後は、指定の経費精算書を使用して全ての経費を報告するこ	領収書は保管しなくても、経費精算時に各種経費を詳細に書けば問	2	第六条には、出張後に指定の経費精算書を使用して全ての経費を報告し、また領収書は必ず保管し、経費精算時に提出すると明確に書かれて

出題と問題への解答を行う処理を作成

最後に、作成したテスト問題をユーザーが受講するためのSubプロシージャーStartQuizを作成します。ワークシートから1問ずつテスト問題を読み取って、テキスト入力ボックスに問題を表示するとともに選択肢の番号を受け付けて、その正誤判定と解答、解説をメッセージボックスで表示するような簡易的なものとしています。

▼サンプル27_04.xlsm

```
1  Public Sub StartQuiz()
2      Dim sht As Worksheet
3      Set sht = Sheets("出張旅費規程理解度テスト")
4  
5      Dim colQuestion As Integer
6      Dim colOpt1 As Integer
7      Dim colOpt2 As Integer
8      Dim colOpt3 As Integer
9      Dim colAnswer As Integer
10     Dim colExplanation As Integer
11     Dim rowStart As Long
12     colQuestion = 4
13     colOpt1 = 5
14     colOpt2 = 6
15     colOpt3 = 7
16     colAnswer = 8
17     colExplanation = 9
18     rowStart = 3
19 
20     Dim row As Long
21     row = rowStart
22 
23     Dim questionCount As Integer
24     Dim correctCount As Integer
25 
26     MsgBox _
27 "理解度テストを開始します。質問に当てはまる番号を回答してください。", _
28 vbInformation
29 
```

❶ (5〜18行目)

```
30      Do While sht.Cells(row, colQuestion).Value <> ""
31          Dim question As String
32          question = sht.Cells(row, colQuestion).Value & vbCrLf
33          question = question & "1." & sht.Cells(row, colOpt1).Value & vbCrLf
34          question = question & "2." & sht.Cells(row, colOpt2).Value & vbCrLf
35          question = question & "3." & sht.Cells(row, colOpt3).Value
36
37          Dim answer As Integer
38          Do
39              Dim answerStr As String
40              answerStr = InputBox(question)
41              If answerStr = "" Then
42                  Exit Sub
43              End If
44
45              answer = 0
46              On Error Resume Next
47              answer = CInt(answerStr)
48              On Error GoTo 0
49              If answer > 0 And answer < 4 Then
50                  Exit Do
51              End If
52          Loop
53
54          questionCount = questionCount + 1
55          If answer = sht.Cells(row, colAnswer).Value Then
56              correctCount = correctCount + 1
57              MsgBox "正解！" & sht.Cells(row, colExplanation).Value, vbInformation
58          Else
59              MsgBox "誤り" & sht.Cells(row, colExplanation).Value, vbCritical
60          End If
61
62          row = row + 1
63      Loop
64
65      MsgBox CStr(questionCount) & "問中" & CStr(correctCount) & "問
        正解しました！", vbInformation
66  End Sub
```

❶……レイアウトの定義：問題文や選択肢、回答、解説などの列情報等を定義します。
❷……問題文の組み立て：問題文と3つの選択肢に番号を付けた上で変数questionに結合します。
❸……出題と回答の受領：テキスト入力ボックスに問題を表示します。ユーザーからの入力が1から3の範囲内になるまで先に進まないようにしつつ、キャンセルボタンが押されたり入力がなかったりした場合はテストを中止します。
❹……正誤評価と解説：入力された選択肢の番号とワークシート上の正答番号とを比較し、正誤と併せて解説を表示します。

設問の表示と解答が可能か実行して確認する

処理を作成したら実行してみましょう。次々に問題が表示されてテストが進行し、最後に出題全体に対する正答数が表示されます。今回は簡易的なユーザーインターフェイスにしましたが、解説時に問題や選択肢が表示されるようにしたり、すべて回答が終わってから採点するようにしたりなど、改善の余地は様々です。また、このテクニックを使用して作成するテスト問題をExcelで利用するのではなく、e-Learningシステムに登録するなど活用の幅を広げて考えてみるのも良いでしょう。

▼実行結果

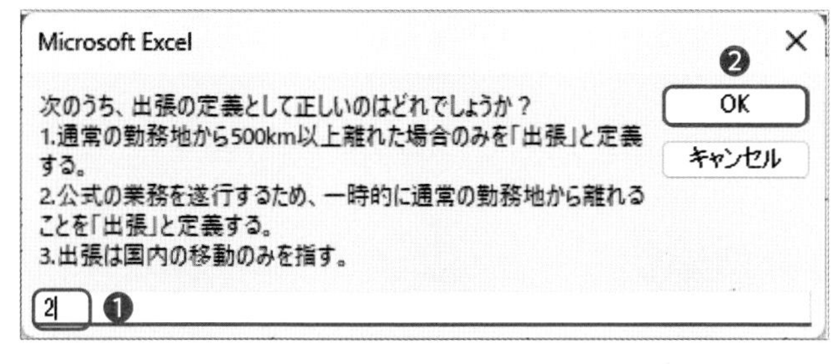

出張規程に関する問題が出題される。❶入力テキストボックスに回答の番号を入力し❷［OK］をクリックする

テストの最後にメッセージボックスで正当数が表示される

申請書へのボタンの配置

せっかくこれらの処理を作り込んでも、このままでは申請書の記入者が利用することができません。そこで申請書にボタンを配置し、機能を手軽に利用できるようにしましょう。ボタンにはフォームコントロールとActiveXの2種類がありますが、ここではボタンをクリックしたときの処理を設定しやすいフォームコントロールを使用します。

まずはQ&A用のAIAssistant起動ボタンを配置します。［開発］タブの挿入メニューからボタンを選択し、ワークシートの適当な位置に配置しましょう。配置するとボタンをクリックしたときに実行する処理の選択画面が表示されるため、ShowTravelAssistantを選択して［OK］ボタンをクリックします。

❶［開発］タブ-❷［挿入］-❸［ボタン（フォームコントロール）］をクリック

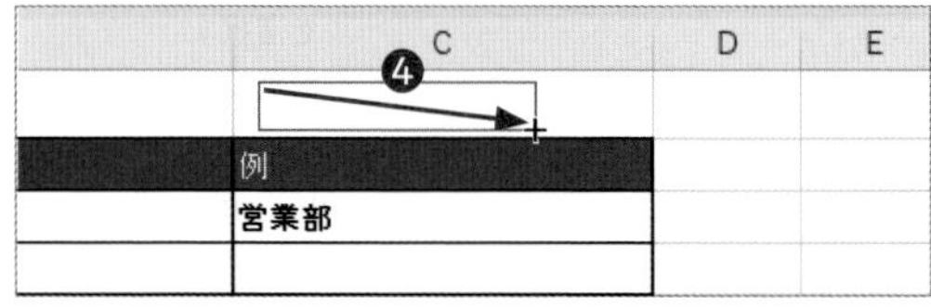

❹ボタンを配置したい位置でドラッグ

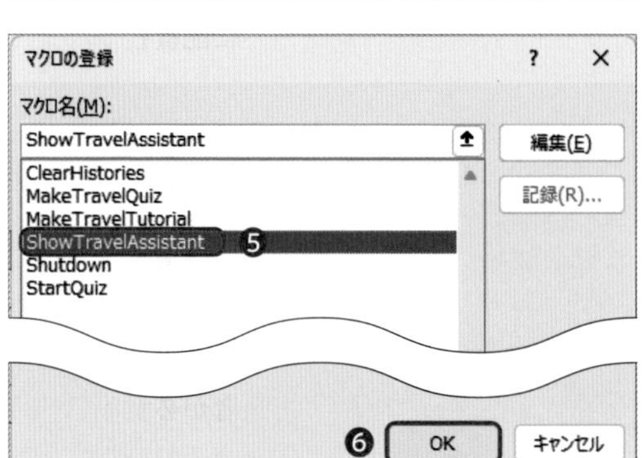

❺［ShowTravelAssistant］を選択して❻［OK］をクリック

配置したら、ボタン表面の文言を「AIに質問」など利用者にわかりやすい名前に変更します。これでAIAssistant起動の準備が整いましたので、ボタンをクリックして出張申請Q&Aモードで起動することを確認してください。

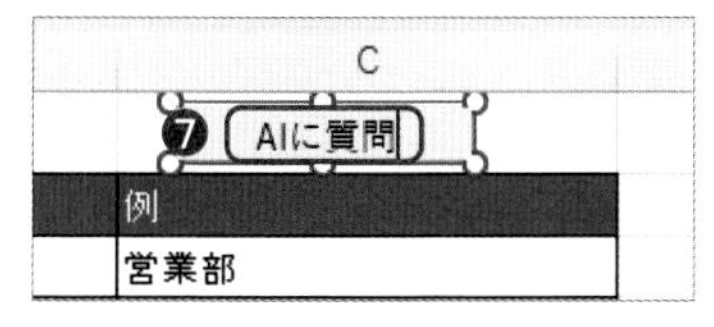

実行される機能が分かるよう、❼ボタンの名前に変更する

 研修コンテンツを起動する処理を追加

同様に研修コンテンツと理解度テストにも起動ボタンを配置していきますが、その前に、研修コンテンツを開く処理が未作成なため標準モジュールに以下の通りプロシージャーを追加します。コンテンツのワークシートをアクティブ化し、一番上にスクロールするために1行目1列目のセルを選択しています。

▼サンプル27_05.xlsm

```
1  Public Sub ShowTravelContents()
2      Sheets("出張旅費規程コンテンツ_xxx").Activate
3      Sheets("出張旅費規程コンテンツ_xxx").Cells(1, 1).Select
4  End Sub
```

❶……表示処理：Activateでワークシートを選択し、Selectで1行目1列をのセルを選択するため、コンテンツの先頭部分が表示されます。シート名には実際に作成したものを指定してください

コードを追加したら、研修コンテンツを開くためにShowTravelContentsを割り当てた［わかる！出張申請］ボタン、理解度テストを実行するためにStartQuizを割り当てた［理解度テスト］ボタンを［出張申請書］シートに配置します。

それぞれのボタンにマクロを割り当てる。サンプル「26_05.xlsm」では各ボタンに上記の通りマクロを割り当てている

これで完成です。それぞれを押すことでフォームやコンテンツが表示されることを確認しましょう。申請書にボタンを配置することで、利用者が必ず機能の存在に気が付き、手軽に利用できるようになりました。

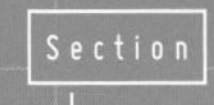

28 インターネット検索による動的なグラウンディング

 どんなことにでも答えられるAIAssistantを作ろう!

Section24〜27のメインテーマとして扱った申請書の多機能化の他、総仕上げとして、Section23で解説したスクレイピングとグラウンディングを組み合わせる手法を解説します。これまではツールにグラウンディングのためのデータを予め埋め込んでいましたが、ユーザーからの発話内容に基づいてWeb検索により取得することで、あらゆる質問に対して事実に基づいた回答ができるようにするテクニックです。

ここでは、AIAssistantフォームに［Search］モードを追加して、入力された質問に対してWeb検索結果による事実に基づいた回答ができるようにします。

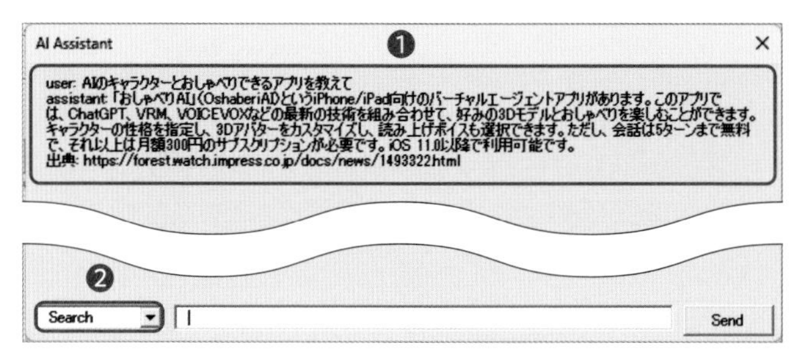

AIAssistantフォームに❶［Search］モードを追加し、❷Web検索に基づいた回答が表示されるようにする

 スクレイピングによるWeb検索と情報取得処理の追加

はじめに標準モジュールChatGPTを開き、ユーザーからの質問への回答に役立つ情報をインターネットから取得するFunctionプロシージャーGetGroundingTextFromWebを作成します。このプロシージャーはユーザーからの入力をWebページを検索するためのキーワードに変換し、そのキーワードを検索エンジンで検索したら、検索結果の先頭に表示されたWebページの内容を取得して返却します。本書ではあくまで例として「窓の杜」のサイト内検索を使用しますが、このテクニックを実際に業務で活用する際には、社内外の検索エンジンなど基づくべき事実にアクセスできるサイトを使用しましょう。

▼サンプル28_01.xlsm

```
1  Public Function GetGroundingTextFromWeb(userInput As String) As Dictionary
2      Dim messages(1) As New Dictionary
3      messages(0).Add "role", "system"
4      messages(0).Add "content", "あなたはインターネット検索を駆使するのが得意なリサーチャーです。ユーザーからの質問に答えるためにインターネットを検索するためにふさわしい日本語の検索キーワードを考えてください。検索キーワードは文章ではなく単語の列挙とし、半角スペースで区切ってください。"
5      messages(1).Add "role", "user"
6      messages(1).Add "content", userInput
7
8      Dim completion As Collection
9      Set completion = ChatCompletion(messages, "gpt-3.5-turbo-16k-0613")
10
11     Dim searchUrl As String
12     searchUrl = "https://forest.watch.impress.co.jp/extra/wf/search/?q=" & _
13         Replace(completion(1)("message")("content"), " ", "+")
14
15     WebDriver.OpenBrowser
16     WebDriver.Navigate searchUrl
17
18     Dim contentUrl As String
19     contentUrl = WebDriver.ExecuteScript( _
20         "return document.querySelector('a.gs-title').href")
21     WebDriver.Navigate contentUrl
22
23     Dim groundingText As String
24     groundingText = WebDriver.ExecuteScript( _
25         "return document.getElementsByTagName('body')[0].innerText")
26
27     If Len(groundingText) > 10000 Then
28         groundingText = Left(groundingText, 10000)
29     End If
30
31     WebDriver.Shutdown
32
33     Dim ret As New Dictionary
34     ret.Add "text", groundingText
35     ret.Add "url", contentUrl
36
```

❶ 4行目　❷ 12行目　❸ 16行目　❹ 19行目　❺ 21行目　❻ 23〜29行目　❼ 33〜36行目

```
37      Set GetGroundingTextFromWeb = ret
38  End Function
```

❶……messagesの作成：役割をインターネット検索を使ったリサーチャーとし、ユーザーからの入力をインターネット検索用のキーワードに変換するためのプロンプトを設定します。

❷……検索結果画面のURLを作成：検索キーワードの半角スペースを+に置換したものをクエリー引数として指定し、検索結果画面のURLを作成します。

❸……検索結果画面の表示：WebDriverによりWebブラウザーを開き、指定したキーワードの検索結果画面に移動します。

❹……検索結果トップのURLを取得：検索結果の先頭に表示された項目のURLを取得します。F12開発者ツールにより分析することで、検索結果のアイテムはそれぞれclass属性の値としてgs-titleが設定されているAタグであることがわかるため、これをキーに取得した要素を取得します。この要素からリンク先のURLを表すhref属性の値を取得し、変数contentUrlに代入します。

❺……検索結果トップのURLに移動：WebDriverを使用して❹で取得したURLに移動します。

❻……テキストの取得：あらゆるWebページに共通して本文を設定するbody要素について、HTMLタグを除去した文字列を取得します。ここで取得したグラウンディング用データを含めたChatGPTへの入力を16,000トークン以内に納めるため、ここでは簡易的に10000字を超過した部分を削除します。

❼……値の返却：グラウンディング用のテキストと、その参照元情報としてURLをFunctionプロシージャーの戻り値として返却します。

以下の通り動作確認のためのFunctionプロシージャーを作成して、実行してみましょう。行数が多すぎるためイミディエイトウィンドウにはすべてが表示されませんが、Webページから取得したものと思しき文字列と「窓の杜」のURLが表示されていれば成功です。

▼サンプル28_01.xlsm

```
1  Private Sub TestGroundingTextFromWeb()
2      Dim groundingInfo As Dictionary
3      Set groundingInfo = ChatGPT.GetGroundingTextFromWeb("AIのキャラクターとおしゃべりできるアプリを教えて")
4      Debug.Print groundingInfo("text")
5      Debug.Print groundingInfo("url")
6  End Sub
```

▼実行結果

```
イミディエイト
note
LinkedIn
iPhone/iPadで好みの3Dモデルとおしゃべりを楽しめるアプリ「OshaberiAI」
  iPhone/iPad向けバーチャルエージェントアプリ「おしゃべりAI」が4月12日、v1.1へとアップデー
  「おしゃべりAI」（OshaberiAI）は、「ChatGPT」「VRM」「VOICEVOX」といった今注目の技術を組
  対応OSはiOS 11.0以降で、現在「App Store」からダウンロード可能。5ターンまでの会話なら無償
  v1.1では「GPT-4」対応のほかにも、毎時00分・30分に指定したメッセージを読み上げる時報機能を
「GPT-4」対応と時報機能の追加。オプションの増加をうけ設定画面も変更された
```

 AIAssistantへのWeb検索連携モードの追加

次に、このグラウンディングのための情報をsystemメッセージに埋め込めるように、[用途別プロンプト管理表］シートに追加しましょう。見出しをSearchとし、以下の内容をプロンプトとして設定します。テンプレート変数searchに、Webページから取得した情報を埋め込めるようにしています。

▼プロンプト

```
ユーザーからの質問に答えるため、インターネットの関連するWebページを見つけました。内容を要約して、300文字以内で回答してください。

"""
{search}
"""
```

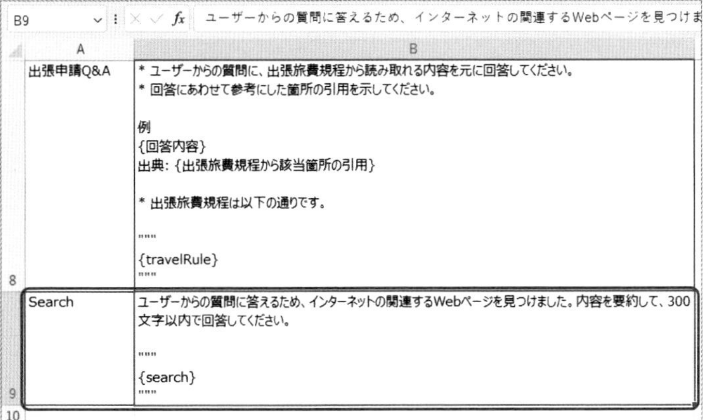

B9 ユーザーからの質問に答えるため、インターネットの関連するWebページを見つけま

	A	B
8	出張申請Q&A	* ユーザーからの質問に、出張旅費規程から読み取れる内容を元に回答してください。 * 回答にあわせて参考にした箇所の引用を示してください。 例 {回答内容} 出典: {出張旅費規程から該当箇所の引用} * 出張旅費規程は以下の通りです。 """ {travelRule} """
9	Search	ユーザーからの質問に答えるため、インターネットの関連するWebページを見つけました。内容を要約して、300文字以内で回答してください。 """ {search} """
10		

サンプルファイルでは、[用途別プロンプト管理表］シートに「Search」としてプロンプトが入力されている

このグラウンディングの情報を利用してユーザーからの質問に答えられるような仕組みを作成します。ユーザーフォームAIAssistantのコード編集画面を開き、[Send] ボタンをクリックしたときに実行されるSubプロシージャーCommandButton1_Clickを以下の通り修正します。

▼サンプル28_02.xlsm

```
14      systemContent = ComboBox1.Value
15
16      Dim sourceUrl As String
17      If ComboBox1.text = "Search" Then
18          Dim groundingInfo As Dictionary
19          Set groundingInfo = ChatGPT.GetGroundingTextFromWeb(inputText)
20
21          systemContent = Replace(systemContent, "{search}", groundingInfo("text"))
22          sourceUrl = groundingInfo("url")
23      End If
```

```
34      If sourceUrl <> "" Then
35          TextBox2.text = TextBox2.text & "出典： " & sourceUrl & vbCrLf
36      End If
37
38  Finally:
```

❶……グラウンディング用データの埋め込み：見出しがSearchのとき、GetGroundingTextFromWebによりグラウンディングするデータを取得して、systemContentのテンプレートに含まれる{search}を置換します。

❷……参照元情報の表示：グラウンディングするデータの参照元が変数sourceUrlに代入されているとき、出力結果の末尾に出典としてURLを表示します。

また、Webページから取得するグラウンディング用のテキストは最長10000字になるため、モデルを16,000トークンまで処理可能なものに変更します。フォームモジュールAIAssistant冒頭の宣言を以下の通り変更しましょう。

▼サンプル28_02.xlsm

```
1  Private Const CHATGPT_MODEL As String = "gpt-3.5-turbo-16k-0613"
```

インターネットから取得した情報による動的なグラウンディングの確認

VBEでユーザーフォームを表示した状態で実行ボタンをクリックするか、以下のフォーム起動用のコードを標準モジュールに作成することで起動できます。

▼サンプル28_02.xlsm

```
1  Public Sub ShowSearchAssistant()
2      AIAssistant.ShowAssistant "Search"
3  End Sub
```

処理を作成したら、AIAssistantを開きましょう。モードのプルダウンからSearchを選択して、何か質問を入力してください。ここでは、AIキャラクターと会話できるアプリに関する情報について問い合わせています。[Send] ボタンをクリックすると、Webブラウザーが開いて検索の結果から関連するページが表示され、以下のように情報が要約されて表示されます。

▼実行結果

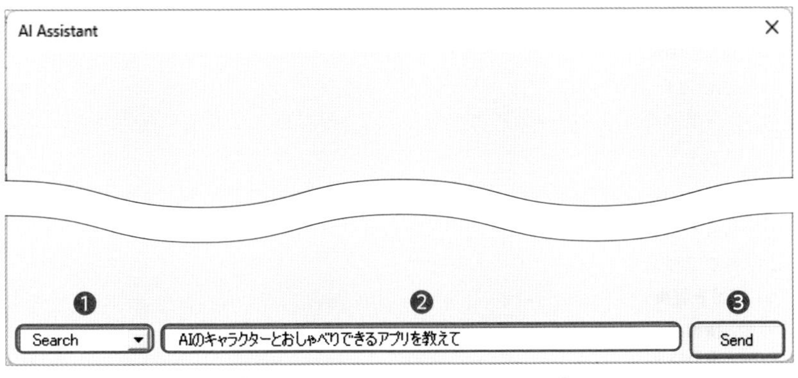

❶ [Search] を選択したら❷テキストボックスに質問を入力し、❸ [Send] ボタンをクリック

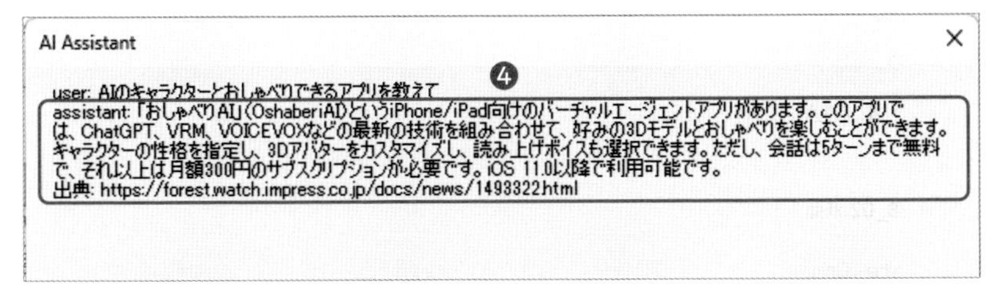

❹「窓の杜」の掲載内容を基にした回答とURLが表示された

このテクニックはインターネット検索もさることながら、むしろ社内のイントラネットワークなどで文章や手続きを検索し、その内容に応じた回答を得るようなケースで真価を発揮することでしょう。繰り返しにはなりますがスクレイピングはWebサイトの利用規約で明示的に禁止している場合が少なからずあることと、禁止されていなくても過負荷に繋がってしまう場合があるため、ルールをしっかりと確認した上でアクセス間のインターバルを設けるなど対策を講じた上で利用しましょう。

Column

業務活用のヒントはあらゆるところに

私は業務とは別にキャラクター対話型アシスタントの開発を10年以上続けており、当最近ではChatGPTを中核的な技術のひとつとして活用しています。本書で紹介しているテクニックのうちいくつかは、実はAIアシスタントの開発の中で生まれたものです。例えば感情表現を豊かにするためのパラメーター管理は従来のやり方では非常に複雑なものでしたが、ChatGPTを利用することで自律的な運用が可能になりました。このテクニックは研修コンテンツの表情選択に活かされています。また文脈を考慮した対話フローの制御も複雑な処理やAIのトレーニングを必要としていましたが、ChatGPTのFunction Callingを利用することで柔軟なものを簡易に作成することができるようになりました。これは照会対応の自動化に活かされています。その他にも、常日頃からChatGPTを操る方法や勘所を養う場としてAIアシスタントの開発経験はとても役に立っています。

皆さんも自身の趣味に関することなど業務とは少し離れたところでChatGPTを活用してみることで、巡り巡って業務活用のためのヒントやテクニックが得られることでしょう。

おわりに

ここまで読んでいただいた皆さん、本当にありがとうございます。そしてお疲れ様です。

ChatGPT APIの利用方法からExcel VBAとの組み合わせ方、スクレイピング、グラウンディングと内容もりだくさんなため、一読するだけでは理解が追いつかないという方もいらっしゃることでしょう。焦らずに手を動かしながらゆっくりと理解を深めていただければと思います。

ChatGPTはものすごいスピードで進化しており、この書籍を執筆中にもGPT-4のAPI一般公開やFunction Callingの追加などいくつかの大きなアップデートがありました。そのおかげでせっかく編み出したオリジナルのテクニックを使う必要がなくなるなど少し残念なこともありましたが、利便性が格段に向上したのと読者の皆さんに新しい内容をお届けできたことは本当に良かったと思います。

ところで、白くてちょっととぼけた感じの人型ロボット、といえばお分かりでしょうか。私は2015年頃にこれのビジネスへの活用を模索していました。結局キラーコンテンツとなるような活用方法を見出すには至らなかったのですが、彼との全国行脚を通じて得た知見はかけがえのないもので、今でもAIエージェントとの対話をデザインする上での基礎として役立っています。会話が成り立たないことに備えて何をすべきか、人間ほどテンポよく会話できないことの体感を改善するにはどうすればよいか、どう振る舞えば話し相手が喜ぶかなど、当時と比べてAIがこれだけ進化しても取り入れるべき要素がたくさんあります。

ChatGPTも同じです。この先も進化し続けていくと思われますが、本書で解説する考え方やテクニックは普遍的なものとしてきっとご活用いただけるのではないかと考えています。特に自ら業務を分析してツールを開発し、それを提供してユーザーからのフィードバックを得たとしたら、その知見はどこの書籍にも載っていない皆さんだけの貴重な財産になることでしょう。とはいえ、一番大切なのは楽しむことです。まずは作りたいと思ったものを作りましょう。ChatGPTとの会話を楽しみましょう。その経験はそう遠くない未来に役立つはずです。

最後になりますが、本書が皆さんの目指すキャリアや自己実現の一助となればとても嬉しく思います。そして、皆さんが本書の内容を超える新たなテクニックを生み出し、それに出会えることを心から楽しみにしております。

2023年8月　植木悠二

著者

植木悠二（うえき ゆうじ）

高校卒業後に単身上京。バリスタの見習いをしながら独学でプログラミングを習得。その後金融業界に転身し、損害保険会社や銀行にて各種DX案件をリード。現在はテクノロジー企業にて金融機関向けのコンサルティングに従事。プライベートではUezo名義で活動し、RPAブームよりも前にExcel VBAによるスクレイピング技術の書籍を執筆するなど新手法の体系化を得意とする。近年はAIアシスタント等の開発に携わり、2022年にLINE API Expertに選出。

監修者

古川渉一（ふるかわ しょういち）

1992年鹿児島生まれ。東京大学工学部卒業。株式会社デジタルレシピ取締役CTO。デジタルレシピではパワーポイントからWebサイトを作る「Slideflow」やAIライティングアシスタント「Catchy（キャッチー）」を開発。著書の「先読み！IT×ビジネス講座ChatGPT対話型AIが生み出す未来」（インプレス）は8万部を突破。

STAFF

ブックデザイン	山之口正和＋齋藤友貴（OKIKATA）
本文イラスト	加納徳博
校正	株式会社トップスタジオ
制作担当デスク	柏倉真理子
DTP	町田有美
デザイン制作室	今津幸弘
編集	高橋優海
編集長	藤原泰之

■商品に関する問い合わせ先

このたびは弊社商品をご購入いただきありがとうございます。本書の内容などに関するお問い合わせは、下記のURLまたは二次元バーコードにある問い合わせフォームからお送りください。

https://book.impress.co.jp/info/

上記フォームがご利用いただけない場合のメールでの問い合わせ先

info@impress.co.jp

※お問い合わせの際は、書名、ISBN、お名前、お電話番号、メールアドレス に加えて、「該当するページ」と「具体的なご質問内容」「お使いの動作環境」を必ずご明記ください。なお、本書の範囲を超えるご質問にはお答えできないのでご了承ください。

- 電話やFAX でのご質問には対応しておりません。また、封書でのお問い合わせは回答までに日数をいただく場合があります。あらかじめご了承ください。
- インプレスブックスの本書情報ページ　https://book.impress.co.jp/books/1123101023 では、本書のサポート情報や正誤表・訂正情報などを提供しています。あわせてご確認ください。
- 本書の奥付に記載されている初版発行日から1年が経過した場合、もしくは本書で紹介している製品やサービスについて提供会社によるサポートが終了した場合はご質問にお答えできない場合があります。

■落丁・乱丁本などの問い合わせ先

FAX　03-6837-5023

service@impress.co.jp

※古書店で購入された商品はお取り替えできません。

ChatGPT API×Excel VBA自動化仕事術(できるビジネス)

2023年9月11日　初版発行

著　者　植木悠二

監　修　古川渉一

発行人　高橋隆志

発行所　株式会社インプレス

〒101-0051　東京都千代田区神田神保町一丁目105番地

ホームページ　https://book.impress.co.jp/

印刷所　音羽印刷株式会社

ISBN978-4-295-01768-4 C3055

Printed in Japan